可视化程序设计与
C#.NET语言

何明昌　张笑钦　高利新　编著

上海交通大学出版社

内 容 提 要

Visual C♯. NET是面向对象的可视化程序设计语言，具有简洁、高效、安全、性能优良等特点，是面向对象程序设计、可视化程序设计教学的主干语言之一。全书共分14章，全面阐述了程序设计的基本思想、结构化程序设计方法、面向对象的程序设计概念、可视化程序设计方法与原理、控件窗体与界面设计技术、图形编程、数据库程序设计和Web程序设计、文件操作等内容。本书的所有程序都在Windows 7平台和Visual Studio. NET2008环境下调试通过，在Studio. NET2010下也可以正常运行，另外提供了15个实验和一套练习集。

本书从第一门高级编程语言的角度出发，让学生全面了解程序设计思想及可视化编程技术，全书理论分析透彻严谨，实例丰富生动，内容由浅入深，能快速引导学生进入Visual C♯. NET编程世界。本书可作为高等院校相关专业的程序设计类课程教材，也可作为初学Visual C♯. NET编程人员的参考用书。

图书在版编目(CIP)数据

可视化程序设计与C♯. NET语言/何明昌，张笑钦，高利新编著. —上海：上海交通大学出版社，2012(2023重印)
ISBN 978-7-313-09384-4

Ⅰ. ①可… Ⅱ. ①何…②张…③高… Ⅲ. ①C语言—程序设计 Ⅳ. ①TP312

中国版本图书馆CIP数据核字(2012)第316765号

可视化程序设计与C♯. NET语言

何明昌 张笑钦 高利新 编著

上海交通大学 出版社出版发行
(上海市番禺路951号 邮政编码200030)
电话：64071208
江苏凤凰数码印务有限公司 印刷 全国新华书店经销
开本：787 mm×1092 mm 1/16 印张：17.25 字数：413千字
2012年12月第1版 2023年7月第5次印刷
ISBN 978-7-313-09384-4 定价：58.00元

Preface

前　言

在过去相当长的一段时间内，信息类专业及理工科专业开设的第一门高级程序设计语言课程一般是C、C++或VB，学习高级语言程序设计基本知识，编写控制台应用程序及Windows应用程序。然而随着科技的日新月异，目前在高校的学生中，几乎每个学生都配备了电脑。而高校的专业设置也发生了很大的变化，很多专业都或多或少在使用编程语言进行各种程序设计，因此，对于高校理工科大部分专业的学生来说，是必须要学会编程的。

另一方面，由于社会的发展及企业的需要，高校开设的课程越来越多，这样一来，势必减少了学生在编程方面的时间，加上网络上大量非主流信息的各种诱惑以及C语言编程界面、运行结果的单调性，很难让学生静下心来专注编程。因此，如何选择一种既能让学生感兴趣，又能锻炼学生编程能力的高级语言，已成为目前高校的当务之急。

编者通过多年来教授编程语言的经验，以及与同学们的沟通了解，感到对于广大学生来说，他们普遍反映C语言学习难度大且枯燥，如果第一门课程学习C语言的话，会在很大程度上影响他们学习编程的自信心。VB虽然易学，但VB毕竟与其他高级语言相差太远，以至于后续课程要用其他方式编程时，又得从头开始学习相关语法知识，得不偿失。何况VB发展到VB.NET后，已经是纯面向对象的编程语言，学习起来并未比其他高级语言容易多少。

C#语言是为.NET架框量身定做的新一代面向对象的可视化程序设计语言。语法与C、C++、Java非常相似，但比C++简单，使用组件编程，和VB一样容易使用。学习设计时所见即所得，且与目前的操作系统Windows遥相呼应。当前用C#语言开发.NET系统的软件无论是桌面的还是网络的、手机的都已经非常普遍。因此把C#作为学习编程的第一门高级语言是非常合适的。学好了C#语言，不管其后续用什么编程语言开发项目，都会有很大的帮助。

Windows 编程与 ASP.NET 应用程序的设计方法有很大不同，一般作为两门课程开设。本书主要讲述 Windows 应用程序设计方法及编程的基本思想，至于 ASP.NET 的部分，只作简单的入门介绍，详细的动态网页编程则根据不同专业的需要在后续课程中讲述。

本书采用实例教学法，在讲清基本知识点的基础上，尽量使用实例加以说明。书中包含了大量实用例子，在例子中尽量避免不相关的知识点和无关的代码，使例子代码短小精悍，容易理解。书中绝大部分例子都给出了详细的设计步骤，并对每一步所实现的代码给出详细的解释，读者可按照书中步骤完成书中例子，并且书末有15个实验与一套综合练习，因此本书也可兼作学生的实验指导与综合练习手册。本书所有例子代码都可以从出版社网站下载。

本课程的教学参考学时为讲课36学时，上机实验36学时。本书每一章都有相当习题需要上机完成，因此如有可能也可适当增加上机实验学时。如学时紧张，讲课也可适当压缩，一些完整的例子，例如计算器、文本编辑器等，安排为上机实验，由于这些例子都有详细的步骤，学生应能完成这些例子。

本书主要由何明昌、张笑钦、高利新完成，其中何明昌负责第1、2、3、4、5、6、7、14章，张笑钦负责第8、9、10章，高利新负责第11、12、13章。何文明、林望、范劲松等参加了本书部分代码的编写、调试、整理，以及录入校对等工作，在此一一表示感谢。

由于时间仓促，加之水平有限，书中的缺点和不足之处在所难免，敬请读者批评指正。联系方式：hemingchang@sina.com

编　者

2012－11－18

于温州大学

Contents

目 录

1

Visual C#.NET 简介及集成开发环境

Visual C#.NET 是微软公司近年来主推的可视化开发工具 Visual Studio.NET 平台中的主流产品，是目前在视窗产品开发、网络产品开发、手机产品开发最重要的编程语言之一，也是最简便最快捷的开发工具之一。Visual Studio.NET 平台是微软公司开发的建立在开放互联网络协议标准之上，采用新的工具和服务来满足人们的计算和通信需求的革命性的新型 XML Web 智能计算服务平台，通过该平台，程序员可以用 C#.NET、VB、C++等不同的语言开发控制台应用程序、Windows 应用程序、网络程序、手机及智能化程序。

1.1 Visual Studio.NET 简介

2000 年，微软向全球宣布其革命性的软件和服务平台 Microsoft.NET 平台，通过先进的软件技术和众多的智能设备，提供更简单、更个性化、更有效的互联网服务。

Microsoft.NET 对于用户来说非常重要，因为计算机功能将会得到大幅度的提升，同时计算机的操作也会变得简单。更重要的是，用户将完全摆脱硬件束缚，可以自由冲浪于因特网中，自由访问，自由查看，自由使用自己的数据，而不是束缚在 PC 的分寸空间。用户可以通过任何桌面系统，任何便携式计算机，任何移动电话或者 PDA 访问数据及资源。.NET 的战略目标就是在任何时候(when)、任何地方(where)、任何工具(what)都能通过.NET 的服务获得网络上的任何信息，享受网络带给人们的便捷与快乐。

通俗地说，.NET 是一个连接系统、人员、设备和信息的平台。从某种意义上，可以将其看作是通往协同工作的一种捷径。也许可以这样理解，它是一个打破不同系统之间的障碍、打破信任障碍、打破人与人的沟通障碍、打破知识分享的障碍、打破日常使用的障碍，从而创造彼此联系的用户体验、改变人们生活和工作方式的平台。

Microsoft.NET 开发平台包括.NET 框架和.NET 开发工具等组成部分。

Microsoft.NET 框架是整个开发平台的基础，包括公共语言运行库(Common Language Runtime，CLR)和框架类库。

1.2 Visual Studio.NET开发平台的组成

Visual Studio.NET是.NET平台下最为强大的开发工具，无论是软件服务商，还是企业应用程序的部署与发布，Visual Studio.NET都可以提供近乎完美的解决方案。Visual Studio.NET提供了包括设计、编码、编译调试、数据库连接操作等基本功能和基于开放架构的服务器组件开发平台、企业开发工具和应用程序重新发布工具以及性能评测报告等高级功能。Visual Studio.NET自从微软公司2000年宣布开发以来，其推出的版本有Visual Studio.NET2003，Visual Studio.NET2005，Visual Studio.NET2008，Visual Studio.NET2010。后续的版本不断改正前面版本的一些错误，并增加了一些功能，性能上也不断提升。本书编译环境以Visual Studio.NET2008(简称VS2008)为主，书中所有的代码均可以在Visual Studio.NET2008以及Visual Studio.NET2010下运行。

Visual Studio.NET是一套完整的开发工具，用于生成ASP Web应用程序、XML Web services、桌面应用程序和移动应用程序。在该集成开发环境下可以用Visual Basic.NET、Visual C++.NET、Visual C#.NET和Visual J#.NET语言单独编程与混合编程。另外，这些语言利用了.NET Framework的功能，此框架提供对简化ASP Web应用程序和XML Web services开发的关键技术的访问。.NET开发工具包括Visual Studio.NET集成开发环境和.NET编程语言。它们的关系如图1.2.1所示：

<table>
<tr><td>VB</td><td>C#</td><td>托管C++</td><td>J#</td><td>其他语言</td></tr>
<tr><td colspan="5">公共语言规范(CLS)</td></tr>
<tr><td colspan="3">ASP.NET/Web应用/Web服务</td><td colspan="2">Windows窗体应用</td></tr>
<tr><td colspan="5">ADO.NET与XML</td></tr>
<tr><td colspan="5">.NET框架基础类库</td></tr>
<tr><td colspan="5">公共语言运行库</td></tr>
<tr><td colspan="5">操作系统</td></tr>
</table>

图1.2.1 .NET关系图

.NET Framework类库是一个与公共语言运行库紧密集成的可重用的类型集合。可使用.NET Framework开发下列类型的应用程序和服务：

(1) 控制台应用程序及Windows服务。

(2) Windows GUI应用程序(Windows窗体)。

(3) ASP.NET应用程序，XML Web services。

C#.NET是从C、C++和Java发展而来，它采用了这三种语言最优秀的特点，并加入了自己的特性。C#.NET是事件驱动的，完全面向对象的可视化编程语言，我们可以使用集成开发环境来编写C#程序，程序员可以非常方便地建立、运行、测试和调试C#程序。

C#.NET是一种全新的简单、安全、面向对象的程序设计语言。它是专门为.NET的应用而开发的语言。它吸收了C++、Visual Basic、Delphic、Java等语言的优点，体现了当今最新的程序设计技术的功能和精华。其主要特点有：

- 语言简洁，并保留了 C++的强大功能。
- 语言的自由性，具备快速应用开发功能。
- 强大的 Web 服务器控件。
- 支持跨平台，与 XML 相融合。

1.3 创建应用程序

在 Visual Studio. NET 中，可以建立控制台应用程序、Windows 应用程序、ASP. NET 动态网站及智能设备(手机等)应用程序。由于 C#. NET 语言必须在. NET 中运行，因此，C#. NET 也常简称 C#，在本书中 C#. NET 有时也简称 C#，后面章节的叙述中不再进行区分。

1.3.1 创建控制台应用程序

在控制台应用程序下，输入输出都是纯文字信息，这种方式是传统 C 语言的工作方式。下面我们通过实例来创建一个最简单的控制台应用程序。

例 1.1 建立一个控制台应用程序，程序运行后首先让用户通过键盘输入自己的名字，然后程序在屏幕上输出一条欢迎信息。

设计步骤如下：

(1) 启动 VS2008 程序，单击菜单"文件(F)|新建项目(P)…"菜单项，打开"新建项目"，选择编程语言为 Visual C#，出现对话框如图 1.3.1 所示：

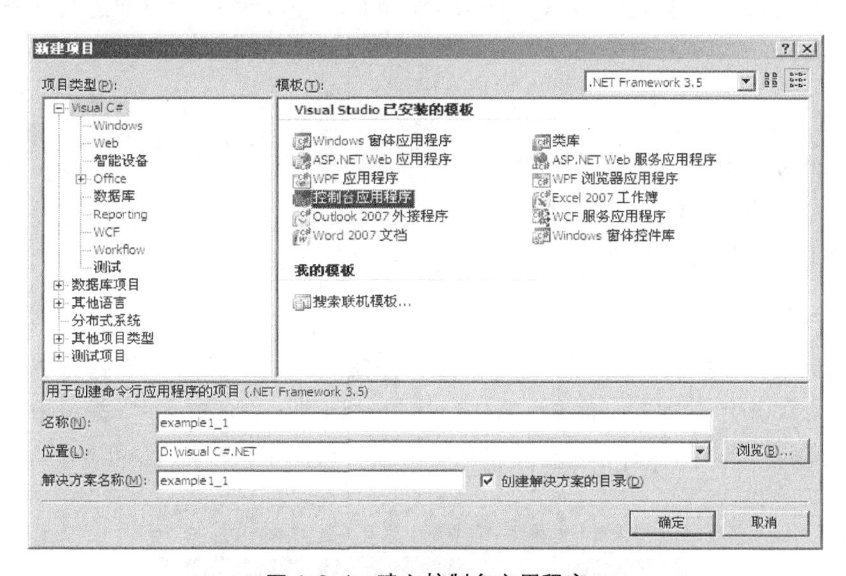

图 1.3.1 建立控制台应用程序

(2) 在"模板(T)"列表框中选择"控制台应用程序"，在"名称(N)"编辑框中键入 example1_1，在"位置(L)"中选择该项目代码存放的路径，单击"确定"按钮，创建项目，出现如图 1.3.2 界面：

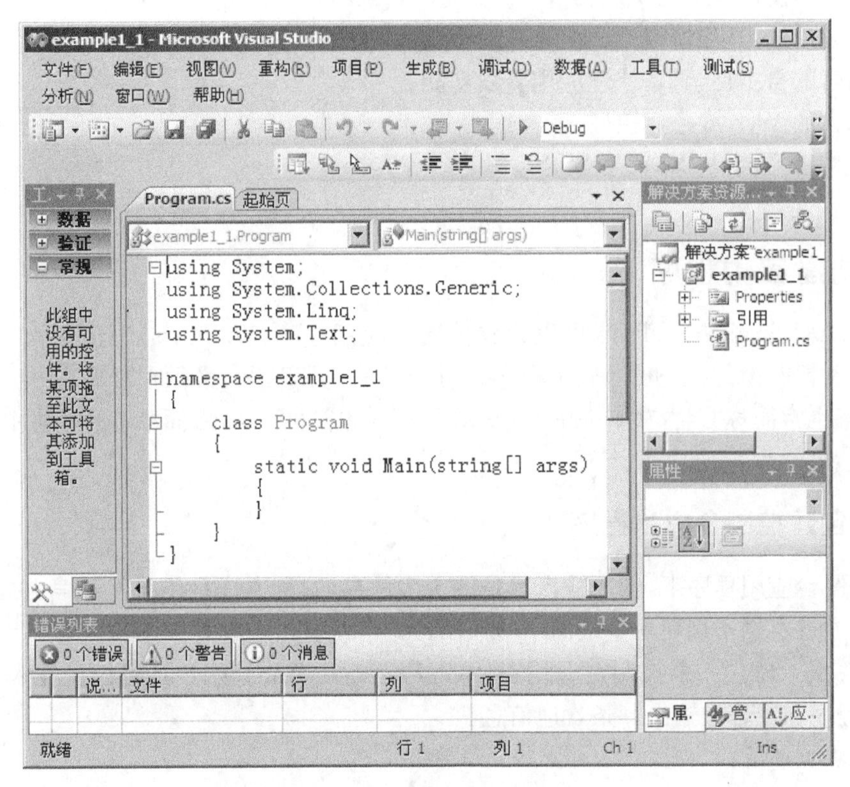

图 1.3.2 控制台应用程序

(3) 在编写代码工作区的 static void Main(string[] args)一行下面的大括号内输入如下代码：

```
{
    Console.Write("请输入你的姓名:");
    Console.ReadLine();
    Console.WriteLine("欢迎你!");
}
```

(4) 代码输入完毕后，点击工具栏上的运行按钮“▶”或 CTRL+F5 键，运行程序，运行结果如图 1.3.3 所示。屏幕上首先出现一行字符：“请键入你的姓名:”，提示输入姓名。输入任意字符并按下回车键，屏幕将打印出欢迎信息：“欢迎你!”。键入回车键退出程序。

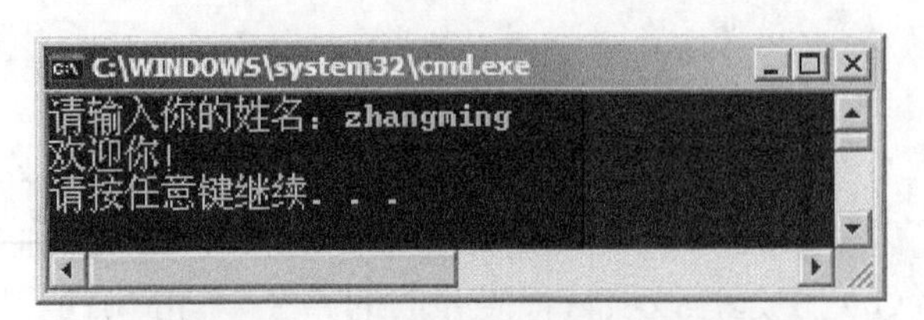

图 1.3.3 控制台应用程序运行界面

上面代码中 Console. ReadLine()表示要输入一行信息，而 Console. WriteLine("欢迎你!")则表示要输出“欢迎你!”这一行信息。

(5) 保存项目。

只要运行了该项目，则该项目的所有文件会自动保存，如果在编程过程中要保存项目，可以选择菜单中的“文件”下的“全部保存”，系统把正在编辑的项目中的所有文件都保存到相应的文件夹下。该项目下主要的文件夹和文件有下面几个：

bin 文件夹：该文件夹下包含 debug 子文件夹，含有与项目名对应的可执行文件 example1_1. exe，该文件可单独执行，另外该文件夹下还包含一个. pdb 的文件，主要包含完整的调试信息。

obj 文件夹：该文件夹下也包含一个 debug 子文件夹，含有编译过程中生成的中间代码。

Properties 文件夹：该文件夹下包含 AssemblyInfo. cs 文件，它是在创建项目过程中自动添加的，该文件包含程序集属性的设置。

Program. cs 文件：该文件是应用程序文件，它包含用户自己编写的代码。

example1_1. csproj 文件：该文件是项目文件，是建立项目的时候自动生成的文件。

example1_1. sln 文件：该文件是自动生成的以项目名命名的解决方案文件，它通过为环境提供对项目、项目项和解决方案项在磁盘上位置的引用，可将它们组织到解决方案中。

example1_1. suo 文件：也是一个解决方案文件，它是我们建立项目时自动以项目名命名的文件，主要解决方案用户选项，记录所有将与解决方案建立关联的选项，以便在每次打开时，它都包含用户所做的自定义设置。

编写一个应用程序可能包含多个文件，才能生成可执行文件，所有这些文件的集合叫做一个项目。项目名称可以是任何标识符，这里用本项目所在的章节号，本书所有的项目名称(项目所在目录)、文件名及以后网站所在目录都采用本方法，以方便查找。

(6) 打开项目。

如果要打开已经存在的项目，可以选择菜单中的“文件”下的“打开”项，再从中选择“项目/解决方案(P)”，找到某个项目文件下的. sln 文件，双击它即可打开已经存在的项目。

1.3.2 创建 Windows 应用程序

目前，在 Windows 操作系统下开发的项目基本上以窗口图形界面为主的软件，这些软件在 C#. NET 开发中称为 Windows 窗体应用程序，下面我们用 C#. NET 语言开发第一个 Windows 应用程序实例。

例 1.2 建立一个 Windows 应用程序，要求运行后，从窗体的文本框中输入一个名字，点击确定按钮后，屏幕出现欢迎信息。

设计步骤如下：

(1) 在集成开发环境的文件菜单中选择“新建”，“项目”，在打开新建工程对话框我们选择类型为“Visual C#”，在模板中选择“Windows 窗体应用程序”，在名称处输入工程名称“example1_2”，在位置中选择保存的路径，如图 1. 3. 4 所示：

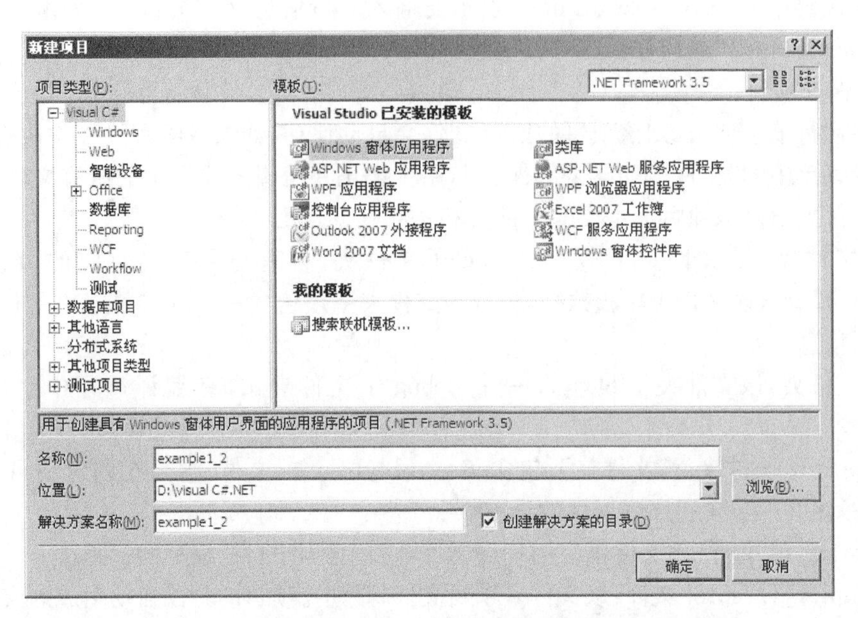

图 1.3.4　建立 Windows 应用程序

(2) 确定后，系统自动生成了程序框架，进入 Windows 窗体设计界面，如图 1.3.5 所示：

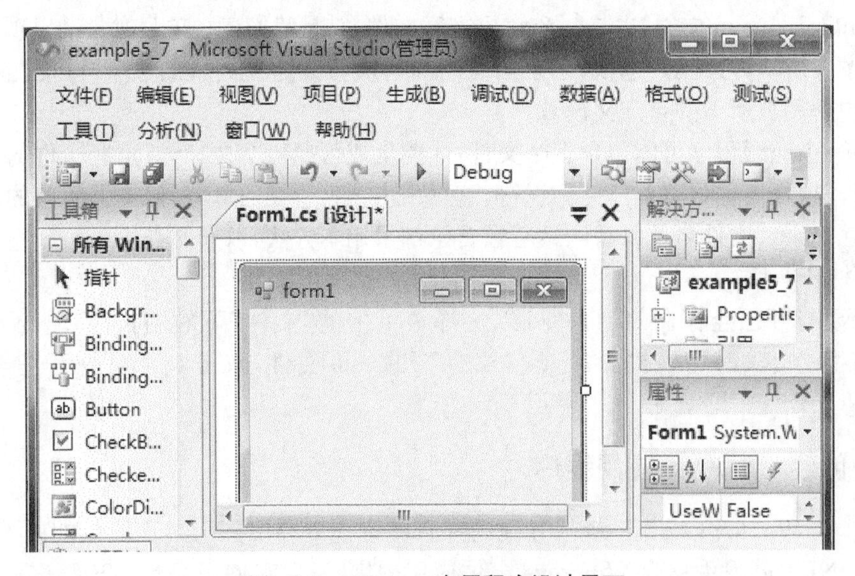

图 1.3.5　Windows 应用程序设计界面

窗体以及窗体内的任何一个控件都可以根据需要调整其大小，只需把鼠标移至窗体或控件边框周围的圆点上，按住鼠标右键拖放即可改变其大小。

(3) 接着分别从工具箱中拖入两个标签、一个文本框、一个按钮到窗体上，然后设置好它们的 text 属性，设置好的界面如图 1.3.6 所示。

(4) 然后，双击窗体上的 button1 按钮(即确定按钮)，进入代码设计界面，在下列函数中输入如下代码：

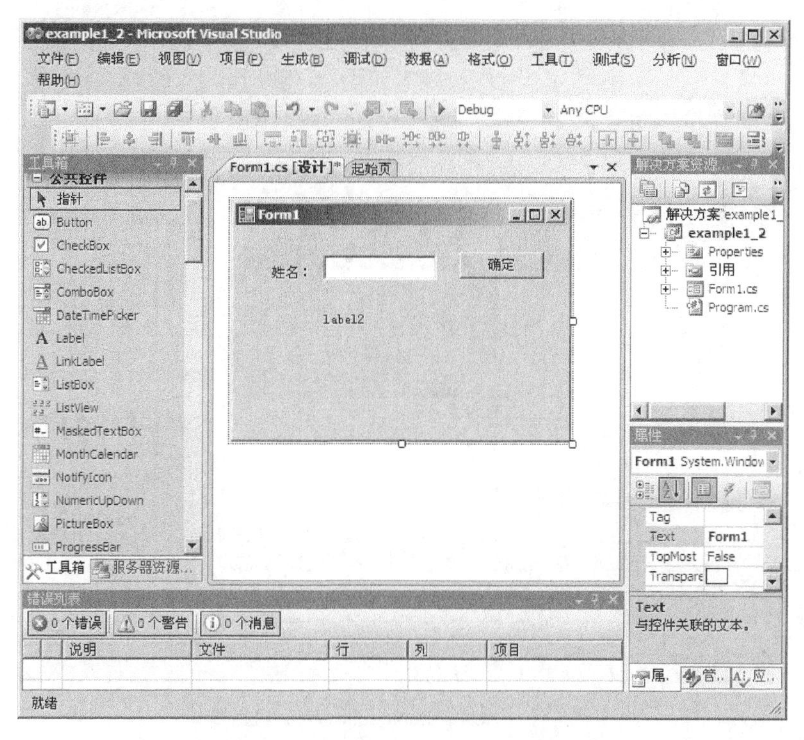

图 1.3.6　设计好的 Windows 应用程序界面

```
private void button1_Click(object sender, EventArgs e)
    {//以下一行是用户写入的代码
        label2.Text = textBox1.Text + ",欢迎你!";
    }
```

(5) 点击工具栏上的运行按钮"▶"或 CTRL+F5 键，运行程序，从文本框中输入文字后，点击确定按钮，得到运行结果如图 1.3.7 所示。

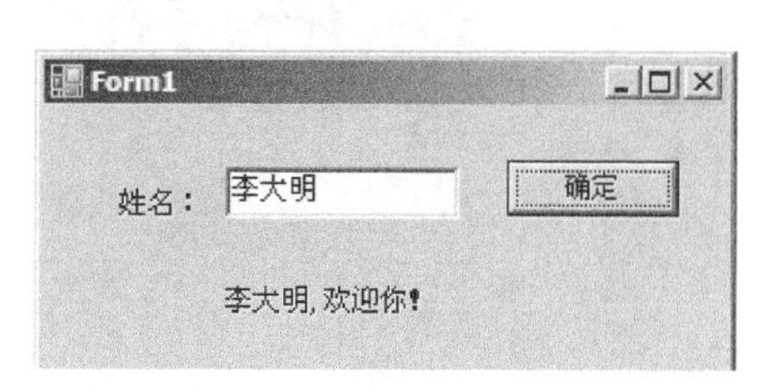

图 1.3.7　Windows 应用程序运行结果

Windows 应用程序项目对应的文件夹除了上面所说的控制台项目文件外，还有窗体的相关文件。其中 program.cs 是程序入口文件，form1.cs 是一个 C# 代码文件，包含用户编写的代码。Form1.designer.cs 是对应 form1.cs 的文件，实际上是 Form1 那个 Form1 类的一部分，里面大部分代码是自动生成的，主要包括窗体控件的相关设置。Form1.resx 是资源导入使用文件，如一些图片和音乐之类的，可以通过它导入到项目中，这样，生成的时候就不需要引用外部的文件了。

1.4　C# 集成开发环境

上面两个例子分别介绍了控制台应用程序和 Windows 应用程序，下面再专门讨论 C#

集成开发环境。运行 Visual Studio2008. NET 后，启动的窗体如图 1.4.1 所示：

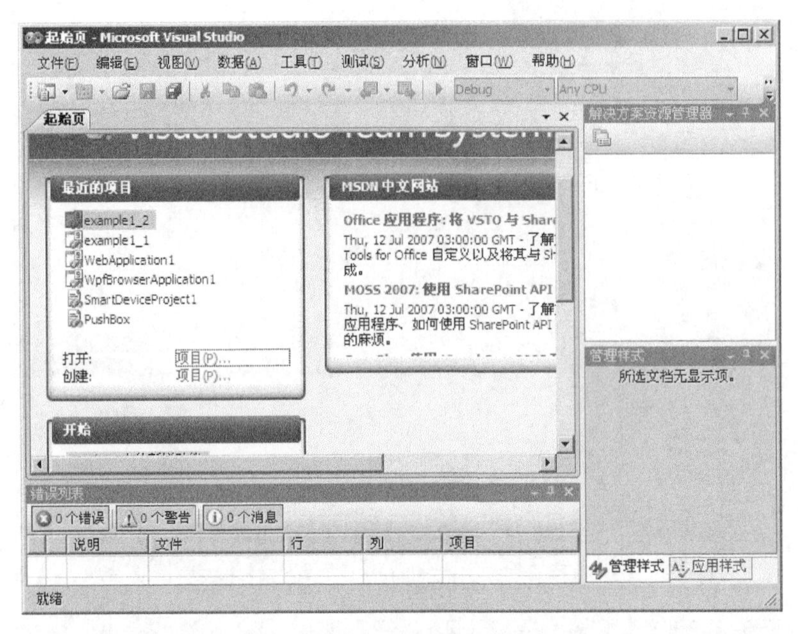

图 1.4.1 Visual Studio2008. NET 初始窗体

在该窗体下，可以新建项目，也可以打开已建好的项目。项目可以是控制台应用程序、Windows 应用程序、ASP. NET 应用程序(动态网站)等。其中控制台应用程序只有代码视图。

新建或打开 Windows 应用程序后，进入 Windows 应用程序视图设计窗体。设计窗体一般被分成几个部分，分别是解决方案资源管理器、属性、设计视图(与代码视图共用一个窗口，它们之间可以转换)及状态窗等，如图 1.4.2 所示：

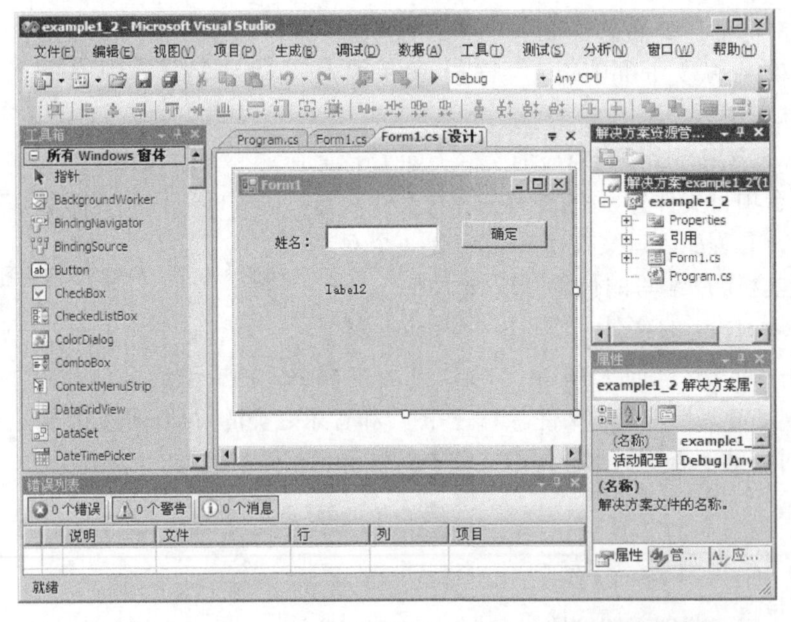

图 1.4.2 Visual Studio2008. NET 的 Windows 应用程序设计窗体

1.4.1 解决方案资源管理器

使用 Visual Studio.NET 开发的每一个应用程序叫解决方案，每一个解决方案可以包含一个或多个项目。一个项目通常是一个完整的程序模块，一个项目可以有多个项。每个项下可以有一个或多个文件夹及文件。其中解决方案资源管理文件的扩展名为.sln，而C#.NET 程序代码文件的扩展名为.cs。

由于一个项目中可以有很多窗体，那么程序运行后先启动那一个窗体呢？这个由解决方案资源管理下的文件 program.cs 中的代码决定，在该文件代码中有一个方法 static void Main()，它是整个程序第一个执行的方法，该方法下有一行代码：

```
Application.Run(new Form1());
```

这行代码决定了程序运行后启动的是 Form1 窗体，如果把它改为：

```
Application.Run(new Form2());
```

则程序运行后，第一个显示的是 Form2 窗体。

“解决方案资源管理器”子窗口显示 Visual Studio.NET 解决方案的树形结构，主要用于用户管理与选择项目中的文件。在“解决方案资源管理器”中可以浏览组成解决方案的所有项目和每个项目中的文件，可以对解决方案的各元素进行组织和编辑，即在解决方案资源管理窗口中，选中相应的文件双击后，会在设计视图(代码视图)窗口中出现相应文件的代码或窗体设计。解决方案资源管理器窗口如图 1.4.3 所示。

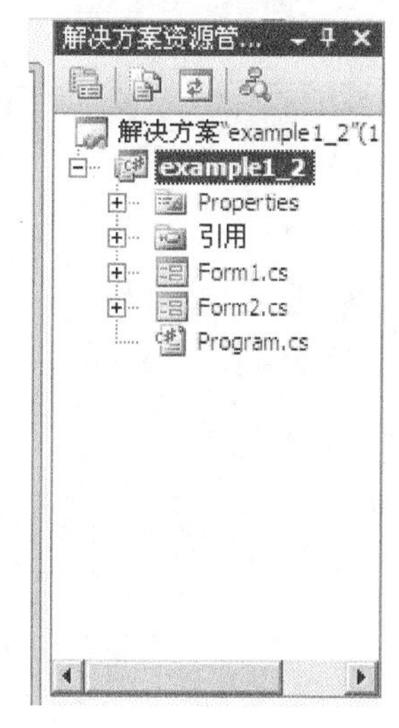

图 1.4.3 解决方案资源管理器

1.4.2 设计器视图与代码视图

设计器视图与代码视图是程序设计最常用的两个子窗口，这也是用户设计窗体或编写代码的工作区。设计器视图用来设计 Windows 窗体或 Web 窗体，代码视图实质上是一个纯文本编辑器，用于设计程序源代码。设计器视图则可以设计 Windows 或 Web 项目的界面，可以添加修改用户控件。这两个子窗体可以通过菜单或在解决方案资源管理器子窗体中的两个按钮操作进行转换。它们的窗口如图 1.4.4，图 1.4.5 所示。

1.4.3 工具箱与服务器资源管理器

“工具箱”主要用于用户在设计窗体时向 Windows 应用程序或 Web 应用程序的设计窗口上添加控件。“工具箱”使用选项卡分类管理其中的控件，打开“工具箱”将显示 Visual Studio 项目中使用的各个不同的控件列表。根据当前正在使用的设计器或编辑器，“工具箱”中可用的选项卡和控件会有所变化。

“服务器资源管理器”是 Visual Studio.NET 的服务器管理控制台。当开发数据应用程

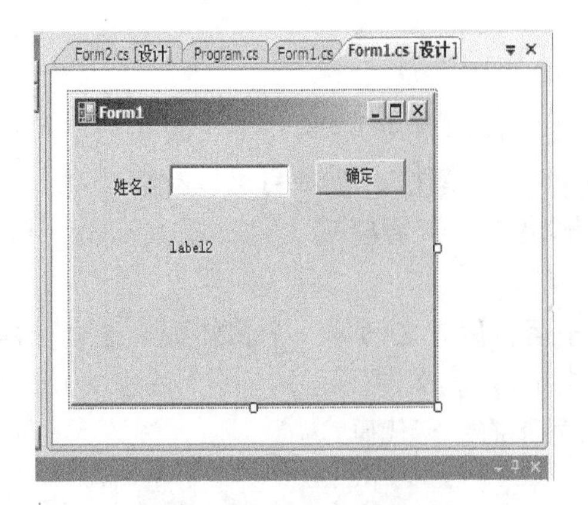

图 1.4.4　设计器视图

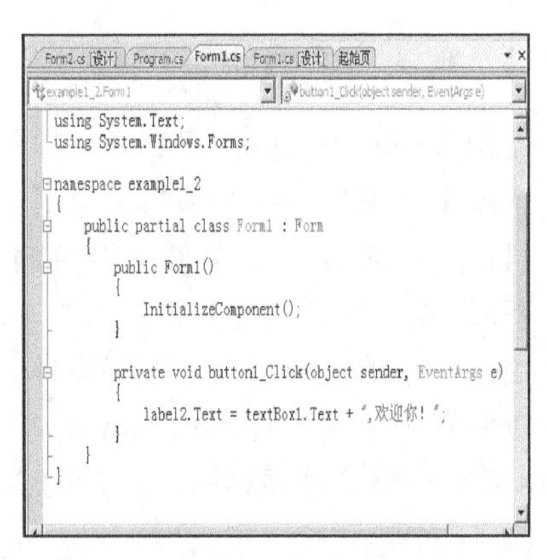

图 1.4.5　代码视图

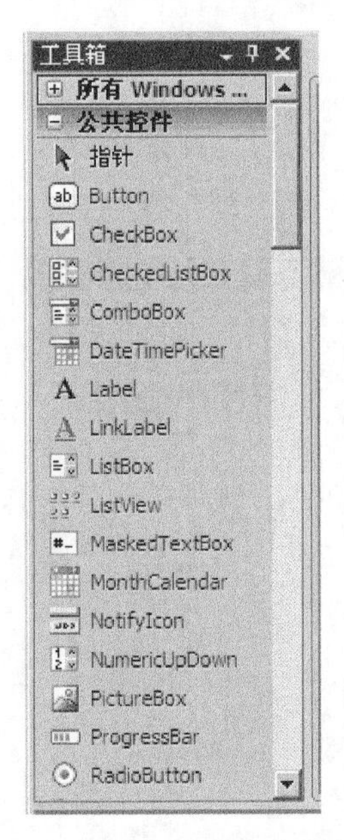

图1.4.6　工具箱窗口

序时，可以使用服务器资源管理器打开数据连接，登录服务器，浏览它们的数据库和系统服务。可以将管理器中的对象从服务器资源管理器拖放到 Visual Studio. NET 设计器上，这将创建新的数据组件，这些组件预配置为引用所拖放的对象。

“工具箱”与“服务器资源管理器”共享一个屏幕区域，一般情况下，“服务器资源管理器”处于隐藏状态，当需要时可以从视图菜单的“服务器资源管理器”选择项中调出，如果工具箱不显示，也可从菜单中调出，工具栏最上面还有一个“自动隐藏”按钮，用它可以固定或隐藏工具箱。工具箱窗口如图 1.4.6 所示。

1.4.4　属性窗口

“属性”子窗口用于设置解决方案中各个子项的属性，用户通过该子窗口对选中的控件进行各种属性设计，如某个控件的前景色、背景色、字体等设计。当选择设计器视图、解决方案、类视图中的某一子项时，“属性”子窗口将以两列表格的形式显示该子项的所有属性。属性默认情况下是按分类顺序排列，也可以按字母顺序排弄，另外，在该窗口单击事件“⚡”按钮，该窗口将显示被选择窗体或控件的事件列表，属性窗口见图 1.4.7 所示。

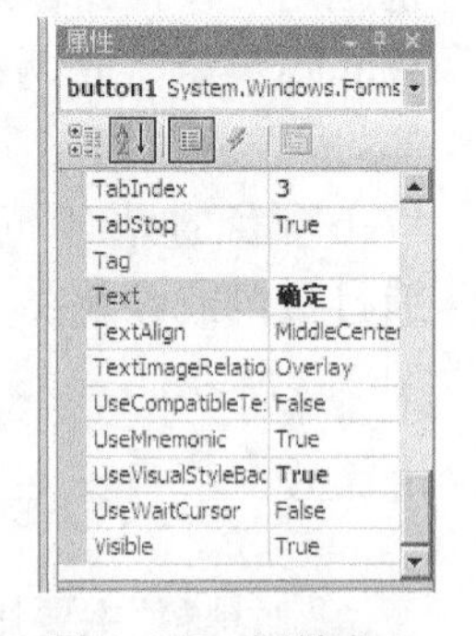

图 1.4.7　属性窗口

通过属性窗口可以设置或修改窗体或控件各属性的值，另外一种修改或设置属性值的方法是通过修改代码来实现，这样的方式为动态修改方式，修改一般的格式为：

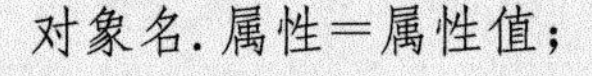
对象名.属性=属性值;

1.4.5　窗体对象

一个 Windows 应用程序可以由一个或多个窗体组成，窗体是一个容器，在窗体内可以有多个控件,各种控件对象必须建立在窗体上。

1) 窗体的结构

窗体(Form)就是平时所说的窗口,它是C#最常用的对象,也是Windows设计的基础。

建立一个新Windows应用程序时,程序会自动生成一个默认名字为“Form1”的窗体,在编程过程中,随时可以通过鼠标右击解决方案资源管理器中的项目添加新的窗体。

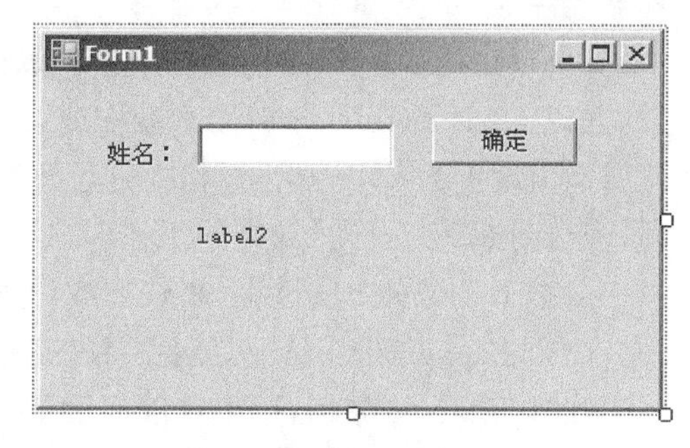

图1.4.8 窗体结构

与Windows环境下所有的应用程序一样,C#创建的窗体也具有控制菜单、标题栏、最大化/还原按钮、最小化按钮、关闭按钮及边框,这些都能通过窗体属性进行设置或通过程序代码进行控制,如图1.4.8所示。

2) 窗体的属性

窗体的属性值决定着窗体的外观,这些属性值可以通过设计时属性窗口进行修改,也可以在程序代码中编写代码实现,不同的是代码修改后,要在程序运行时才能体现。下面是窗体一些常用的属性,供大家在设置窗体外观时参考:

(1) Name属性:用来获取或设置窗体的名称,在应用程序中可通过Name属性来区分及引用窗体。

(2) WindowState属性:用来获取或设置窗体的窗口状态。其值有三种:Normal(窗体正常显示)、Minimized(窗体以最小化形式显示)和Maximized(窗体以最大化形式显示)。

(3) StartPosition属性:用来获取或设置运行时窗体的起始位置。默认的起始位置是WindowsDefaultLocation。

(4) Text属性:该属性是一个字符串属性,用来设置或返回在窗口标题栏中显示的文字信息。

(5) Width属性:用来获取或设置窗体的宽度。

(6) Height属性:用来获取或设置窗体的高度。

(7) Left属性:用来获取或设置窗体的左边缘的x坐标(以像素为单位)。

(8) Top属性:用来获取或设置窗体的上边缘的y坐标(以像素为单位)。

(9) ControlBox属性:用来获取或设置一个值,该值指示在该窗体的标题栏中是否显示控制框。值为true时将显示控制框,值为false时不显示控制框。

(10) MaximizeBox属性:用来获取或设置一个值,该值指示是否在窗体的标题栏中显示最大化按钮。其值为true时显示最大化按钮,值为false时不显示最大化按钮。

(11) MinimizeBox属性:用来获取或设置一个值,该值指示是否在窗体的标题栏中显示最小化按钮。其值为true时显示最小化按钮,值为false时不显示最小化按钮。

(12) AcceptButton属性:该属性用来获取或设置一个值,该值是一个按钮的名称,当按Enter键时就相当于单击了窗体上的该按钮。

(13) CancelButton属性:该属性用来获取或设置一个值,该值是一个按钮的名称,当按Esc键时就相当于单击了窗体上的该按钮。

(14) Modal属性:一般用该属性来判断窗体是否为有模式显示窗体。如果有模式地显示该窗体,该属性值为true;否则为false。当有模式地显示窗体时,只能对模式窗体上的对象进行输入。必须隐藏或关闭模式窗体(通常是响应某个用户操作),然后才能对另一窗体进行输入。有模式显示的窗体通常用做应用程序中的对话框。

(15) ActiveControl属性:用来获取或设置容器控件中的活动控件。窗体本身也是一种容器控件。

(16) ActiveMdiChild属性:用来获取多文档界面(MDI)的当前活动子窗口。

(17) AutoScroll属性:用来获取或设置一个值,该值指示窗体是否实现自动滚动。如果此属性值设置为true,则当任何控件位于窗体工作区之外时,会在该窗体上显示滚动条。另外,当自动滚动打开时,窗体的工作区自动滚动,以使具有输入焦点的控件可见。

(18) BackColor属性:用来获取或设置窗体的背景色。

(19) BackgroundImage属性:用来获取或设置窗体的背景图像。

(20) Enabled属性:用来获取或设置一个值,该值指示控件是否可以对用户交互作出响应。如果控件可以对用户交互作出响应,则为true;否则为false。默认值为true。

(21) Font属性:用来获取或设置控件显示的文本的字体。

(22) ForeColor属性:用来获取或设置控件的前景色。

(23) IsMdiChild属性:获取一个值,该值指示该窗体是否为多文档界面(MDI)子窗体。其值为true时,为子窗体,值为false时,不是子窗体。

(24) IsMdiContainer属性:获取或设置一个值,该值指示窗体是否为多文档界面(MDI)中的子窗体的容器。其值为true时,是子窗体的容器,值为false时,不是子窗体的容器。

(25) KeyPreview属性:用来获取或设置一个值,该值指示在将按键事件传递到具有焦点的控件前,窗体是否将接收该事件。值为true时,窗体将接收按键事件,值为false时,窗体不接收按键事件。

(26) MdiChildren属性:数组属性。数组中的每个元素表示以此窗体作为父级的多文档界面(MDI)子窗体。

(27) MdiParent属性:用来获取或设置此窗体的当前多文档界面(MDI)父窗体。

(28) ShowInTaskbar属性:用来获取或设置一个值,该值指示是否在Windows任务栏中显示窗体。

(29) Visible属性:用于获取或设置一个值,该值指示是否显示该窗体或控件。其值为true时显示窗体或控件,为false时不显示。

(30) Capture属性:如果该属性值为true,则鼠标就会被限定只由此控件响应,不管鼠标是否在此控件的范围内。

如果对正在操作的(当前)窗体设置其值,则可以用下面语句:

```
this.属性=属性值
```

如this.BackColor = Color.Blue表示设置正在操作的窗体背景色变为蓝色。

3) 窗体的方法

窗体除了具备相当多属性外,还具备一些方法,调用这些方法可以对窗体进行动态操作,如适当的时候显示或隐藏窗体,下面介绍窗体的最常用一些方法:

(1) Show方法:该方法的作用是让窗体显示出来,其调用格式为:

窗体名.Show()；　　其中窗体名是要显示的窗体名称。

(2) Hide 方法：该方法的作用是把窗体隐藏起来(不显示)，其调用格式为：

窗体名.Hide()；　其中窗体名是要隐藏的窗体名称。

(3) Refresh 方法：该方法的作用是刷新并重画窗体，其调用格式为：

窗体名.Refresh()；　其中窗体名是要刷新的窗体名称。

(4) Activate 方法：该方法的作用是激活窗体并给予它焦点。其调用格式为：

窗体名.Activate()；　其中窗体名是要激活的窗体名称。

(5) Close 方法：该方法的作用是关闭窗体。其调用格式为：

窗体名.Close()；　　其中窗体名是要关闭的窗体名称。

(6) ShowDialog 方法：该方法的作用是将窗体显示为模式对话框。其调用格式为：

窗体名.ShowDialog()；

同样，如果对正在操作的(当前)窗体调用窗体的方法，则可以用下面语句：

this.方法名()；

如 this.Hide()表示把正在运行的窗体隐藏(不显示)。

4) 窗体的事件

窗体能对一些特定的事件作出响应，下面是窗体常用的事件：

(1) Load 事件：该事件在窗体加载到内存时发生，即在第一次显示窗体前发生。

(2) Activated 事件：该事件在窗体激活时发生。

(3) Deactivate 事件：该事件在窗体失去焦点成为不活动窗体时发生。

(4) Resize 事件：该事件在改变窗体大小时发生。

(5) Paint 事件：该事件在重绘窗体时发生。

(6) Click 事件：该事件在用户单击窗体时发生。

(7) DoubleClick 事件：该事件在用户双击窗体时发生。

(8) Closed 事件：该事件在关闭窗体时发生。

对窗体的事件一般要作出响应，即调用(执行)相应的方法来响应该事件。

1.4.6 标签对象

从工具箱上拖一个 Label 控件到窗体上，即成为一个标签对象。它的作用一般是显示相关信息，或辅助标注其他控件的信息。Label 控件常用属性有：

(1) Name：用来标识标签的名称，每个标签有唯一的 Name。

(2) Text 属性：用来设置或返回标签控件中显示的文本信息。

(3) AutoSize 属性：用来获取或设置一个值，该值指示是否自动调整控件的大小以完整显示其内容。取值为 true 时，控件将自动调整到刚好能容纳文本时的大小，取值为 false 时，控件的大小为设计时的大小，其默认值为 false。

(4) BackColor 属性：用来获取或设置控件的背景色。当该属性值设置为 Color.Transparent 时，标签将透明显示，即背景色不再显示出来。

(5) Enabled 属性：用来设置或返回控件的状态。值为 true 时允许使用控件，值为 false 时禁止使用控件，此时标签呈暗淡色，一般在代码中设置。另外，标签还具有 Visible、ForeColor、Font 等属性，具体含义请参考窗体的相应属性。

(6) Visible 属性:用来设置或返回控件的状态。值为 true 时显示该控件,值为 false 不显示该控件,例如希望标签 Label1 控件在操作后不显示,可以在编程时通过如下语句实现:

```
Label1. Visible=false;
```

另外,标签还具有 ForeColor、Font 等属性,具体含义可参考窗体的相应属性。

1.4.7 使用菜单与工具条

Visual Studio2008 的菜单栏中包括了大多数功能,所以菜单项众多。Visual Studio2008 的菜单随着不同的项目、不同的文件进行着动态的变化。下面对常用的"文件"菜单、"编辑"菜单和"视图"菜单进行简单的介绍,以便读者尽快熟悉 Visual Studio2008 中常用菜单的使用。"文件"菜单提供了对 Visual Studio2008 中的文件进行操作的各种功能,其菜单项和对应的功能如图 1.4.9 所示。

其中"新建"一项可以新建"项目"、"网站"、"文件"等,而打开则可以打开 Visual Studio2008 建立的相关项目与文件。

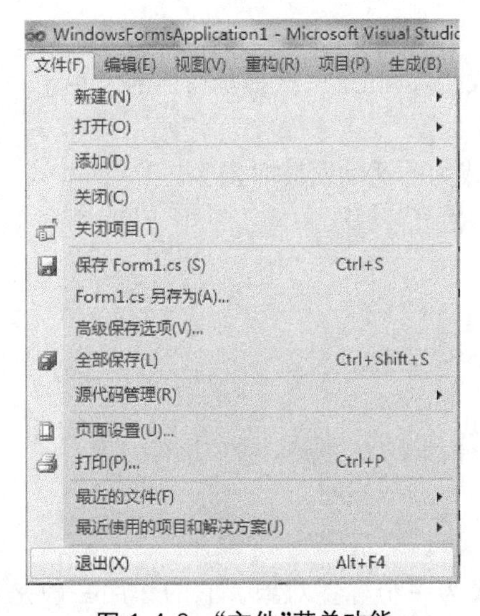

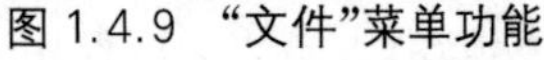
图 1.4.9 "文件"菜单功能

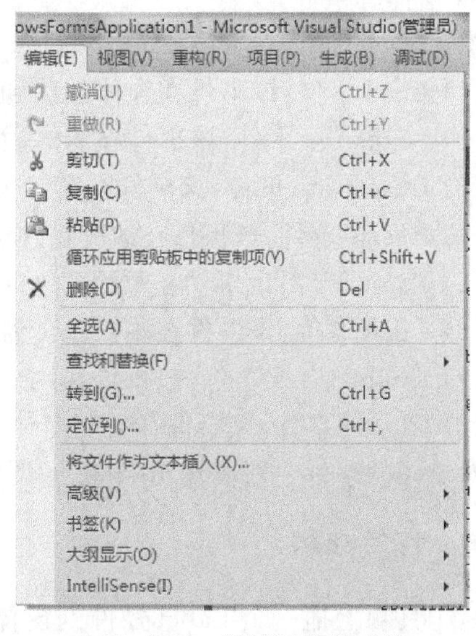

图 1.4.10 "编辑"菜单功能

"编辑"菜单提供了大多数常见的文本编辑操作,以及 Visual Studio2008 中所特有的部分操作。其菜单项的功能如图 1.4.10 所示。

"视图"菜单中各菜单项提供的功能比较简单,主要是对各种窗口的显示和隐藏的控制,此处不再一一列出其功能了,有兴趣的读者可以进行尝试,以获得直观的认识。

与任何 Windows 窗口一样,VisualStudio2008 工具栏位于菜单之下,由不同的按钮组成,每个按钮的功能对应着某项菜单的操作,用户可以根据需要增加或减少工具条中按钮的个数,它的作用直观,用户可以根据工具栏中的按钮进行快捷操作。

1.4.8 运行与调试程序

程序设计好后,可以通过菜单中的选项"调试"→"启动调试"或"开始执行"来运行程序。

其中 F5(启动调试)和 ctrl+F5(开始执行(不调试))的区别是:F5 调试执行,可以设置断点,并单步执行,以便于查找程序中的错误。而 ctrl+F5(开始执行(不调试))则直接执行,只得到最终结果,在执行控制台应用程序中,ctrl+F5(开始执行(不调试))可以让程序的运行结果最终停留在屏幕上,按任意键继续。

当然,也可以点击工具栏上的启动调试按钮“▶”来运行程序。如果程序中有语法错误,则 Visual studio2008 在运行时会自动检测出来,并中断运行,弹出相应的提示信息框,如图 1.4.11 所示:

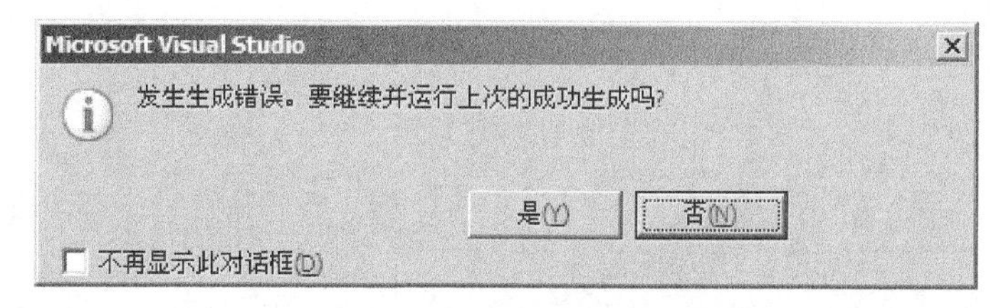

图 1.4.11 运行时错误提示框

同时在屏幕下方显示错误信息,如图 1.4.12,并指出错误所在的行和列号,双击该错误信息可使光标回到程序代码窗口对应的行,从而让用户进行修改。在用户输入代码时,对拼写错误系统也会自动以波浪线提示。

错误列表

1 个错误 1 个警告 0 个消息

	说明	文件	行	列	项目
1	文件"D:\visual C#.NET\example1_2\example1_2\Form2.cs"不支持代码分析或生成,因为它未包含在支持代码的项目中。		0	0	
2	"System.Console"并不包含"Readine"的定义	Program.cs	13	21	example1_1

图 1.4.12 运行时错误提示窗口

1.5 Visual Studio2010 简介

Visual Studio 2010 版本于 2010 年 4 月 12 日上市,其功能非常强,集成开发环境(IDE)的界面被重新设计和组织,变得更加简单明了。Visual Studio 2010 同时带来了 NET Framework 4.0、Microsoft Visual Studio 2010 CTP(Community Technology Preview, CTP),并且支持开发面向 Windows 7 的应用程序。除了 Microsoft SQL Server 外,它还支持 IBM DB2 和 Oracle 数据库。它采用拖曳式便能完成软件的开发,Microsoft Visual Studio 2010 支持 C#、C++、VB。可以快速实现相应的功能。而且它可以自定义开始页;新功能还包括:

(1) C# 4.0 中的动态类型和动态编程;

(2) 多显示器支持;

(3) 使用 Visual Studio 2010 的特性支持 TDD;

(4) 支持 Office;

(5) Quick Search 特性;

(6) C++ 0x 新特性;

(7) IDE 增强；

(8) 使用 Visual C++ 2010 创建 Ribbon 界面；

(9) 新增基于.NET 平台的语言 F#；

Visual Studio 2010 新建一个 Windows 项目的界面如图 1.5.1 所示：

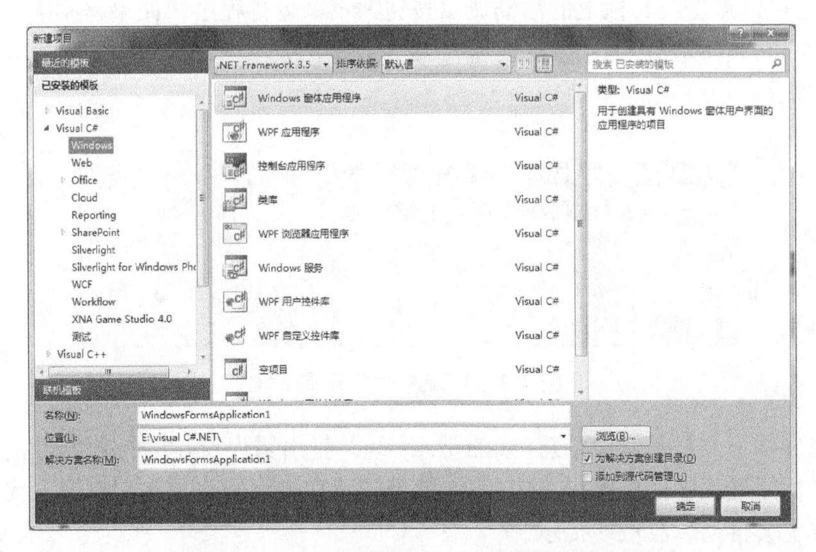

图 1.5.1　VS2010 建立 Windows 应用程序窗口

在上面的对话框中，新建项目可以选择 VS2005(NET Framework 2.0)、VS2008(NET Framework 3.5)、VS2010(NET Framework 4.0)环境进行，因而具有很大的灵活性，并且以前开发的各类.NET 程序都可以很好地在 VS2010 下运行。

进行 Visual Studio 2010 建立的 Windows 项目后，Windows 窗体设计开发界面与 VS2008 基本一致，如图 1.5.2 所示，其余功能操作基本类似，就不一一阐述了。

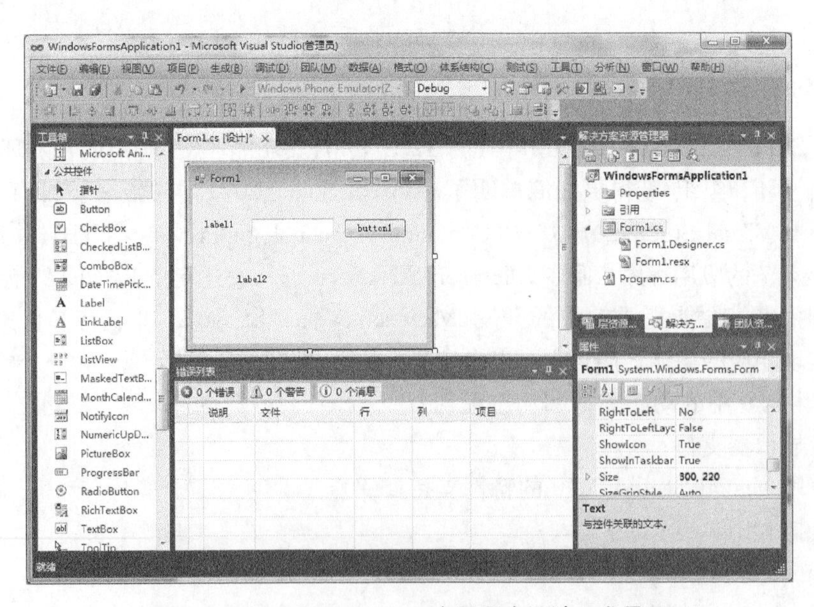

图 1.5.2　VS2010 Windows 应用程序设计开发界面

1.6 习题

1. C#.NET 有什么优点?
2. 什么叫解决方案? 什么是项目? 它们有什么关系?
3. 窗体有哪些属性?
4. 窗体有哪些方法及事件?
5. Windows 控制台应用程序包括那些文件?
6. Windows 应用程序开发界面由那几部分组成?
7. 窗体有哪些事件?
8. 设计一个控制台应用程序,要求运行后屏幕将打印出“欢迎进入 C#世界!”信息。
9. 设计一个 Windows 应用程序,要求屏幕上有标签、文本框、按钮,运行后,从文本框输入自己的姓名,点击按钮后,在标签上显示你的姓名及欢迎信息。
10. 设计一个 Windows 应用程序,要求运行后,在屏幕背景为蓝色天空,中间显示“Windows 应用程序”几个大字,字体为楷体 3 号,蓝色,鼠标点击屏幕后,字体变红色。

2

C#语言基础知识

当新建一个C#项目时，系统会自动为我们建立一个解决方案，该方案包含多个项目。我们对Windows应用程序的每个项目除了掌握界面设计外，还必须了解相关控件的属性、事件及方法，才能更好地进行设计，同时还必须了解对应控件及对象的运算，程序才具有实用性，C#常用的运算有数值运算、字符运算、关系运算及逻辑运算，在掌握这些运算之前，必须了解相关运算的基本法则。

2.1 C#软件项目的组成

从文件系统看，C#每个项目可以由多个文件或文件夹构成，其中扩展名为.sln的文件是整个解决方案文件，扩展名为.csproj的文件是项目(工程)文件，扩展名为.cs的是C#源程序，这些文件都可以从C#项目的解决方案资源管理器窗口中看到。

从程序的结构来看，C#中的项目由不同的命名空间组成，命名空间是对类的一种逻辑上的分组，即将类按照某种关系或联系划分到不同的名称空间下。命名空间又可以包含其他的命名空间，例如System.Windows.Forms，是指System名称空间下有Windows名称空间，Windows名称空间下有Forms名称空间。在一个命名空间中，如果要引用另一个命名空间中的内容，可以在程序开始处使用关键字using加命名空间名字来引用。

每个命名空间内至少由一个类(Class)构成，在一个类中，有包括函数(方法)在内的类的成员。在所有的类中，必须有一个类中含有一个主函数Main作为程序的入口点，它是整个程序开始执行的第一个函数(方法)，下面是一个控制台应用程序的代码。

例2.1 控制台应用程序

```
using System;
using System.Collections.Generic;
using System.Linq;
using System.Text;

namespace example2_1
```

```
{
    class Program
    {
        static void Main(string[] args)
        {
            Console.WriteLine("欢迎你使用 C#!");
        }
    }
}
```

从上面例子的代码中，可以看出 C# 程序有命名空间、类和方法、大括号等组成要素。其中 using System 表明在代码中引用了系统的命名空间，因为很多输入输出的相关控制在该命名空间中已经编写好代码，可以不必另外编写，只需引用该命名空间即可把相关的代码在运行时包含到我们自己的程序中。而 namespace example2_1 则是我们自己的程序包含在自己的命名空间 example2_1 中，如果其他程序需要用到我们的代码，也可以在相应的程序中用 using example2_1 进行引用。

2.2 C#程序结构

2.2.1 C#程序的组成要素

1）命名空间

从上面的例子中看到，使用 C# 编程时，可以通过两种方式来使用命名空间。首先，.NET Framework 使用命名空间来组织它的众多类；其次，在较大的编程项目中，声明自己的命名空间可以帮助控制类名称和方法名称的范围，使用 namespace 关键字可声明命名空间，使用 using 可引用已经存在的命名空间。

命名空间提供了一种从逻辑上组织类的方式，防止命名冲突。为了方便用户，Visual Studio 事先已定义了相当多的命名空间，我们只需要引用即可，如 using System，引用命名空间后，我们可以使用其空间中的类及成员。

2）C#关键字

关键字也就是 C#.NET 的系统保留字，在 C#.NET 程序中有特定的含义及作用，在编程过程中，系统一般会蓝色显示，这样可以帮助我们校对关键字是否输入正确，如上面代码中的 using，class，void 等。常用的关键字我们在以后用到时再介绍其作用。特别注意，输入关键字时要区分大小写。

3）类和方法

在 C#.NET 中，有了命名空间后，在一个命名空间中用类来组织程序，即一个命名空间中由各种类组成。在一个类当中有数据的成员与方法，数据成员一般是该类中用到的那些属性的值，而方法是包含一系列语句的代码块，在其他高级语言中称之为函数或子程序。在 C#.NET 中，每个执行指令都是通过方法来完成的。

如上面的例子中，命名空间 example2_1 中有一个类 Program，在该类中有一个 Main 方法，该方法是整个程序的入口。C#.NET 要求每个程序必须且只能有一个 Main()方法。有关类中的成员与方法在今后的章节中会具体介绍。

4) 语句

在一个类当中，程序所执行的操作用"语句"来表达。常见操作包括声明变量、赋值、调用方法、循环访问集合，以及根据给定条件分支到一个语句或另一个代码块。

一个语句是以分号";"结尾的单行或多行代码，或者是语句块。一行中可以写好几个语句(块)，也可以将一条语句写在多行上。当语句包含不同层次(即命名空间、类、属性或方法)的内容时，C#.NET 用"."操作符表明所属关系，例如语句 System.Console.Write("欢迎你!")；表示使用 System 命名空间中的 Console 类中的方法 Write 来输出"欢迎你!"信息，如果在程序的开始处使用了 using System；则上述语句可以不用 System 而直接使用 Console.Write("欢迎你!")。

如果一个语句比较复杂，则可以使用语句块。语句块是一系列单行语句的组合，也就是好几行语句，这几行语句块按次序在括号{ }中，语句块并且还可以包含嵌套块，以后大家可以看到大量使用语句块的情形。

2.2.2 C#程序的格式

一个好的程序格式是非常规范的，它需要的不仅是正确、高效，而且容易看懂，以方便以后管理与维护程序。

1) 注释

稍复杂的程序都少不了注释语句，注释主要用于对程序代码起到解释的作用，有时在程序必要的地方加上一些注释，可以极大地方便自己或其他人在阅读程序或维护程序时，通过注释语句了解程序行(块)的作用，这相当于我们在读古书时，在特别难的地方加上标注，这样每次读到这些句子时，不用再去翻字典了。而 C#.NET 对注释语句是不理会的，即 C#.NET 不会对注释语句进行任何解释与运行，养成在适当的地方加注释的好习惯是一个程序员必须注意的。

注释语句分两种，其中以"//"开头是对整行注释，如：

```
//下面一行是输出
Console.WriteLine("欢迎你使用 C#!");
```

C#.NET 还可以用"/*"与"*/"配合进行标注，这样可以对多行进行注释，如：

```
/*下面是输出
其中 play()为方法名
x=6 为赋值语句
 */
static void play()
   {
```

```
        int x=6;
        Console.WriteLine(x);
    }
```

2) 空格与缩进

在C#.NET编程时,会使用大量的空格,空格的作用主要有两个,一个是用于程序行缩进,以便于程序的阅读与理解,另外一个用于类型与变量之间或语句之间进行分隔。

现在编程的风格是程序行以缩进的方式进行,如上面的例子,同一个层次的行左对齐,而其下属的行都向右缩进,以表示其对应关系,在大括号中对同级的行统一缩进左对齐。

3) 字符大小写

在C#.NET中,对字符的大小写是区别地对待的,如"A"与"a","Main","main"会被认为是不同的单词,所以大家在以后编程时要特别注意。

2.3 C#基本数据类型

在程序设计中,要处理各种各样的数据,而这些数据又分别属于不同的数据类型,因为不同的数据类型变量会占用不同内存空间,必须对这些数据类型分别管理,才会提高程序的运行效率,这就好像我们平时上课一样,大班到大教室上课,小班到小教室上课,才不至于浪费资源。

C#是强类型语言,即要求每个变量和对象在都必须声明其类型。C#中的数据类型分两个基本级别:值类型和引用数据类型。我们先介绍值类型,引用类型在以后的章节中介绍。

值类型包括简单值类型和复合型类型。简单值类型可以再细分为整数类型、字符类型、实数类型和布尔类型;复合型类型则是简单值类型的复合,包括结构(struct)类型和枚举(enum)类型以及类类型。

2.3.1 数值类型

1) 整数类型

C#.NET支持8种整数类型,具体的类型名及取值范围如表2.1所示:

表2.1 整数类型

类型名称	说明	取值范围	对应于System程序集中的结构
sbyte	有符号8位整数	−128～127	SByte
byte	无符号8位整数	0～255	Byte
short	有符号16位整数	−32 768～32 767	Int16
ushort	无符号16位整数	0～65 535	UInt16
int	有符号32位整数	−2 147 489 648～2 147 483 647	Int32
uint	无符号32位整数	0～42 994 967 295	UInt32
long	有符号64位整数	−263～263	Int64
ulong	无符号64位整数	0～264	UInt64

2）实数类型

实数类型可以包括有小数的数据，具体如表2.2所示：

表2.2 实数类型

数据类型	说明	取值范围
float	32位单精度实数	$1.5*10^{-45}\sim3.4*10^{38}$
double	64位双精度实数	$5.0*10^{-324}\sim1.7*10^{308}$
demcimal	128位十进制实数	$1.0*10^{-28}\sim7.9*10^{28}$

2.3.2 字符类型

在C#中表示一个字符，用char类型表示，char类型采用Unicode字符集来表示字符类型，即每个字符在计算机内存中占据16位长度，它允许用单个编码方案表示世界上使用的所有字符。例如声明并使用字符类型变量可以用下列语句：

```
char x=' a',c='好';
```

而字符串类型可以表示任意长的字符串，用string表示，例如下面语句：

```
string   s="how are you?"
```

2.3.3 布尔类型和其他类型

1）布尔(bool)类型

在C#语言中，还专门有一种类型表示逻辑的值，其值只能是ture或者false，在程序中一般用于判断某个条件是否正解或某些语句是否该执行，它在计算机中占4个字节。

2）结构类型

结构类型属于复合型类型，它把一系列相关的信息组织成为一个单一实体的过程，这就是创建一个结构的过程，使用该类型的好处是把一个对象的相关属性统一用一个结构体封装起来整体考虑，不过在面向对象程序设计之后，逐渐使用类类型替代结构体类型。

定义结构体类型用关键字struct，下面定义一个结构体类型：

```
struct person  //定义了一个person结构体类型
{
string m_name; //成员m_name
int m_age; //成员m_age
string m_sex; //成员m_sex
} //定义类型结束
```

定义了结构体类型后，可以在该类型上定义变量，然后使用该变量，使用时，主要是使用变量中对应的数据成员，下面是一个完整的结构体类型例。

例 2.2　在控制台下自己定义一个结构体类型 person 并使用该类型的变量。

程序代码如下：

```
namespace example2_2
{
    struct person
    {
      public   string m_name; //成员 m_name
      public int m_age; //成员 m_age
      public string m_sex; //成员 m_sex
    }
    class Program
    {
        static void Main(string[] args)
        {
          person p1;
          p1.m_name="李兵";
          Console.WriteLine("姓名:{0}",p1.m_name);
        }
      }
  }
```

3）枚举类型

枚举类型是一种独特的值类型，主要用在按序号列举的类型中，用具有实际意义的量取代抽象的数字，使其更具可读性，枚举主要用于表示一个逻辑相关联的项和组合，使用关键字 enum 来定义枚举类型。下面例子是定义了一个叫 Weekday 的枚举类型：

```
enum Weekday
{
Sunday,Monday,Tuesday,Wednesday,Thursday,Friday,Saturday
}
```

其中大括号内的每一项为一个枚举成员，每个枚举成员有一个序号，如 Sunday 的序号为 0，Monday 的序号为 1。当然在定义时也可以改变其序号，如：

```
enum Weekday
{
Sunday,Monday,Tuesday=5,Wednesday,Thursday,Friday,Saturday
}
```

此时，枚举成员 Wednesday 的序号为 6，而 Thursday 的枚举序号为 7，其余类推。

同样，定义了上述的枚举类型后，可以使用上述类型来定义变量以及使用变量，如：

```
enum Weekday w1;
int x;
w1=Weekday.Monday;
x=Convert.ToInt16(Weekday.Monday);
Console.Write("{0}",x);
运行后输出的值为 1。
```

2.4 变量和常量

1) 变量

在编写程序时，有些量它的值会发生变化，这些量即变量，变量即其值在运行过程中可以改变的量，相当于数学中方程或函数中的变量。在 C#.NET 编程过程中使用一个变量前必须先给这个变量取名，同时要说明这个变量的类型，也就是变量的声明，必要时还可以说明变量的性质，同时给这个变量赋初值，即变量的初始化。声明变量的语法如下：

```
〈访问修饰符〉 数据类型    变量名[=初值]
```

其中访问修饰符有：public，private，protected，默认时为 private，详细的含义在面向对象一章中加以说明。

每个变量必须有唯一的名字，变量命名可以遵循骆驼命名法，如 IntTemp。用户命名时必须遵守变量命名规则，即第一个字符是字母(汉字)或下划线，其余的字符还可以是数字等，但不能与系统关键字同名，在变量名中也不能使用各种运算符。

例：

```
char  c;
int num2 = 14000;
string val = "Jamie";
float num3 = 14.5f;
```

还可以一次同时声名多个变量，例如：

```
int x,y,z;
int a,b=6;
```

上式中有等号的是给指定的变量赋值，如 b=6，变量声明后，可以在任何需要的时候为变量赋值，但值的类型必须与声明变量时的类型相同，还可以一次为多个变量赋值，如：

```
int a,b,c;
a=b=c=2;
```

2) 常量

常量即其值在运行过程中保持不变的量，相当于数学中的方程或函数中的常数。常量有整形常量，实型常量，字符常量，字符串常量，布尔常量。

(1) 整形常量，有三种形式：

十进制常量：也就是我们平时用到的整数，如 10,9,120 等；

八进制常量：逢八进一，八进制常量需在数字前加 0，如 016,023，但不能为 018；

十六进制常量：逢十六进一，十六进制常量需前面加 0x，如 0x123,0x67,0x6f 等；

(2) 实型常量，即可以带小数的常量，根据数的大小可划分为单精度型(float)，双精度型(double)，或十进制型(decimal)，默认为双精度型。如：123.5f 表示单精度型，123.45，123.45D 均表示双精度型，1 367.87 m 为十进制型。

还可以用科学记数法，如 123.6e5 表示 123.6×10^5

(3) 字符常量，表示一个字符，用英文的单引号加以标注，如'a','中'。

(4) 字符串常量，表示一串字符，用英文的双引号标注，如"Jamie","中国人"。

(5) 转义符：在 C# 中，有一种特殊的字符常量，以反斜线"\"开头，后跟一个或几个字符，它具有特定的含义，以区别于字符原有的意义，称为“转义”字符。它主要用来表示那些用一般字符不便于表示的控制代码，作用是消除紧随其后的字符的原有含义，还可以用一些普通字符的组合来代替一些特殊字符，由于其组合改变了原来字符表示的含义，因此称为“转义”，另外还能用可以看见的字符表示那不可以看见的字符，例：

```
s="你是\"天才\",哈哈!"
```

则表示：你是“天才”，哈哈！

常用的转义字符及其含义如表 2.3 所示：

表 2.3 转 义 符

转义符	说明	转义符	说明
\n	回车换行	\f	换页
\t	横向跳到下一制表位置	\\	反斜线符
\v	竖向跳格	\'	单引号符
\b	退格	\ddd	1—3 位八进制数所代表的字符
\r	回车	\xhh	1—2 位十六进制所代表的字符

C#.NET 中除了直接使用常量外，还可以用 const 关键字进行声明某一个标识符为常量，语法如下：

```
〈访问修饰符〉const 数据类型 常量名 = 常量值;
```

例如 const float _pi = 3.14f;

通过上面语句后，_pi就代表单精度的值3.14。

2.5 运算符与表达式

编程序少不了要进行各种各样的运算操作，运算符用于对操作数特定的运算，而表达式是由运算符和操作数组成的式子。

运算符可以分为一元运算符、二元运算符、三元运算符(即“?”运算符)。

2.5.1 运算符与表达式类型

根据参与运算对象类型的不同，运算符可以分为算术运算符、字符串运算符、关系(比较)运算符及逻辑运算符以及其他的一些高级运算符。

1) 基本算术运算符

这类运算符如数学中一些常用的算术运算符，主要有：

二元运算符：(+)加、(－)减、(*)乘、(/)除、(%)求余。

一元运算符(－)取负，(+)取正，(++)自增1，(－－)自减1。

上面四则运算符与平常的数学四则运算类似，一般要求同种类型的数据运算，如果不同类型的运算，由自动转为类型更宽广的类型进行运算，例：

```
int   x=2;
float y=9;
double z=y/x;
```

则z的值为4.5000000，为double类型。

另外，特别要注意，两个整数类型的值相除，其结果仍为整数类型，如：

```
int x=4,y=5;
int z,w;
double v;
z=x/y;
w=y/x;
v=y/x;
```

则z的值为0，w的值为1，v=5/4的值也是1.0000000，如果要使v的值为1.2500000，可以通过下面方法进行：

```
v=5.0/4;或 v=5/4.0 或 v=1.0*5/4;
也可以通过类型强制转换后再进行运行，如 v=(double)5/4;v=(double)y/x;
```

下面通过实例来理解“%，++，－－”运算符：

“%”运算符为求余数，要求参与运算的两个数都为整数，例如：

```
int x=7,y=2,k=-2;
int z,w;
z=x%y;w=x%k;
```

则z的值为1,而w的值为-1,注意%运算符要求参与运算的对象均为整数。

那么自增符号与自减运算符是什么意思呢?它的值是其自身值的基础上加1或减1,我们通过下面的例了解一下:

```
int a = 1;
int b=a++;
```

上面代码相当于b=a,a=a+1,即b的值为1,a的值为2。

如果换成下面语句:

```
int a=1;
int b = ++a;
```

则上面代码相当于a=a+1,b=a,即b的值为2,a的值为2。

总结:++在前,则自身值先增加1,然后再参与其他运算,反之如果符号++在后,则先参与其他运算,然后自身值再加1.对于--运算符是一样的原理,只不过把增1换成减1而已。

2) 字符运算与字符串运算符

字符串运算符“+”可以是两个字符串首尾相连,也可以是单字符连接到另一个字符串的后面,例:

```
string str1="abcd";
string str2="efghk";
string str=str1+str2;
str3=str1+'p';
则 str 的值为"abcdefghk",而 str3 的值为"abcdp"
```

3) 关系运算符与关系表达式

关系运算实际上是比较运算,用于两个值进行比较,判断比较的结果是否符合给定的条件,如果符合,比较的结果为“true”,否则结果为“false”,结果为布尔型。C#语言提供6种关系运算符:<(小于),<=(小于等于),>(大于),>=(大于等于),==(等于),!=(不等于)。

```
例如:int x=3,y=2;
    char c1='a',c2='b';
    string s1="abcd",s2="abce";
    bool t,tc,ts;
```

```
t=x<y;
tc=c1<c2;
ts=s1==s2;
```

特别注意，这里的“==”运算是比较左右两边的值是否相等，最后得到比较的结果，不是true就是false，是布尔类型，必须区别于“=”运算，“=”运算是赋值运算，它是把右边的值赋予左边的变量。

例2.3 分析下列程序运行的结果

```
namespace example2_3
{
    class Program
    {
        static void Main(string[] args)
        {
        int x=2,y=3,z=4;
        char c1='a',c2='b';
        bool  t1,t2;
        t1=x+y>z*2;
        t2=c1<c2;
        Console.WriteLine("{0}",t1);
        Console.WriteLine("{0}", t2);
        }
    }
}
```

运行后，t1的值为false，t2的值为true。

4) 逻辑运算符与逻辑表达式

逻辑运算的操作数是布尔类型，用于多个关系的组合或否定原来的结果，运算的结果仍为布尔类型，C#.NET提供了下面三种常用的逻辑运算符：

(1) 逻辑与运算符“&&”

它要求左右两边的值均为true时，其值才为true，否则为false。例如：

```
int x=7,y=3;
bool f=x>y&&y>1;
bool t=x>y&&y>4;
```

则f的值为true，t的值为false。

(2) 逻辑或运算符“||”

它只要求左右两边的值有一个为true时，其值就为true，只有两边的值都为false时，其

值才为 false,例如:

```
int x=7,y=3;
bool f=x>y||y>1;
bool t=x>y||y>4;
```

则 f 的值为 true,t 的值也为 true。

(3) 逻辑非运算符"!"

它得到与原来相反的值,例:

```
int x=6,y=8,z=9;
bool t1,t2,t3;
```

则 t1=x<y&&y>z 的值为 false, t2= x<y&&z>x 的值为 true,t3=! x<y 的值为 false。

5) 三元运算符"?:"

三元运算符由符号"?"与符号":"组成,也叫条件运算符,它对不同条件进行判断后再决定表达式的取值,参加运算的式子有三个,因此称为三元运算符,它的格式如下:

```
<布尔表达式 1>?<表达式 2>:<表达式 3>;
```

运算的含义是:先求布尔表达式 1 的值,如果为 true,则执行表达式 2,并返回表达式 2 的结果;如果表达式 1 的值为 false,则执行表达式 3,并返回表达式 3 的结果。

例如,下面的表达式:

```
int a=2;  int c=3;
int b=(a>c)? 2+3:3*5;
```

则 b 的结果为 15。

除了上面讲的一些常用的运算符外,以后我们会接触越来越多的运算符,C# 的运算符如表 2.4 所示:

表 2.4 C#运算符表

类别	运算符	说明	表达式
算术运算符	+	执行加法运算(如果两个操作数是字符串,则该运算符用作字符串连接运算符,将一个字符串添加到另一个字符串的末尾)	操作数 1 + 操作数 2
	-	执行减法运算	操作数 1 - 操作数 2
	*	执行乘法运算	操作数 1 * 操作数 2
	/	执行除法运算	操作数 1 / 操作数 2
	%	获得进行除法运算后的余数	操作数 1 % 操作数 2

（续表）

类别	运算符	说明	表达式
算术运算符	++	将操作数加 1	操作数++ 或++操作数
	--	将操作数减 1	操作数--或--操作数
	～	将一个数按位取反	～操作数
比较运算符	>	检查一个数是否大于另一个数	操作数 1 > 操作数 2
	<	检查一个数是否小于另一个数	操作数 1 < 操作数 2
	>=	检查一个数是否大于或等于另一个数	操作数 1 >= 操作数 2
	<=	检查一个数是否小于或等于另一个数	操作数 1 <= 操作数 2
	==	检查两个值是否相等	操作数 1 == 操作数 2
	！=	检查两个值是否不相等	操作数 1 ！= 操作数 2
条件运算符	?:	检查给出的第一个表达式是否为真。如果为真，则计算操作数 1，否则计算操作数 2。这是唯一带有三个操作数的运算符	表达式? 操作数 1:操作数 2
赋值运算符	=	给变量即操作数 1 赋值	操作数 1 = 操作数 2
逻辑运算符	&&	对两个表达式执行逻辑“与”运算	操作数 1 && 操作数 2
	||	对两个表达式执行逻辑“或”运算	操作数 1 || 操作数 2
	！	对两个表达式执行逻辑“非”运算	！操作数
强制类型转换符	( )	将操作数强制转换为给定的数据类型	(数据类型)操作数
成员访问符	.	用于访问数据结构的成员	数据结构. 成员
快捷运算符	+=		运算结果 = 操作数 1 + 操作数 2
	-=		运算结果 = 操作数 1 - 操作数 2
	*=		运算结果 = 操作数 1 * 操作数 2
	/=		运算结果 = 操作数 1 / 操作数 2
	%=		运算结果 = 操作数 1%操作数 2

2.5.2 运算符的优先级与结合性

在 C#.NET 的一个表达式中，往往会有各种不同的运算符，因此必须要考虑运算顺序问题，即在一个表达式中含有多种运算符时，先进行那一种运算，这就是优先级问题。

1) 优先级原则

① 一元运算符的优先级高于二元和三元运算符。

② 不同种类运算符的优先级有高低之分，算术运算符的优先级高于关系运算符，关系运算符的优先级高于逻辑运算符，逻辑运算符的优先级高于条件运算符，条件运算符的优先级高于赋值运算符。

③ 有些同类运算符优先级也有高低之分，在算术运算符中，乘、除、求余的优先级高于加、减；在关系运算符中，小于、大于、小于等于、大于等于的优先级高于相等与不等；逻辑运算符的优先级按从高到低排列为非、与、或。

④ 加圆括号：圆括号内的表达式比其他运算符优先，加圆括号的好处是为了提高表达式的可读性，并明确其优先运算。此外圆括号还用于指定强制转换或类型转换。

2）结合性

C#.NET语言中各运算符的结合性分为两种，即左结合性（自左至右）和右结合性（自右至左）。例如算术运算符的结合性是自左至右，即先左后右。若有表达式 x—y+z 则 y 应先与“—”号结合，执行 x—y 运算，然后再执行+z 的运算。这种自左至右的结合方向就称为“左结合性”。

而自右至左的结合方向称为“右结合性”。最典型的右结合性运算符是赋值运算符。如 x=y=z，由于“=”的右结合性，应先执行 y=z，再执行 x=(y=z)运算。C#.NET语言运算符中有不少为右结合性，应注意区别，以避免理解错误。

详细的运算符优先级及结合性如表2.5所示：

表2.5 优先级和结合性

优先级	说明	运算符	结合性
1	括号	( )	从左到右
2	自加/自减运算符	++/--	从右到左
3	乘法运算符	*	从左到右
	除法运算符	/	
	取模运算符	%	
4	加法运算符	+	从左到右
	减法运算符	-	
5	小于	<	从左到右
	小于等于	<=	
	大于	>	
	大于等于	>=	
6	等于	=	从左到右
	不等于	! =	从左到右
7	逻辑与	&&	从左到右
8	逻辑或	||	从左到右
9	赋值运算符和快捷运算符	= += *= /= %= -=	从右到左

2.6 文本框、按钮对象相关操作

在Windows应用程序设计中，会大量使用文本框(TextBox)控件。与标签控件一样，它也能显示文本。但是，TextBox控件更主要的作用在于输入及修改信息，这是它与标签控件最明显的区别。从人机对话的角度来看，大多数程序，都用文本框控件来接收信息，而常用标签框控件主要用于向用户反馈信息。

1）文本框

文本框是Windows应用程序中使用频率较高的一个标准控件，可以从工具箱上直接拖入到设计窗体中，主要用于输入输出文字信息。

（1）文本框常用的属性。

Name属性：用于设置文本框的名字，它是标识每一个文本框的唯一标识。

Text属性：用于返回或设置文本框的文本内容。

MaxLength属性：用于控制文本框输入字符串的最大长度是否有限。默认值为32767，表示该文本框中的字符串最大长度为32767。

MultiLine属性：控制文本框中的文本内容是否多行显示。它有true和false两种属性值，默认为false，表示以单行形式显示文本；如果为true，则文本内容以多行形式显示。

ScrollBars属性：设置文本框是否有垂直或水平滚动条。它有四种属性值：None，没有滚动条；Horizontal，文本框有水平滚动条；Vertical，文本框具有垂直滚动条；Both，文本框既有水平滚动条又有垂直滚动条。该属性在MultiLine属性为true时才有用。

PasswordChar属性：设置是否在文本框中显示用户键入的字符。如果将该属性值设为某一字符，那么无论用户键入什么，在文本框中均显示该字符，该属性一般用于控制密码输入不显示。

SelectedText属性：用于返回在文本框中选择的文本。如果要在程序运行时操作当前选择的文本，可以通过该属性来处理。

ReadOnly属性：用于设置文本框中的文本内容是否只读。它有true和false两个值，默认值为false，即文本内容是可读写的；如果设为true，则该文本框的文本内容只读，不可编辑，同时该文本框变成灰色。

Enabled属性：用来设置或返回控件的状态。值为true时允许使用控件，值为false时禁止使用控件，此时标签呈暗淡色，一般在代码中设置。

Visible属性：用来设置或返回控件的状态。值为true时显示该控件，值为false不显示该控件。

另外，文本框还具有ForeColor、Font等属性，具体含义请参考窗体的相应属性。

（2）文本框的方法。

文本框还提供了一些方法来对文本框进行一些常用的操作，使用的方法为：

```
文本框名.方法名(参数);
```

其中括号内的参数根据不同的方法的需要来决定是否选取，文本框常用的方法如下：

SelectAll()方法：用于选择指定文本框中的所有文本内容。

AppendText(追加文本)方法：用于向文本框追加文字。

Clear()方法：用于清除文本框中的文字。

Copy()方法：用于把文本框中选中的文字复制到剪贴版。

Cut()方法：用于把文本框中选中的文字剪切到剪贴版。

Paste()方法：用于把剪贴版中的内容复制到文本框中。

SelectAll()方法：用于选择文本框中的全部的文字。

例如要追加“我们的世界”到当前文本框textBox1中，可以用下面的语句：

```
textBox1.AppendText("我们的世界");
```

当然,也可以用"+"运算符进行字符串连接,代码如下:

```
textBox1.Text=textBox1.Text+"我们的世界";
```

(3) 文本框的常用事件。

一般来说,对文本框做相应的操作都对应着一个事件,同样对应每个事件都可以有一个方法(过程)来响应该事件。

对应任何一个控件的事件及对应的方法可以通过属性窗口中选择事件按钮"⚡"选项来进行,鼠标双击事件右边空白栏即可产生一个相应的方法,这样某事件产生时,会自动调用相应的方法执行,如图 2.6.1 所示:

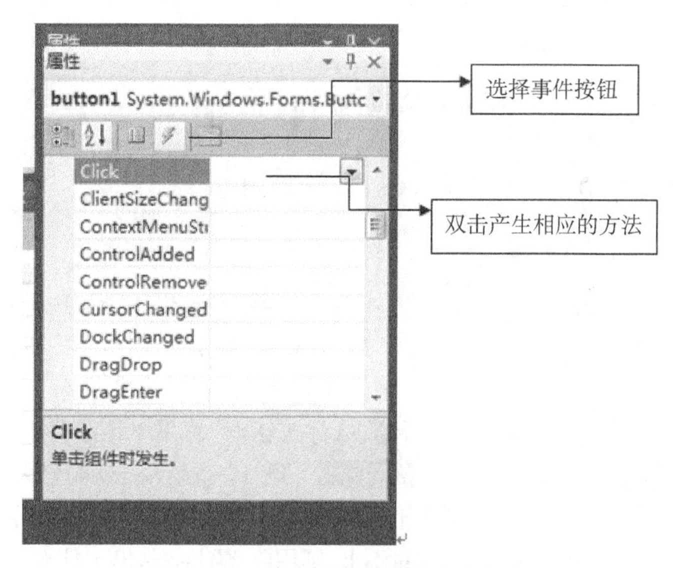

图 2.6.1 事件选择及响应方法产生

KeyDown 事件:在用户按下一个 ASCII 字符键时发生,该事件被触发时,被按键的 ASCII 码将自动传递给事件过程参数 e 的 KeyValue 属性,通过访问该参数,即可获知用户按下了哪个键。如:

```
//**************************************
if(e.KeyValue == 13) // 等价于: if(e.KeyCode == Keys.Enter)
//**************************************
```

上述两个语句是等价的,常用于判断用户是否按了 Enter 键(Enter 键的十进制 ASCII 码值为 13)。

KeyPress 和 KeyUp 事件:TextBox 控件的 KeyPress 事件在用户按下和松开一个键时被触发,KeyUp 事件则是在用户松开一个键时被触发。所以当用户按下并松开一个键时,则会在对象上依次触发 KeyDown、KeyUp 和 KeyPress 事件。

2) 按钮

按钮(Button)控件几乎存在于所有 Windows 对话框中,是 Windows 应用程序中最常用的控件之一。按钮控件允许用户通过单击来执行操作。按钮最常用的事件就是 Click。当用户单击按钮时,都会调用 Click 事件。

(1) 按钮的主要属性。

Text:指定显示的文本。

Enabled:确定控件可用。

Visible:确定控件可见。

Image:控件显示的图像。

(2) Button 控件的事件。

到目前为止,按钮最常用的事件是 Click。只要用户单击了按钮,即当鼠标指向该按钮时,按下鼠标左键,再释放它,就会引发该事件。比如说的窗体上有一个按钮 button1,则对应事件 Click 的方法如下:

```
private void button1_Click(object sender, EventArgs e)
    {
        //自己写的代码
    }
```

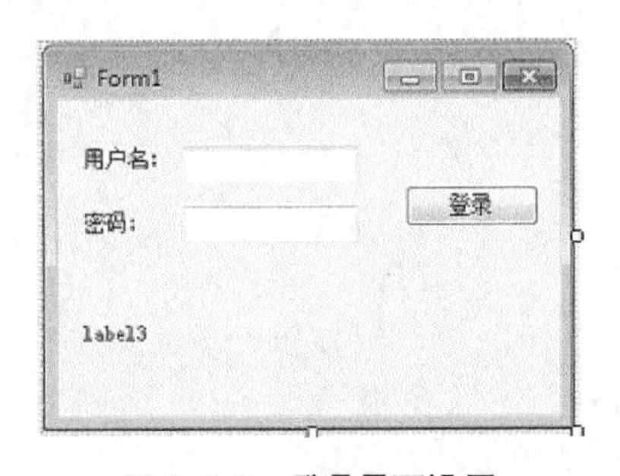

图 2.6.2 登录界面设置

另外 Button 控件还有:MouseDown 事件和 MouseUp 事件。MouseDown 事件:当用户在按钮控件上按下鼠标按钮时,将发生该事件。MouseUp 事件:当用户在按钮控件上释放鼠标按钮时,将发生该事件。

例 2.4 设计一个 Windows 程序,完成登录信息。即输入用户名及密码,输入密码时只显示"*"号。如果其中有一项对不上,则用红颜色字输出不能登录信息,如果都对得上,则出现欢迎你登录的信息。设计界面如图 2.6.2 所示。

其中输入密码的文本框的 PasswordChar 属性框中输入"*"符号,以便让输入密码时显示为符号"*"。

程序代码如下:

```
private void button1_Click(object sender, EventArgs e)
    {
        if (textBox1.Text == "李明" && textBox2.Text == "aaaaa")
            label3.Text = "欢迎你:" + textBox1.Text ;
        else
        {
            label3.Text = "用户名或密码不对,不能登录!";
            label3.ForeColor = Color.Red;
        }
    }
```

运行结果如图 2.6.3 所示：

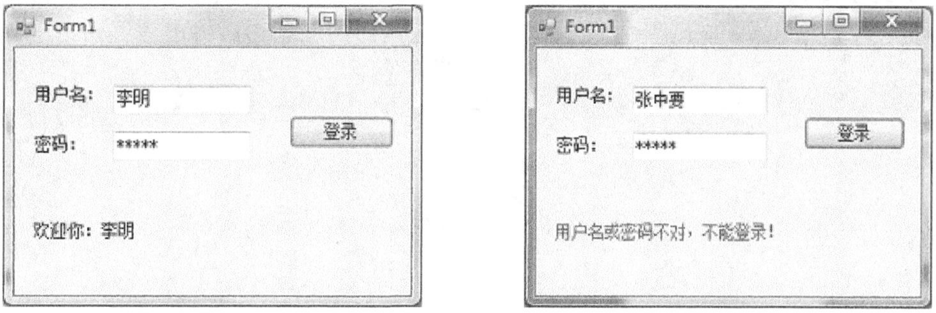

图 2.6.3　运行效果图

2.7　习题

1. C#项目由哪些组成？

2. C#项目第一个运行的方法(函数是)什么？

3. C#程序中，注释起什么作用？有哪些方式？

4. C#共有几种表达式？根据什么确定表达式的类型？

5. 文本框常用的属性有哪些？常用的方法有哪些？

6. 按钮常用的事件是什么？对应的方法是什么？

7. 求下列表达式的值

(1) int a=2,b=3,c=4;
　　2 * a+b/2+c/5 * 3

(2) int a=3,b=4,c=5;
　　float x=2.5,y=3.0;
　　a/2 * x+b * x * x/3+2 * c/3 * y+c;

(3) int a=5,b=7,c=3;
　　a+2 * b>c * c&&a>a+b * c
　　6+b%c+a%c+2 * a
　　a-b>=c||a+3>c&&b>c

8. 把下列数学表达式转为等价的 C#表达式。

(1) $\dfrac{a-bc}{x-\dfrac{y}{z}}$

(2) $abc-\dfrac{\sqrt{x-y^2}}{1-x^2}$

(3) $\sqrt{|abc-x^2|}$

(4) $\dfrac{\sqrt{\sin(x)-x^2}}{2y+\cos(x)}+6x^2y$

9. 设计一个 Windows 应用程序，要求实现四则运算，设计两个文本框，四个按钮，分别代表加、减、乘、除，运行时从窗体上的两个文本框输入两个数，再点击相应的运算符号按钮，便得到相应的值。

10. 设计一个 Windows 应用程序，要求输入一个三角形的三条边后输出该三角形的面积。

3

顺序结构与选择结构程序设计

C#.NET是面向对象程序设计语言，总体设计采用面向对象程序设计方法，程序是由一个一个的类构成，在一个类的局部语句块如一个方法(函数)内部，仍然要使用结构化程序设计的方法，用结构化语句来控制程序的执行流程。结构化程序设计有三种基本控制结构，分别是顺序结构、选择结构和循环结构。

顺序结构是一种线性结构，也是程序设计中最简单、最常用的基本结构，程序执行是按照语句的顺序依次执行，它只是一种编写和执行程序的协议，并不需要专门的控制语句来支持。而选择结构是执行到某一条语句后，根据不同的条件选择不同的语句或语句块执行，这样使得程序具有更大的灵活性。

3.1 赋值语句

赋值语句是最基本的语句之一，赋值语句实际上是使内存中已定义的变量得到具体的值，因此在使用赋值语句之前，变量必须事先已经被定义。当然，另一种情形是定义变量时同时赋初值也是赋值语句，如：

```
int a,b;
a=8*6;b=7;
int x=7,y=8;
```

3.1.1 单赋值语句

由一个赋值运算符构成的赋值语句。其格式为：

变量=表达式；

其中“=”称为“赋值号”，功能是把“表达式”右边的值赋给左边的“变量”，该语句要求左边必须是一个变量，该变量可以是简单类型变量，也可以是复合类型变量，右边表达式的值的数据类型要求与左边变量的类型一致，每一个赋值语句结束用“；”表示。

```
例：int x=5,y=8;
    y=x+y;
```

有时候，左右两边的数据类型不一致时，如果右边表达式的数据类型范围比左边的要小，则系统可以自动转换，如下面语句是可行的，运算的结果为 float 类型。

```
int x=6,y=7;
float z;
z=x+y*6;
```

但下面的计算是错误的或不可行的：

```
double  x=6.7,y=7.3;
int  z;
z=x+y*6;
```

3.1.2 复合赋值语句

复合赋值语句是使用+=、-=、*=、/=等运算符构成的赋值语句，这种语句首先需要完成特定的运算然后再进行赋值运算操作。例如：

```
int x=5;
x+=6;相当于 x=x+6;
```

而执行语句：

```
string s="abcd";
s+="efgh";
```

得到 s 的结果为“abcdefgh”

还有一种连续赋值语句，是在一条语句中使用多个赋值运算符进行赋值的语句，这种语句可以一次为多个变量赋予相同的值。例如：

```
int x,y,z;
x=y=z=6;
string s1,s2,s3;
s1=s2=s3="efgh";
```

连续赋值的运算结合性是从右到左，上面的代码先执行 s3=“efgh”；再执行 s2=s3；最后执行 s1=s2。

3.2 输入与输出

所有程序中都会有数据的输入与输出，输入的目的是通过键盘等输入设备向计算机内存输入数据，同时把这些数据存放到某个变量中，在控制台应用程序中通过调用方法来进行输入，而在 Windows 应用程序中则通过窗体上的控件来接收输入的数据。

而输出则是把运算的结果通过屏幕或打印机等设备输出给我们看。在控制台应用程序中通过调用方法来进行输出数据，而在 Windows 应用程序中则通过窗体上的控件来显示要输出的结果。

3.2.1 控制台应用程序的输入与输出

控制台应用程序输入数据可以通过 Console 类中的 Read()与 ReadLine()方法进行，它们的功能是接受从键盘上输入的数据，例如：

```
char c=(char)Console. Read( );
string s=Console. ReadLine( );
int i=int. Parse(Console. ReadLine( ));
```

注意 Console. Read()是从控制台读取一个字符，而 Console. ReadLine()是从控制台读取一行字符串。

由于 Console. ReadLine()输入的都是字符串，所以如果在赋值语句中左边变量不是字符串类型的话，还要进行强制转换，在上面例中，由于 i 是整数，所以等号右边要进行数据转换，把输入的数据强制转换为整数类型。

输出数据可以通过 Console 类中的 Write()与 WriteLine 方法()进行，它们的功能是把指定表达式的值从屏幕上输出，例如：

```
Console. Write("abcd");
Console. WriteLine("abcd");
```

Write()与 WriteLine 方法()两者之间的差异是：

Console. WriteLine()方法是将要输出的字符串与换行控制字符一起输出，当语句执行完毕时，光标会移到目前输出字符串的下一行，因此该语句输出完后，会换行。

而使用 Console. Write()方法时，光标会停在输出字符串的最后一个字符后，不会移动到下一行，比如说

Console. WriteLine("a");Console. WriteLine("b")就会分两行输出，分别输出 a，b。

而 Console. Write("a");Console. Write("b")就在同一行输出 a，b。

Console. Write 与 Console. WriteLine 除了直接输出表达式外，还可以使用格式化输出。例如：

```
Console. WriteLine("{0}; {1}; {2}",10,20,30);
```

上面括号中的"{0};{1};{2}"表明输出项的次序，要输出的具体值分别是后面的10，20，30，输出的值可以是常量、变量、表达式。在C#.NET中，如果要按次序进行的话，起点从0开始，大家可以在以后数组中可以体会到。

例3.1 用控件台应用程序设计，从键盘输入两个整数，要求输出它们的和。

程序代码如下：

```
using System;
using System.Collections.Generic;
using System.Linq;
using System.Text;

namespace example3_1
{
    class Program
    {
        static void Main(string[] args)
        {//下面代码是添加的
            int x,y,z;
            x = Convert.ToInt16(Console.ReadLine());
            y = Convert.ToInt16(Console.ReadLine());
            z = x + y;
            Console.WriteLine("{0}+{1}={2}",x,y,z);
            Console.ReadKey();
        }
    }
}
```

在上面的代码中，最后一行也是一个输入语句，只不过，这个输入不会赋值给任何一个变量，只是起到一个暂停的作用，运行到该行代码，程序会停下来，直到用户按任一个键后继续，如果没有该行代码，则程序的结果一闪而过，用户无法看清程序的运行结果。

运行结果如图3.2.1所示：

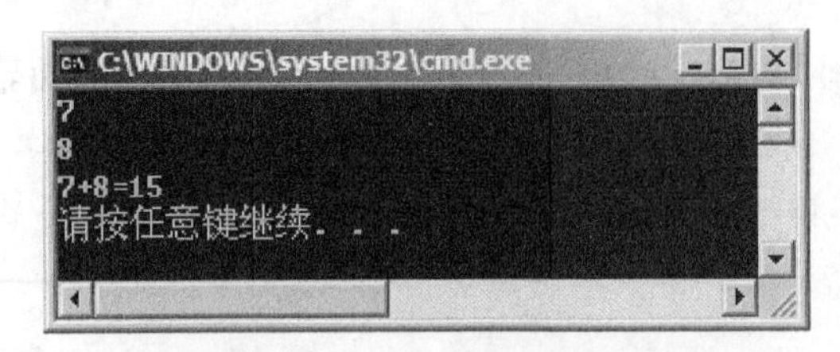

图3.2.1 运行结果图

3.2.2　Windows应用程序的输入与输出

Windows应用程序的输入与输出是通过控件进行的，典型的输入控件是文本框(TextBox)控件，用于输入文字信息，由于输入到文本框中的数据类型是字符串类型，因此，当输入的信息要赋值给左边的变量时，必须要将输入的字符串转为与左边变量一致的数据类型，如：

```
double x;
x=Convert.ToDouble(textBox1.text);
```

上面的Convert.ToDouble(textBox1.text)表明要把文本框textBox1中的字符串转为double类型，其中Convert是系统的一个数据转换类型，该类中有大量的静态转换方法，用于各种不同数据类型之间的转换。

Windows应用程序中用于输出的控件的很多，典型的字符输出控件有标签(Label)，文本框(TextBox)，同样，由于标签(Label)及文本框(TextBox)输出的是字符串，因此，在输出其他类型的数据时，这些数据也要转为字符串才能输出，如：

```
float x=12.36f,y=67.87f;
float z;
z=x*y;
label1.Text=z.ToString();
```

上面的ToString()是一个把z的值从float类型转为字符类型的方法，一般的数据类型的值都有这个方法，可以进行相应的转换。

例3.2　设计Windows应用程序，用于求任意两个数的平均值。

步骤如下：

(1) 先设计窗体界面，在窗体上放置两个标签用于提示信息，再放置两个文本框，用于输入两个数据，再放置两个标签用于显示计算的信息，然后再放置一个按钮，点击该按钮后开始计算并输出结果，通过属性窗口输入相关控件的Text属性。设计好的界面如图3.2.2所示。

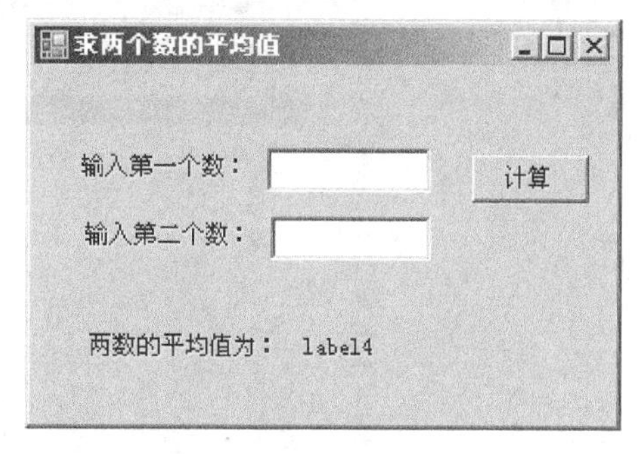

图3.2.2　设计界面图

(2) 界面布置好后，双击界面上的按钮控件，进入编程状态，在点击按钮响应的方法中输入的程序代码如下：

```
private void button1_Click(object sender, EventArgs e)
{//下面是输入的程序
    double x,y,z;
    x = Convert.ToDouble(textBox1.Text);
```

```
        y = Convert.ToDouble(textBox2.Text);
        z = (x + y) / 2.0;
        label4.Text = z.ToString();
    }
```

注意，由于要求的是两个数的平均值，考虑到可能产生小数，故上面的代码中三个变量 x,y,z 的类型定义为 double 型。

(3) 运行结果如图 3.2.3 所示。

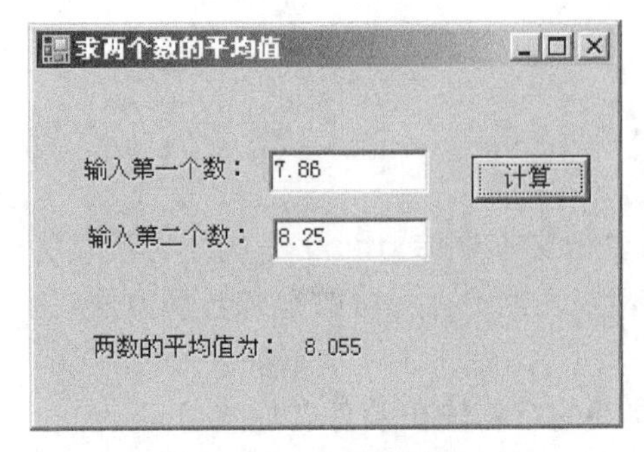

图 3.2.3 运行结果图

3.3 图片框与图片列表控件

在 Windows 应用程序设计中会用到大量的控件，前面讲了标签与文本框，下面我们再介绍两个与图片有关的控件：

1) 图片框(PictureBox)控件

该控件主要用于显示图片，除了 Name 属性外，它最重要的属性是 Image 属性，该属性用于在图片框中显示指定的图片文件，如果在窗体设计时就决定要显示那一张图片，则可以选中图片框(PictureBox)控件后，在对应属性窗口选中 Image 属性，然后单击右边的按钮，通过弹出的【选择资源】对话框进行设置，如图 3.3.1 所示：

图 3.3.1 选择图形界面图

【选择资源】对话框有“本地资源”和“项目资源文件”两个选项。使用本地资源，再点击“导入”选项按钮，找到需要的图片后单击【导入】按钮，即可设置需要在图片框中显示的图片。

另外，更灵活的方式是动态加载显示图片，即该属性的值用代码设置，其语法格式为：

```
   //*****************************************
   pictureBox1.Image =new Bitmap.FromFile(PicturePath);
或pictureBox1.Image = Image.FromFile(PicturePath);
   //*****************************************
```

上面代码中 PicturePath 表示图片的存放路径及文件，如“D:\\picture\\QQ.bmp”。

另外图片框还有一些常用的属性：

(1) SizeMode 属性。

值 AutoSize：PictureBox 控件调整自身大小，使图片能正好显示其中；

值 CenterImage：若控件大于图片则图片居中；若图片大于控件则图片居中，超出控件的部分被剪切掉；

值 Normal：图片显示在控件左上角，若图片大于控件则超出部分被剪切掉；

值 StretchImage：若图片与控件大小不等，则图片被拉伸或缩小以适应控件，一般使用此属性以保证整个图形显示。

(2) BorderStyle 属性。

可设置其边框样式：值 None 表示没有边框；FixedSingle 表示单线边框；Fixed3D 表示立体边框。

2) 图片列表(ImageList)控件

ImageList 控件主要用于缓存用户预定义好的图片列表信息，相当于一个图形仓库。该控件并不可以单独使用显示图片内容，必须和其他控件联合使用才可以显示预先存储其中的图片内容，一般可用 PictureBox 控件来逐个显示其中的图片。

ImageList 控件常用属性：

Image：ImageList 中所有图片组成的集合；

ImageSize：ImageList 中每个图片的大小，有效值在 1～256 之间，如果图片显示不清晰，可把该值设为 256；

ImageList 控件中的图片可以通过属性 Images 加载不同的图形。

例 3.3 应用 ImageList 控件装入三张不同的图形，用 PictureBox 显示其中的图形。

设计步骤如下：

(1) 首先准备三张图片，可以从互联网上或数码相机中拷贝三张图形到计算机指定的文件夹下。

(2) 从工具箱拖放一个 ImageList 控件到 Form 窗体，配置 imageSize 属性，将该属性设置为 256，256，再选择 Images 属性，通过添加按钮把第 1 步中 3 个图形加载到 ImageList 控件中，如图 3.3.2 所示。

注意 imageList1 装一批图形时，其图形编号由 0 开始。

(3) 从工具箱拖放一个 pictureBox 控件到 Form 窗体，把其中 SizeMode 属性设为 StretchImage，以保证装入的图形自动调整大小，以适应图片框 pictureBox 控件。

(4) 再从工具箱上拖放三个按钮，以控制三个不同的图片，分别修改其中的 Text 属性，设计好的窗体界面如图 3.3.3 所示。

(5) 编写代码：

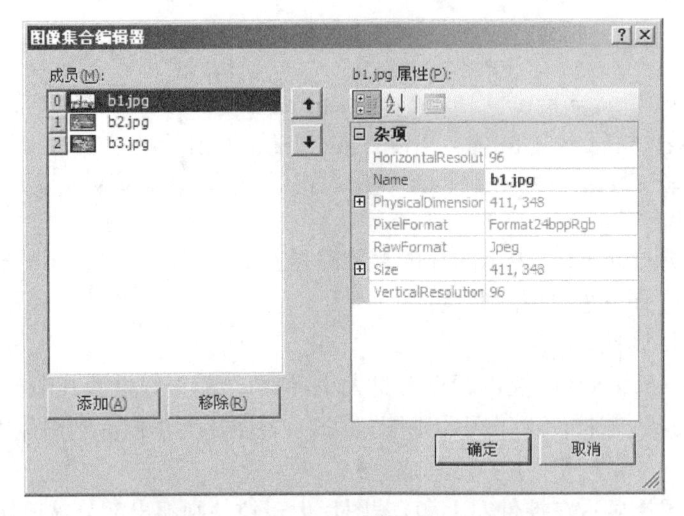

图 3.3.2 ImageList 控件装入图形图

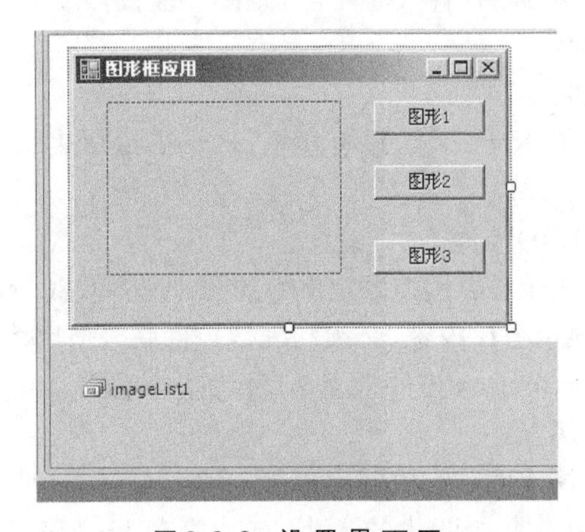

图 3.3.3 设置界面图

双击第 1 个按钮控件，在点击事件响应的方法中输入的代码如下：

```
pictureBox1.Image = imageList1.Images[0];
```

其余两个按钮对应的代码类似，只须把上面的 0 换为 1，2 即可。

(6) 运行结果如图 3.3.4 所示：

图 3.3.4 运行界面图

3.4 选择结构

在日常的事件处理中常常需要根据不同的情况，采用不同的措施来解决问题。同样，在程序设计中，也要根据不同的给定条件而采用不同的程序片段，选择结构就是用来解决这一类问题的。

选择结构也称为分支结构，其特点是：根据给定的条件是否成立，决定从各个可能的分支中执行某一分支的相应操作。Visual C# 2008 提供了两种用于选择结构的控制语句，分别是 if 语句和 switch 语句。

3.4.1 if 语句

if 语句是最简单的选择语句，用于实现单条件（即只有一个条件）选择结构的语句，其特点是：当给定条件（条件表达式）为真时，才执行条件为真的语句组，语法格式如下：

```
if (〈条件表达式〉)
{
   〈语句组〉
}
例如：int x,y;
        x=Convert.ToInt16(Console.ReadLine());
        if(x>0)
              Console.WriteLine("{0}",x);
```

执行的结果是从键盘上输入的整数如果大于 0，则输出该数，否则不输出。

上面 if 语句后面的代码行如果多于一行，则必须把这些代码行用一对大括号把代码行括起来。

3.4.2 if··else 语句

该语句具有两个分支，即不管条件是真是假，总要执行其中之一的语句（组）。当给定条件（条件表达式）为真时，执行条件为真的语句组（以下称为“语句组 1”）；如果为假，则执行条件为假的语句组（以下称为“语句组 2”）。

语法格式如下：

```
if (〈条件表达式〉)
{
   〈语句组 1〉
}
else
{
```

```
    〈语句组 2〉
}
例如：
    int x,y;
    x=Convert.ToInt16(Console.ReadLine());
    if(x>0)
        Console.WriteLine("{0}",x);
    else
        Console.WriteLine("{0}",-x);
```

上面语句还可以扩充为多分支的结构，根据条件的真假来选择合适的分支执行。语法如下：

```
if (〈条件表达式 1〉)
{
   〈语句组 1〉
}
else if (〈条件表达式 2〉)
{
   〈语句组 2〉
}
………
else if (〈条件表达式 n〉)
{
〈语句组 n〉
}
else
{
   〈语句组 n+1〉
}
```

上面语句会逐个判断条件，如果条件1成立，则执行语句组1，否则看条件2是否成立，如果成立，则执行语句组2，……，如果所有的条件不成立，则执行语句组n+1。

例 3.4 冰箱在某商店标价为2 100元，为了吸引顾客团购，商店采取以下优惠活动：所购商品在5件(含5件)以上的，打8.5折优惠；10件(含10件)以上的，打7.5折优惠；现要求输入顾客购买冰箱的数量，输出他应付的金额，采用if语句实现该优惠。

分析：该问题属于数学上分段函数求值问题，根据用户输入冰箱的数量决定其优惠的程度。设n为购买冰箱的数量，则总共有三个分支，$n<5$时，不优惠，$5<=n<10$时，优惠8.5折，$n>=10$时，优惠7.5折。

设计步骤如下：

(1) 设计界面及属性。

从工具箱上拖入一个标签到窗体上，设其 Text 属性为“输入购买冰箱数量：”，拖入一个文本框到窗体上，用于输入所购冰箱的数量，设其 Name 的属性值为 I_txtbox，用它来标明文本框的名字时，后面的编程都用该名字代表该文本框，以后其他控件设置方法依此类推，就不一一说明了。

再从工具箱上拖一个标签到窗体上，设其 Name 的属性值为 I_label，再从工具箱上拖入一个按钮到窗体上，设其 Text 属性为“计算”，设计好的窗体界面如图 3.4.1 所示。

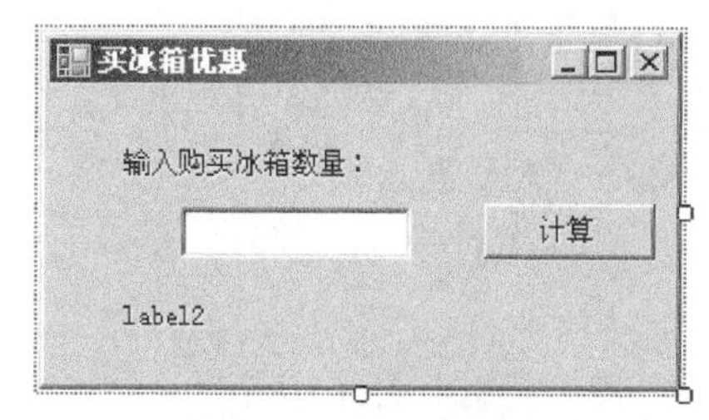

图 3.4.1 设计界面图

(2) 编辑代码。

双击计算按钮控件，在点击事件响应的方法中输入代码如下：

```
private void button1_Click(object sender, EventArgs e)
    {//下面的代码是输入的
        int n;  //所购冰箱数量
        double Result;  //实际需要付的金额
        n = int.Parse(I_txtbox.Text);  //从文本框输入冰箱数量
        Result = n * 2100;  //未优惠前需付的金额
        if (n < 5)
            Result = Result;
        else if(n>=5 && n < 10)  //优惠 8.5 折
            Result = Result * 0.85;
        else if(n>=10)  //优惠 7.5 折
            Result = Result * 0.75;
         I_label.Text ="需支付:"+ Result.ToString()+" 元";
    }
```

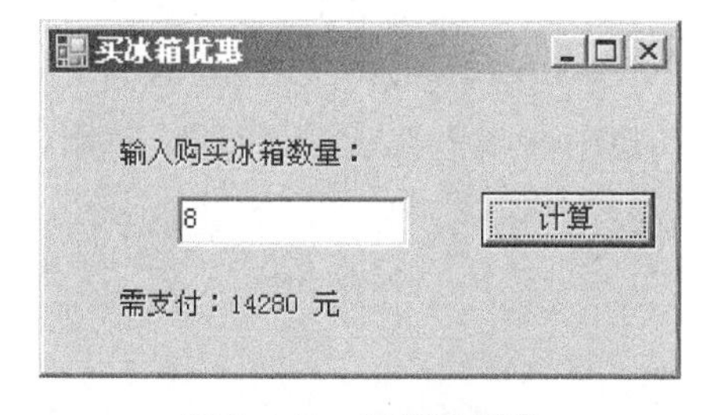

图 3.4.2 运行结果图

(3) 调试运行。

点击工具栏上的运行按钮，运行结果如图 3.4.2 所示。

上面的例子中，使用了两个以上的条件，使用了注释语句，当程序越来越复杂的时候，适当的注释语句是必要的，它方便我们检查和调试程序。

上面的例子中，还修改了两个控件的 Name 的默认属性值，修改的原因是当窗体上有大量同类型的控件时，用接近其真实含义的 Name 属性值会更好地区别不同的控件。但要注意区别其 Name 值和 Text 值，默认时是一样的，Text 值仅是控件显示在窗体上的文字。

3.4.3 switch语句

使用if语句的嵌套虽然可以实现多分支选择，但使用起来仍然不够快捷。如果选择语句中的条件是有序可数的话，使用多分支选择语句switch来实现，会更为便捷，switch语句语法格式如下：

```
switch (〈控制表达式〉)
{
case〈常量表达式1〉:
  〈语句组1〉
  break;
case〈常量表达式2〉:
  〈语句组2〉
  break;
……
case〈常量表达式n〉:
  〈语句组n〉
  break;
[default:
  〈语句组n + 1〉
  break;]
}
```

上面的格式在运行过程中，要求控制表达式的值是可以按序号列举的，其值只求一次。然后，从其常量表达式的值等于控制表达式的值的那个case开始执行，遇到break语句就跳出，switch语句将结束，程序接着从switch结束大括号之后的第一个语句继续执行，并忽略其他case。

假如任何一个常量表达式的值都不等于控制表达式的值，就运行可选标签default之下的语句。

注意假如控制表达式的值和任何一个case标签都不匹配，同时没有default标签，则程序会跳过整个switch语句，从它的结束大括号之后的第一个语句继续执行。

如果在switch语句有多种情况执行相同的语句，可以共用这些语句，而不用逐个写明，例如：

```
    case 3:
    case 4:
        x=y*6; break;
    case 5:
        x=y*5; break;
```

例 3.5 从广州飞往温州的机票价为 1 200 元，某航空公司规定在旅游的旺季 7～9 月份，如果订票数超过 20 张，票价优惠 15%，20 张以下，优惠 5%；在旅游的淡季 1～5 月份、10 月份、11 月份，如果订票数超过 20 张，票价优惠 30%，20 张以下，优惠 20%；其他情况一律优惠 10%，现设计一个程序，要求输入月份和订票张数，输出用户总共所付的金额。

分析：该问题属于多分支选择问题，可以用多分支 if 解决，本题中我们用 switch…case 解决。该问题中旅游的淡季 1～5 月份、10 月份、11 月份的优惠率一样，在 switch 语句中，这几种情况可以使用同一种操作；旅游的旺季 7～9 月份的优惠率一样，可以使用同一种操作。界面设计如图 3.4.3。

图 3.4.3 设计界面图

双击计算按钮控件，在点击事件响应的方法中输入的代码如下：

```
private void button1_Click(object sender, EventArgs e)
 {
        int mon;//月份,从第 1 个文本框输入
        int n;//订机票数,从第 2 个文本框输入
        double sum;//总金额

        mon = Convert.ToInt32(textBox1.Text);
        n= Convert.ToInt32(textBox2.Text);
        sum = 1200 * n;//未优惠时总金额
        switch (mon)
        {
            case 1:
            case 2:
            case 3:
            case 4:
            case 5:
            case 10:
            case 11:
                if (n > 20)
                    sum=sum*(1-0.3);
                else
                    sum = sum * (1 - 0.2);
                break;
```

```
            case 7:
            case 8:
            case 9:
                if (n > 20)
                    sum = sum * (1 - 0.15);
                else
                    sum = sum * (1 - 0.05);
                break;
            default:
                sum = sum * (1 - 0.10);
                break;
        }
        label3.Text = sum.ToString();
    }
```

运行结果如图 3.4.4 所示：

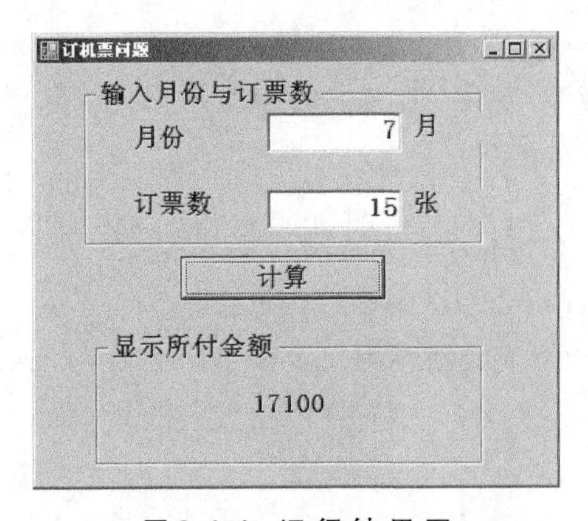

图3.4.4 运行结果图

在使用switch语句中，要注意，每遇到break语句，则程序跳出switch语句，整个switch语句执行结束。使用switch语句时，至少要有一个break语句。

3.5 分组框与Panel控件

如同窗体一样，分组框(GroupBox)控件也是一种容器类控件，使用分组框的好处是，在分组框控件内部的控件可以随分组框一起移动，并且受到分组框控件属性(Visible、Enabled)的影响，分组框内的所有控件可以同时起作用(显示或不显示，有效或无效)。另外，有些控件如单选按钮必须通过分组框设为不同的组以发挥作用。

在多数情况下需使用分组框控件将功能类似或关系紧密的控件分成可标识的控件组，而不必响应分组框控件的事件，一般用分组框只负责界面控件分组，分组框控件的事件很少用。

分组框常用的属性：
(1) Text 属性：显示在分组框中的标题。
(2) Visible 属性：是否显示该分组框及框内的所有控件。
(3) Enabled 属性：分组框及框内的所有控件是否可用。
(4) Font 属性：分组框标题字体，起修饰窗体的作用。
C# 还提供了一个 Panel 控件，它的属性及作用与分组框基本一致。

3.6 单选按钮与复选框控件

1) 单选按钮

单选按钮是(RadioButton)一种多选一类型的控件，通常情况下用来处理用户从多个选项中选择的唯一信息。Windows 窗体 RadioButton 控件为用户提供由两个或多个互斥选项组成的选项集。当用户选择某单选按钮时，同一组中的其他单选按钮不能同时选定。

可以在不同容器如分组框 GroupBox 控件、Panel 控件、或窗体内放置不同组的单选按钮，以便进行不同的分组选择。

单选按钮常用属性：
(1) Checked 属性：该属性用来设置或返回单选按钮是否被选中。
(2) AutoCheck 属性：如果 AutoCheck 属性被设置为 true(默认)，那么当选择该单选按钮时，将自动清除该组中所有其他单选按钮。
(3) Text 属性：该属性用来设置或返回单选按钮控件内显示的文本。

单选按钮的常用事件：
(1) Click 事件：当单击单选按钮时，将把单选按钮的 Checked 属性值设置为 true，同时发生 Click 事件，该事件一般与 if 语句配合使用。
(2) CheckedChanged 事件：当 Checked 属性值更改时，将触发 CheckedChanged 事件。

2) 复选框(CheckBox)

复选框的属性与单选按钮类似，不同的是复选框可以同时选中多个选项，也就是说用户可以在窗口同时选中多个复选框，这是其和单选按钮的区别，CheckBox 控件常用属性如下：
(1) TextAlign 属性：该属性用来设置控件中文字的对齐方式。
(2) ThreeState 属性：该属性用来返回或设置复选框是否能表示三种状态(选中，不选中，中间，默认为 false，只有两种状态)。
(3) Checked 属性：该属性值用来设置或返回复选框是否被选中。
(4) CheckState 属性：该属性用来设置或返回复选框的状态。

CheckBox 控件的常用事件：常用事件有 Click 和 CheckedChanged 等，其含义及触发方式与单选按钮完成一致。

例 3.6 设计一个网上求职的应用程序界面，要求填入相关信息并显示求职者的相关情况，使用分组框、单选、复选控件。

分析：求职人的姓名，使用文本框输入。性别：男、女二选一，用 RadioButton 按钮。学历：本科、专科、研究生三选一，用 RadioButton 按钮，同时使用 GroupBox 控件。工作经验：有 C# 编程经验、有网络编程经验、有数据库编程经验可以多选，用 CheckBox 控件。

(1) 界面设置如图 3.6.1 所示：

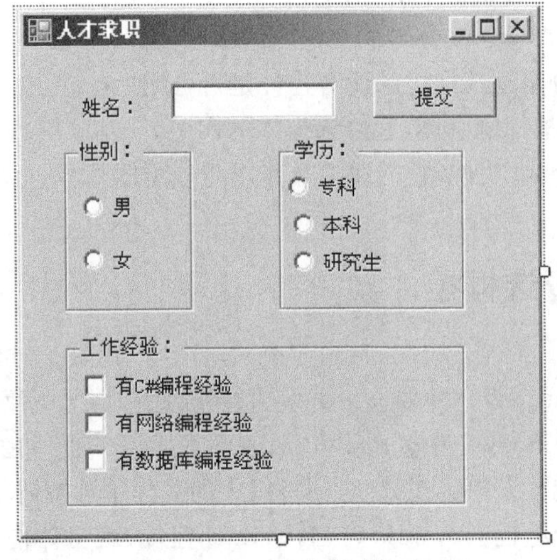

图 3.6.1 界面设计图

(2) 点击提交按钮的代码如下：

```
private void button1_Click(object sender, EventArgs e)
    {
            string st="姓名:"+textBox1.Text+"\n";
            if (radioButton1.Checked)
                st = st + "性别:" + radioButton1.Text + "\n";
            else
                st = st + "性别:" + radioButton2.Text+"\n";
            if (radioButton3.Checked)
                st = st + "学历:" + radioButton3.Text + "\n";
            else if(radioButton4.Checked)
                st = st + "学历:" + radioButton4.Text + "\n";
            else
                st = st + "学历:" + radioButton5.Text + "\n";
            st = st + "工作经验:\n";

            if (checkBox1.Checked == true)
                st = st + checkBox1.Text+" ";
            if (checkBox2.Checked == true)
                st = st + checkBox2.Text + " ";
            if (checkBox3.Checked == true)
                st = st + checkBox3.Text + " ";
            MessageBox.Show(st,"申请者材料");
    }
```

(3) 运行程序，填入姓名，选择性别、专业、工作经验后，点击“提交”，运行结果如图 3.6.2 所示。

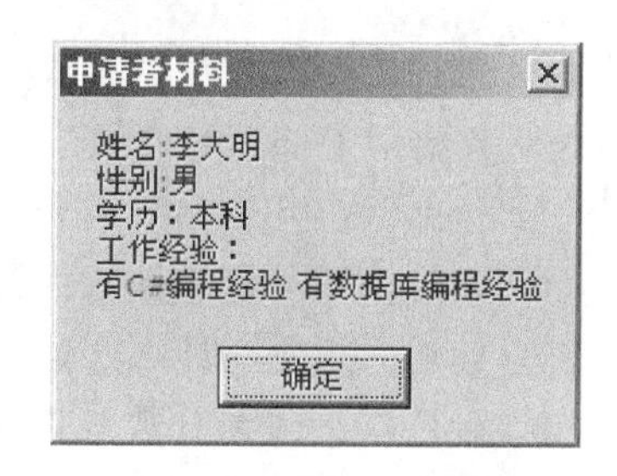

图 3.6.2 运行弹出的界面图

在上面代码中，在判断是否按了某个单选按钮时，有时用到了比较运算符“==”，有时没有用，但结果都一样，即 if (radioButton1. Checked) 与 if (checkBox1. Checked == true)都表示选择了某个单选(复选)按钮。

另外，在该例中，我们使用了消息框，它的一般格式为：

MessageBox. Show(消息框内的内容，消息框标题栏文字内容)；

其中消息框内的内容及消息框标题栏均为字符串表达式。

3.7 常用数学函数方法

在 C#. NET 编程中，在数值计算时经常会用到数学上的函数，这些函数均来自静态类 Math，下面列出常用的几个方法(函数)：

(1) Math. Sin(x)，Math. Cos(x)

这两个函数是分别求数学三角函数 sin(x)，cos(x)的值，其中 x 为双精度表达式，为弧度值。另外还有其他一些三角函数，大家用到时可查相关资料。

例：double y=Math. Sin(1. 235)；

double y=Math. Cos(1. 235)。

(2) Math. Round(x，n)

这个函数是一个四舍五入函数，其中 x 为双精度表达式，n 为所要保有留的小数位数，为整数。

例：double y=Math. Round(34. 23365，2)；

则 y 的结果为 34. 23。

(3) Math. Abs(x)

该函数用于求绝对值函数。

例：int x=8，y=7；

int z=Math. Abs(x * x-y * y)+6；

(4) Math. Sqrt(x)

该函数用于求平方根函数，它要求量 x 必须为正数，例：

int x=7，y=9；

int z；

z=Math. Sqrt(2 * x-y)；

3.8 习题

1. C#. NET 控制台应用程序输入输出用什么方法实现？

2. 在 Windows 应用程序设计中，C#. NET 输入输出用哪些控件？

3. 图片控制框用什么方式获取图片文件?
4. if语句中的括号内表达式要求什么表达式?
5. switch语句的括号内表达式有什么要求?
6. 单选按钮与复选框有什么区别?
7. 使用分组框有什么好处?
8. 设计一个成绩分数与等级转换程序。90分以上为优秀,80至89为良好,70至79为中等,60至69为及格,现要求输入一个分数,输出相应的等级。
9. 为小学生设计一个两位数的数学运算练习题,要求运行时自动产生一位整数,自动产生一个运算符号(加、减、乘、除),然后填入答案,点击"提交"后,自动判断结果是否正确。
10. 设计一个可以变换文本框中文字的字体、字型、字号的程序,通过分组框进行,单选框选择字体、字号,复选框选择字型。

4

循环结构程序设计

在日常生活中，我们经常会计算大量同样性质的数据，编程也是一样，一些代码被反复多次执行到，这些被重复执行的代码一般放在一种叫循环结构中。循环是指在程序中，从某处开始有规律地重复执行某一操作块的现象，被重复执行的操作块称为循环体，循环体执行与否及循环次数视循环类型与条件而定。然而，无论何种类型的循环都有一个共同点：循环次数必须有限（即非死循环）。Visual C# 2008 中的循环控制语句有 for 语句、while 语句和 do... while 语句。

4.1 for 循环语句

for 语句按照指定的次数执行循环体，循环执行的次数由一个变量来控制，通常把这种变量称为循环变量。

1) for 语句的一般格式

```
for ([〈表达式 1〉]; [〈表达式 2〉]; [〈表达式 3〉])
{
  〈循环体〉
}
```

说明：

① 〈表达式 1〉、〈表达式 2〉、〈表达式 3〉均为可选项，但其中的分号(;)不能省略。

② 〈表达式 1〉仅在进入循环之前执行一次，通常用于循环变量的初始化，如“i=0”，其中 i 为循环变量。

③ 〈表达式 2〉为循环控制表达式，当该表达式的值为 true 时，执行循环体，为 false 时跳出循环。该表达式通常为关系表达式，且与循环变量有关，如“i<=10”。

④ 〈表达式 3〉通常用于修改循环变量的值，它的差值一般称为步长，如“i ++”，则表示步长为 1，如果 i=i+2，则表示步长为 2。

⑤ 〈循环体〉即重复执行的语句操作块。

2) for语句的执行过程

(1) 进入for语句后，首先执行〈表达式1〉，一般是给循环变量赋初值。

(2) 然后执行〈表达式2〉，即判断〈表达式2〉是否成立。如果成立，则执行〈循环体〉；否则跳出循环。

(3) 〈循环体〉执行完毕后，再执行〈表达式3〉，即修改循环变量的值。

(4) 得到新的循环变量的值后，再执行〈表达式2〉，即判断条件是否还成立，来决定接下来是执行〈循环体〉还是跳出循环。

(5) 重复上述步骤，直到〈表达式2〉的值为false。

从上述执行过程可以看出，for循环的执行次数允许为0次，即〈循环体〉可以一次都不执行。

例4.1 求s=1+2+3+…+n，其中n由键盘输入。

该题是典型的累加求和问题，因为不需要控件，所以用控制台应用程序进行设计编程。只需用Console.ReadLine()语句从键盘输入一个整数，用for语句循环求和，用语句Console.WriteLine()从屏幕上输出结果。主要代码如下：

```
static void Main(string[] args)
   {
      int n, i;
      long s = 0;
      n = Convert.ToInt16(Console.ReadLine());
      for (i = 1; i <= n; i++)
          s = s + i;
      Console.WriteLine("1+2+...+{0}={1}", n, s);
   }
```

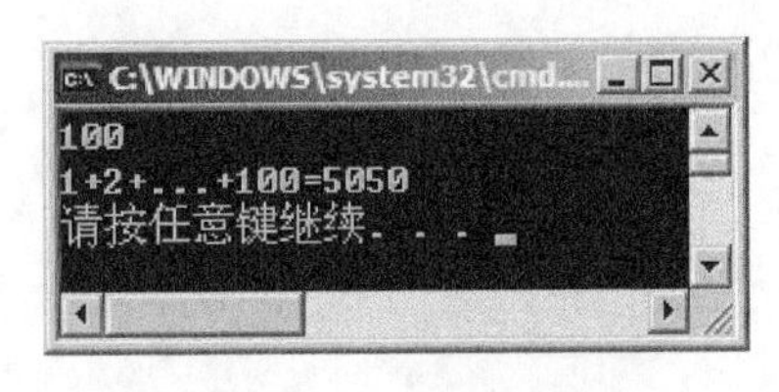

图4.1.1 运行结果图

执行结果如图4.1.1所示。

在该例中，用一个变量s来存放求各项的值，然后通过该变量不断的累加该值，一般来说，未求和之前，该变量的初值为0，另外，通过循环变量i不断增加来控制循环次数，循环体在i>n时停止。for循环执行过程如下：

首先，执行第一个表达式i=1；

然后判断表达式i<=n是否成立，如果成立，则进行s=s+i；不成立，结束循环。

接着进行i++，然后再判断i<=n是否成立，如果成立，继续s=s+i；

接上面的步骤不断反复，至到i>n为止，结束循环，最后输出结果，由于该循环中的循环体只有一条语句，因此循环体不需要用大括号括起来。

3) 注意事项

(1) 省略表达式1。

前面介绍的〈表达式1〉一般是给循环变量赋初值，如果循环变量的初值在此之前已经获得，则可以省略〈表达式1〉，但其后面的分号不能省略。

(2) 省略表达式 2。

〈表达式 2〉一般作为循环的条件,可以省略〈表达式 2〉,但其后面的分号不能省略,并且必须在循环体内设定循环条件,一般用 if 语句,以控制循环的执行次数为有限次。

(3) 省略表达式 3。

〈表达式 3〉一般作为循环条件(变量)的递增(减),如果没有循环条件的递增(减)语句,则循环条件会永远成立或不成立。同样可以省略〈表达式 3〉,但其前面的分号不能省略,并且必须在循环体内设定循环变量的递增(减)语句,以改变循环变量的值。

(4) 全部省略。

将 for 语句中的 3 个表达式全部省略是允许的,但其中里面的两个分号必须保留。

(5) 多条语句作为表达式。

可以编写多条语句作为 for 后面的表达式,语句之间用逗号“,”分隔,例如下面语句:

```
for(i=0,j=10;i<8,j>0;i++,j--){s=s+i+j;}
```

上面的多条语句之间用逗号“,”分隔,无论如何,在 for(...)的小括号内只能允许两个分号出现。例 4.1 我们可以改写如下:

```
static void Main(string[] args)
  {
      int n, i=1;
      long s = 0;
      n = Convert.ToInt16(Console.ReadLine());
      for (; i <= n; )
        {
          s = s + i;
          i++;
        }
      Console.WriteLine("1+2+... +{0}={1}", n, s);
  }
```

还可以用下面的语句实现上面例 4.1 的循环:

```
static void Main(string[] args)
  {
      int n, i=1;
      long s = 0;
      n = Convert.ToInt16(Console.ReadLine());
      for (; ; )
        {
          s = s + i;
```

```
            i++;
            if(i>n)break;
        }
        Console.WriteLine("1+2+...+{0}={1}", n, s);
    }
```

通过上面三种方式，我们可以看到，for循环结构在使用上是非常灵活的。

4.2 while循环语句

当一个循环结构的循环次数事先无法预知时，用另外一种叫while的循环语句会更加方便，while语句的执行过程类似于for语句，它的使用格式为：

```
while(布尔表达式)
  { 语句(组)};
```

它的执行过程为：

(1) 首先判断循环条件是否成立(布尔表达式的值是否为真)，若成立则执行循环体，否则跳出循环。

(2) 循环体执行完毕后，继续判断循环条件，直到循环条件不成立为止。

若循环执行的语句只有一个语句，则可以省略大括号。

例4.2 求 $s=1-1/3+1/5-1/7+\cdots+(-1)^{n-1}1/(2n-1)$，直到最后一项小于0.000 1为止。

分析：由于该题无法事先判断终止时n的值，循环语句执行满足的条件是1/(2n−1)>=0.0001，因此用while语句比较方便，另外在循环语句内部要注意符号的变化。

程序代码如下：

```
static void Main(string[] args)
{
    int n=1,t=1;//n为分母,t为每一项前面的符号
    double  item = 1.0, s = 0;//item为每一项,s为总和
    while (Math.Abs(item) >= 0.0001)
      {
         s = s + item;
         n = n + 2;//下一项分母
         t = -t;//下一项符号要变化
         item = t * 1.0 / n;
      }
    Console.WriteLine("n={0},s={1}",n,s);
}
```

程序运行结果如图 4.2.1 所示：

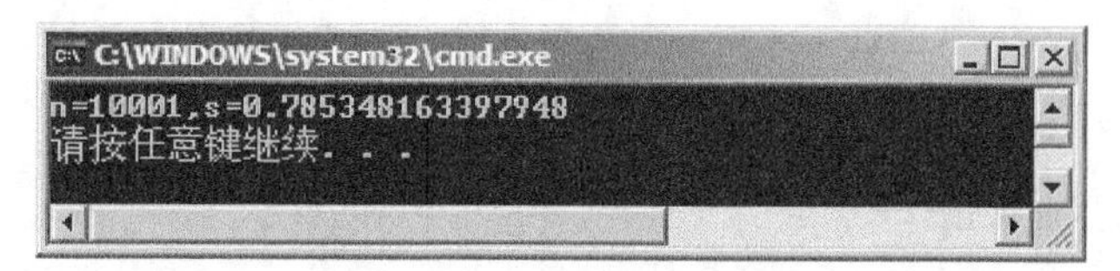

图4.2.1 运行结果图

在上面例 4.2 的循环结构中，执行的过程是：

首先判断条件 Math.Abs(item) >= 0.0001 是否成立，如果成立，则执行循环体。

在执行循环体的过程中，s 的值跟着变化，然后起作用的循环变量 n 不断增加，而且 1/(2n−1)的值不断减少，越来越向 0.000 1 靠近，当 1/(2n−1)的值比 0.000 1 还小时，停止循环。

另外，由于累加时，每一项值前面的符号由正变负交替变化，所以我们设计了一个正负号变量 t，t=−t 时，正负号会交替改变，这是一种常用的设计技巧。

还有一个技巧是，由于 n 为整数，所以式中 1/n 当 n>1 时全为 0，因此必须用 1.0/n 或把 1 或 n 强制转换成 double 类型后再进行除号运算，以保证程序运行结果正确。

4.3 do...while 语句

有时候，为了保证循环体至少要执行一次，则可以使用 do...while 语句来完成。

do...while 语句的格式为：

```
do
{
  〈循环体〉
} while (〈布尔表达式〉);
```

说明：

① 〈循环体〉即反复执行的操作块。

② 〈布尔表达式〉为循环条件，一般为关系表达式或逻辑表达式。

③ 在“while(〈表达式〉)”之后有一个分号(;)。

④ 程序进入 do...while 循环时，先执行循环体内语句，然后判断表达式的真假，若为真则进行下一次循环，为假则终止循环。该循环语句最大的特点是，表达式为假时也执行一次循环体内语句。

例 4.3 使用 do...while 语句求 s=1!+2!+3!+…+n!，其中 n 从键盘输入。

```
static void Main(string[] args)
  {
      int n, i=1;
      long t=1;//t 为 i 的阶乘
      long s = 0;//s 为总和
      n = Convert.ToInt16(Console.ReadLine());
```

```
    do
    {
        t = t * i;//i 的阶乘
        s = s + t;
        i++;
    } while (i <= n);
    Console.WriteLine("1!+2!+...+{0}!={1}", n, s);
}
```

运行结果如图 4.3.1 所示。

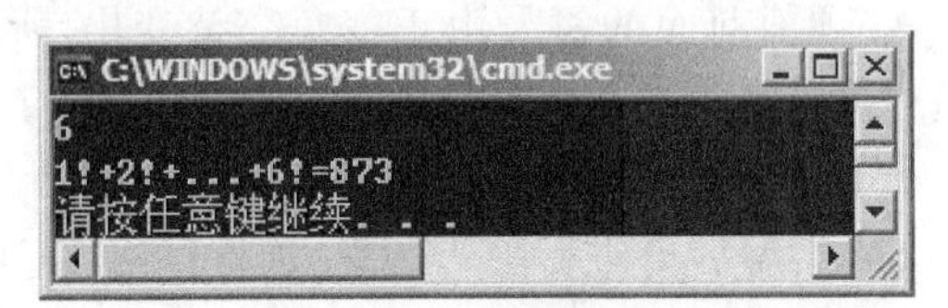

图 4.3.1 运行结果图

在例 4.3 的执行过程中,不管条件如何,循环体至少执行了一次。另外语句 t=t*i 在不断循环的过程中,它的值随着 i 的变化依次变化如下:

```
t=1*1;
t=1*2;
t=1*2*3;
............
```

对应的 s 的值依次变化如下:

```
s=0+1*1;
s=0+1*1+1*1*2;
s=0+1*1+1*1*2+1*1*2*3;
............
```

通过上面不断变化及 i<=n 的限制,从而达到了我们求阶乘的和的目的。

4.4 三种循环控制语句的区别

(1) while、do...while 循环一般采用标志式循环(循环次数未知),for 循环采用的大多数为计数式循环(循环次数已知)。

(2) 一般地,while、do...while 循环将循环结束的条件放在 while 后面的表达式中,在循环体中应包含反复执行的操作语句以及包含使循环趋于结束的语句(例如 i++等)。for 循环则将循环结束的条件以及使循环趋于结束的语句置于表达式 2 和表达式 3 中。

因此可以认为 for 语句功能更强，采用 while、do... while 语句能实现的循环采用 for 语句几乎都能实现。

(3) while、for 循环是先判断循环条件，后执行循环体语句的循环结构。while 循环语句和 for 循环语句在开始时，首先测试循环条件，如果满足条件，则执行循环体，如果循环条件一开始就不满足，则循环体的内容一次也不执行，退出循环。

(4) 采用 while、do... while 循环时，循环变量的初始值操作应放在 while 和 do... while 语句之前完成，而 for 语句中循环控制变量的初始化通常在表达式 1 中实现。

再看下面的例子：

从键盘上输入一个大于 2 的正整数，要求判断该数是否为素数，代码片断如下：

```
int i,n;
n=Convert.ToInt16(Console.ReadLine());
for(i=2;i<n;i++)
  if(n%i==0)break;
if(i>=n)
  Console.WriteLine("{0}是素数", n);
else
  Console.WriteLine("{0}不是素数", n);
```

在上面代码片断中，如果 i 从 2 到 n−1 中只要有一个数能整除 n，则跳出循环，此时 i 的值肯定会小于 n，因而 n 肯定不是素数。反之，i 从 2 到 n−1 中没有一个数能整除 n，循环正常结束，此时 i=n，因此，n 为素数。

上面判断素数的方法我们还可以用一个标志符号来进行，设 t=1，表明该数是素数，t=0 表明该数为非素数，这种设标志符号的方法经常被采用，代码片断如下：

```
int i,n;
int t=1;//假定该数为素数
n=Convert.ToInt16(Console.ReadLine());
for(i=2;i<n;i++)
  if(n%i==0)t=0;//此时，由于 n 能被其中一个数整除，因此 n 为非素数，t=0
if(t==1)
  Console.WriteLine("{0}是素数", n);
else
  Console.WriteLine("{0}不是素数", n);
```

4.5 循环的嵌套

在稍为复杂的程序中，往往一个循环体内部还有一个或多个循环，像这种一个循环（称为“外循环”）的循环语句序列内包含另一个循环（称为“内循环”）的语句结构，称为循环的嵌套，这种语句结构又称为多重循环结构。内循环中还可以再包含循环结构，形成多层循环的嵌套。

前面讲的三种循环语句(while 循环、do-while 循环和 for 循环)可以相互嵌套。注意，在循环的嵌套中，内层循环变量名与外层循环变量名尽量分开命名，以免容易搞混。

把例 4.3 改为用双循环实现，代码如下：

```
static void Main(string[] args)
  {
      int n, i=1;
      long t=1;//t 为 i 的阶层
      long s = 0;//s 为总和
      n = Convert.ToInt16(Console.ReadLine());
      do
      {
          t = 1;
          for(int j=1;j<=i;j++)
            t = t * j;//i 的阶乘
          s = s + t;
          i++;
      } while (i <= n);
      Console.WriteLine("1!+2!+...+{0}!={1}", n, s);
  }
```

例 4.4　利用嵌套循环输出一个九九乘法表

分析：这是一个典型的两重循环的问题，外循环解决一共输出几行，而内循环则解决每一行输出多少数据以及数据输出的格式，程序主要代码如下：

```
static void Main(string[] args)
  {
     int i = 1, j, result;  //定义乘数、被乘数、积
     for (i = 1; i< 10; i++)  //外层循环从 1 到 9,共 9 行
     {
       for (j = 1; j <=i; j++)  //内层循环从 1 到 i,第 i 行有 i 项
       {
         result = i * j;
         Console.Write("{0} * {1}={2}\t", i, j, i * j);  //打印格式控制
       }
      Console.WriteLine();          //打印完一行后之后换一行
      }
  }
```

运行结果如图 4.5.1 所示：

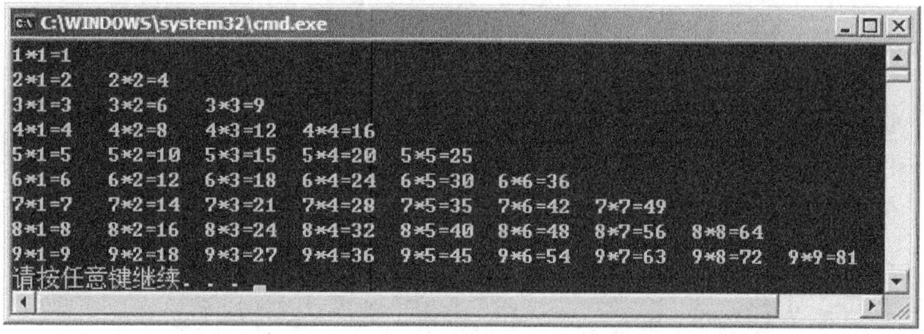

```
C:\WINDOWS\system32\cmd.exe
1*1=1
2*1=2   2*2=4
3*1=3   3*2=6   3*3=9
4*1=4   4*2=8   4*3=12  4*4=16
5*1=5   5*2=10  5*3=15  5*4=20  5*5=25
6*1=6   6*2=12  6*3=18  6*4=24  6*5=30  6*6=36
7*1=7   7*2=14  7*3=21  7*4=28  7*5=35  7*6=42  7*7=49
8*1=8   8*2=16  8*3=24  8*4=32  8*5=40  8*6=48  8*7=56  8*8=64
9*1=9   9*2=18  9*3=27  9*4=36  9*5=45  9*6=54  9*7=63  9*8=72  9*9=81
请按任意键继续. . .
```

图 4.5.1　九九乘法表运行结果图

4.6　break 与 continue 语句

在执行循环语句中，经常碰到某些情况要提前结束循环，或要跳过某些语句，此时可以用 break 语句及 continue 语句。

1) break 语句

break 语句用于跳出封闭循环(包括 for 语句、while 语句、do... while 语句、foreach 语句)或它所在的 switch 语句，执行到该语句会将控制传递给终止语句后面的语句。

break 语句的格式如下：break;

说明：

① break 语句的目标地址(即跳转到达的目的位置)是包含它的 switch、for、while、do... while 或 foreach 语句的结尾。

② break 语句必须在 switch、for、while、do... while 或 foreach 语句中，否则会发生编译错误。

③ 当有 switch、for、while、do... while 或 foreach 语句嵌套时，break 只跳出直接包含它的语句块，换句话说，break 语句不能连续跳出两个嵌套的循环。

2) continue 语句

continue 语句将控制权传递给它所在的循环语句(包括 for 语句、while 语句、do... while 语句、foreach 语句)的下一次循环。即 continue 语句用于跳过本次循环中该行后面的语句，转而执行下一轮循环。

continue 语句的格式如下：continue;

说明：

① continue 语句跳过本次循环后面的语句，并非像 break 那样，直接跳出该循环。

② continue 语句必须用于循环语句 for、while、do... while 或 foreach 中，否则会发生编译错误。

上面的例 4.4 代码可以换成如下代码：

```
static void Main(string[] args)
    {
        int i = 1, j, result;  //定义乘数、被乘数、积
        for (i = 1; i< 10; i++)  //外层循环从 1～9
```

```
    {
     for (j = 1; j < 10; j++)  //内层循环从1~9
     {
      result = i * j;
      if (j > i) break;//第i行限制打印i项
      Console.Write("{0} * {1}={2}\t", i, j, i * j);  //打印格式控制
     }
    Console.WriteLine();          //打印完成之后换行
    }
}
```

例 4.5 打印水仙花数。所谓"水仙花数",是指一个三位数,其各位数字的立方和等于该数本身,如 153 是一个"水仙花数",因为 153 等于 1 的三次方,加上 5 的三次方,再加上 3 的三次方。

分析:对于一个任意的三位整数,设其格式为 abc,其百位数 a 的范围为 1~9,十位数 b 的范围为 0~9,个位数 c 的范围为 0~9,由此可以形成一个三重循环。这种解法体现的是"穷举法"(又称"枚举法")的算法思想,即将可能的各种情况一一测试,判断是否满足条件。主要代码如下:

```
static void Main(string[] args)
  {
       int x, a, b, c;
       for (a = 1; a <= 9; a++) //百位数
         for (b = 0; b <= 9; b++) //十位数
           for (c = 0; c <= 9; c++) //个位数
           {
           x = 100 * a + 10 * b + c;
           if (a * a * a + b * b * b + c * c * c == x)
               Console.WriteLine(" {0}", x);
           }
    }
```

运行得到满足条件的 4 个数:153,370,371,407

本题的另一种算法:可以遍历 100 到 999 中的每个数,然后把每个数中的每位数分离出来,然后再进行判断,代码如下:

```
static void Main(string[] args)
  {
       int x, a, b, c;
       for (x= 100; x <= 999; x++) //百位数
```

```
    {
        a=x/100;//提取百位数
        b=(x-a*100)/10;//提出十位数
        c=x%10;//提出个位数
        if (a * a * a + b * b * b + c * c * c == x)
                Console.WriteLine(" {0}", x);
        }
    }
```

上面的代码中，用到了把一个三位数的每一位数分离的方法，这种方法经常用于位数较少的情况下进行分离，如果一个数的位数比较高，则这种方法则显得比较繁琐，可以采用循环的方法，每次循环减少一个个位数，到把该数减少到 0 为止，大家可以自己实现这个方法。

4.7 列表框与组合框

在 Windows 应用程序设计时，列表框与组合框也经常被使用，下面介绍这两个控件。

4.7.1 列表框(ListBox)

列表框(ListBox)用来列出一系列的文本，每条文本占一行，用户可以从中选择一项或多项。当项总数超过可以显示的项数时，ListBox 控件自动添加滚动条。

1) 常用属性

(1) SelectionMode:组件中条目的选择类型，即多选(Multiple)、单选(Single)。

(2) Selected:检测条目是否被选中。

(3) SelectedItem:获得列表框中被选择的条目。

(4) SelectedIndex:列表框中被选择项的索引值。

(5) SelectedValue:被选择项的值。

(6) Text:选中项的文本。

特别，属性 Items:泛指列表框中的所有项，每一项的类型都是 ListItem，可以通过属性窗口添加每一项的内容，属性 Items.Count 表示列表框中条目的总数。

2) 常用方法

(1) 增加新项:Items.Add("所要添加的项")。

(2) 插入项:Items.Insert(位置，项)。

(3) 移除项:Items.Remove(ListBox1.SelectedItem)。

(4) 清除所有项:Items.Clear()。

3) 常用事件

列表框(ListBox)常用的事件为 SelectedIndexChanged，即改变了选择项事件。

例 4.6 在组装电脑中，有很多配件可以自由装配，现要求设计一个 Windows 程序，通过文本框及列表框选择进行电脑组装。

(1) 窗体界面设置如图 4.7.1 所示:

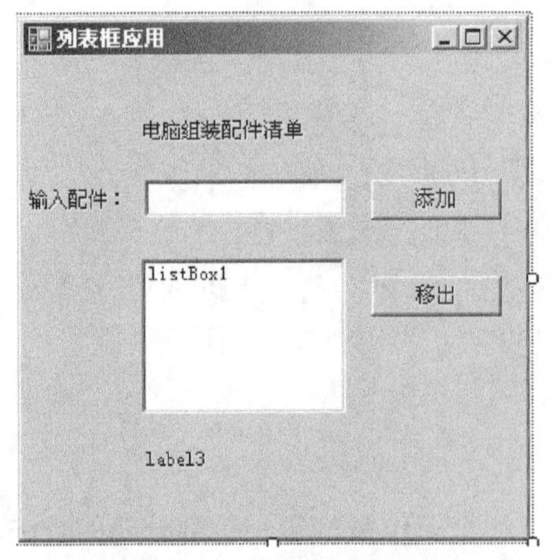

图4.7.1　电脑配件设计图

(2) 程序相应事件对应的代码如下：

```
private void listBox1_SelectedIndexChanged(object sender, EventArgs e)
    {   //在 label3 中显示选中的配件
        label3.Text = listBox1.Text;
    }
private void button1_Click(object sender, EventArgs e)//添加配件
    {
        listBox1.Items.Add(textBox1.Text);
    }
private void button2_Click(object sender, EventArgs e)//移出选中的配件
    {
        listBox1.Items.Remove(listBox1.SelectedItem);
    }
```

程序运行界面如图4.7.2所示：

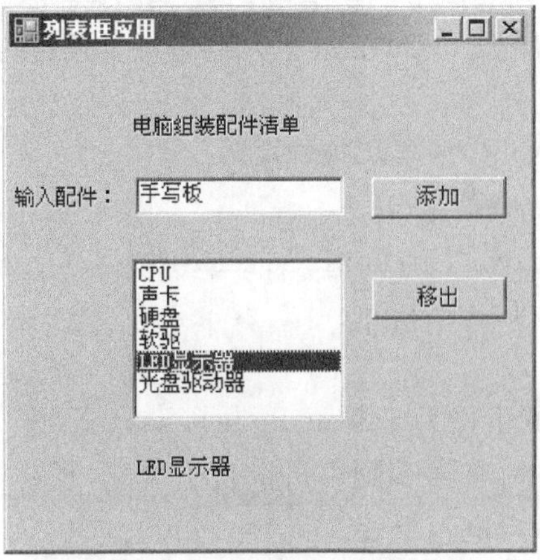

图4.7.2　电脑配件运行结果图

4.7.2 组合框(ComboBox)

ComboBox 控件中除了有列表框的功能外，还有搭配了一个文本框，可以在文本框输入字符，其右侧有一个向下的箭头，单击此箭头可以打开一个列表框，可以从列表框选择希望输入的内容。

1) 组合框常用属性

(1) DropDownStyle：确定下拉列表组合框类型。值为 Simple 表示文本框可编辑，列表部分永远可见。值为 DropDown 是默认值，表示文本框可编辑，必须单击箭头才能看到列表部分。值为 DropDownList 表示文本框不可编辑，必须单击箭头才能看到列表部分。

(2) Items：存储 ComboBox 中的列表内容，是 ArrayList 类对象，元素是字符串。

(3) MaxDropDownItems：下拉列表能显示的最大条目数(1—100)，如果实际条目数大于此数，将出现滚动条。

(4) Sorted：表示下拉列表框中条目是否以字母顺序排序，默认值为 false，为不允许。

(5) SelectedItem：所选择条目的内容，即下拉列表中选中的字符串。如一个也没选，该值为空。其实，属性 Text 也是所选择的条目的内容。

(6) SelectedIndex：编辑框所选列表条目的索引号，列表条目索引号从 0 开始。如果编辑框未从列表中选择条目，该值为－1。

2) 组合框常用事件

与 ListBox 控件一样，常用的事件为 SelectedIndexChanged，即是改变了选择项事件。

例 4.7 设计一个顾客买书的程序。书架上(组合框)中有一些书，顾客可以从中挑选一些书放到自己的购物篮(列表框)中，也可以把书放回到书架上。

分析：

(1) 设计界面与属性。

在窗体上放置两个标签，一个组合框、一个列表框，两个按钮，并把组合框的 DropDownStyle 属性设为 Simple 类型，设计的界面图如图 4.7.3 所示：

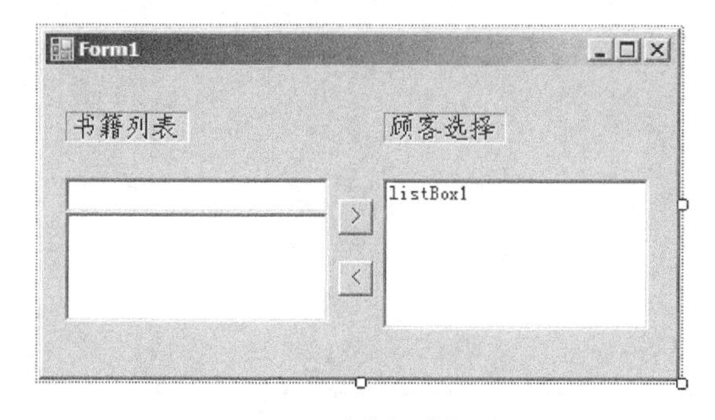

图 4.7.3 购书设计界面图

(2) 程序代码如下：

```
private void Form1_Load(object sender, EventArgs e)
{//初始化，事先放置一些书在 comboBox1 中
```

```
            comboBox1.Items.Add("Visual C#.NET 程序设计");
            comboBox1.Items.Add("Visual C#.NET 程序设计习题解析");
            comboBox1.Items.Add("Visual Basic.NET 编程百例");
            comboBox1.Items.Add("Visual C++.NET 案例精解");
    }
private void button1_Click(object sender, EventArgs e)
 {//从书架上取书放到购物篮中
            if (comboBox1.Items.Count > 0)//如果 comboBox1 中还有书
            {
               listBox1.Items.Add(comboBox1.Text);//拿到 listBox1 中
               comboBox1.Items.Remove(comboBox1.SelectedItem);
                    //同时删除 comboBox1 中对应的书
            }
    }
private void button2_Click(object sender, EventArgs e)
 {// 把书从购物篮放回到书架上
         if (listBox1.Items.Count > 0)//如果购物篮 listBox1 中有书
           {
             comboBox1.Items.Add(listBox1.SelectedItem);//拿回到书上
             listBox1.Items.Remove(listBox1.SelectedItem);
                  //同时删除购物篮 listBox1 中对应的书
           }
    }
```

(3) 运行结果如图 4.7.4 所示：

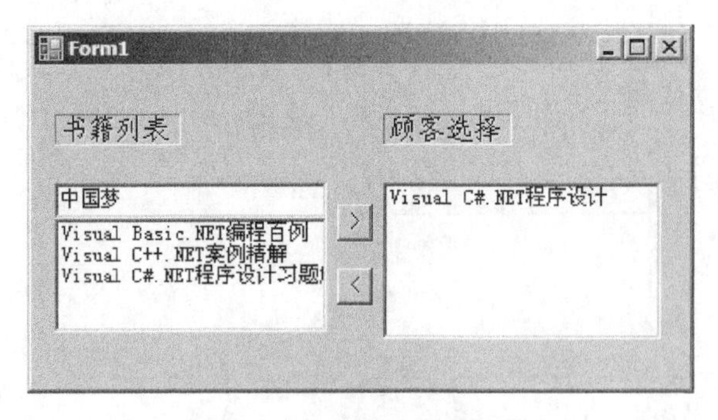

图 4.7.4　购书运行结果图

4.8　计时(Timer)控件

Timer 控件主要的作用是每间隔一定时间就执行一段指定的代码，该控件经常被用于每隔一定时间周期性地自动触发一些事件或执行一段程序，如考试系统的时间变化、游戏软件的某些场景等。

1）主要的属性

Enabled：主要是控制当前 Timer 控件是否可用，如：timer1. Enabled=false；不可用

timer1. Enabled=true；可用。

Interval：程序运行间隔的时间，主要是控制设置 timer1_Tick 事件中代码执行的间隔时间，单位为毫秒，如：Timer1. Interval=1 000 表示间隔 1 秒。

2）主要的方法与事件

Start()方法：开始启动 Timer 控件，如 timer1. Start()；它的作用与 timer1. Enabled=true 相当。

Stop()方法：停止使用 Timer 控件。如 timer1. Stop()；它的作用与 timer1. Enabled=False 相当。

事件：主要是触发事件，响应的程序放在触发事件对应的方法 timer1_Tick 中。

例 4.8 设计一个倒计时程序，倒计时 1 分钟后，表示运动会正式开始，并显示一幅画。

分析：

(1) 设计界面及属性。

在窗体上放置三个 Label 控件，一个 PictureBox 控件，并设置它们的属性，再拖一个 timer 控件到窗体上，设置其 Interval 属性为 1 000，设置的界面如图 4.8.1 所示。

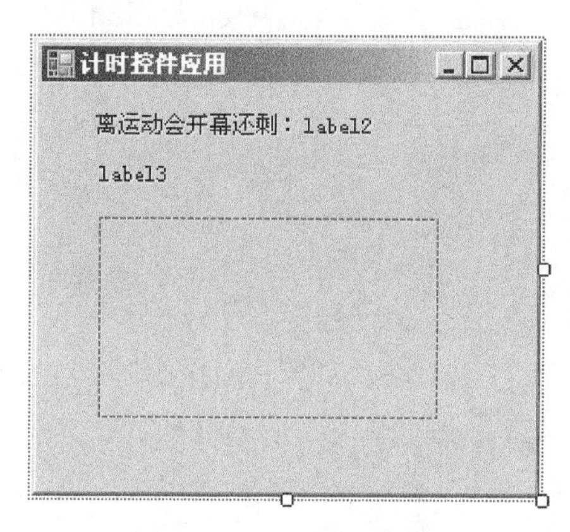

图 4.8.1 设计界面图

(2) 程序代码设计。

```
public partial class Form1 : Form
{
  int lesstime ;//设计倒计时的时间变量
  public Form1()
   {
       InitializeComponent();
   }
private void Form1_Load(object sender, EventArgs e)//初始化窗体
   {
          lesstime = 60;//设置倒数时间
          label3. Visible = false;
          timer1. Start();
   }
}
```

在窗体上双击 timer1 控件，在其响应的函数中输入如下代码：

```
private void timer1_Tick(object sender, EventArgs e)
  {
          lesstime--;//剩余时间减少
          label2.Text=lesstime.ToString()+"秒";
          if (lesstime <= 0)//如果剩余时间小于等于 0
          {
             lesstime = 0;
             label1.Visible = false;
             label2.Visible = false;
             label3.Visible = true;
             label3.Text = "运动会开始了!";
             pictureBox1.Image = Image.FromFile("sport.jpg");
             timer1.Stop();//计时器停止
          }
}
```

(3) 运行程序。

运行结果如图 4.8.2，图 4.8.3 所示：

图 4.8.2　倒计时图

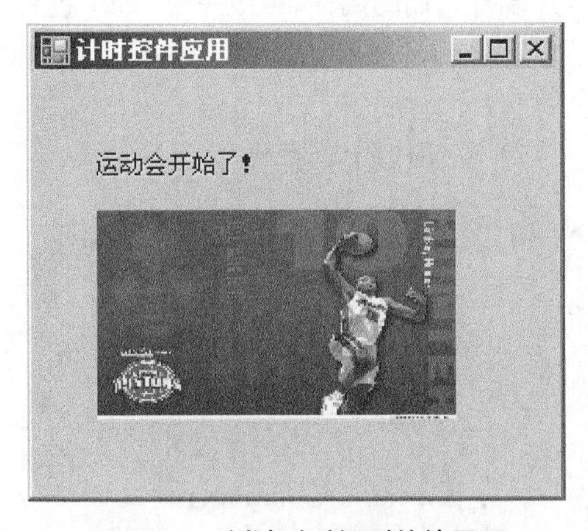

图 4.8.3　倒计时时间到的效果图

4.9　习题

1. 循环结构主要有哪些语句？

2. 使用 for 循环语句时要注意什么？

3. while 语句的循环控制变量应该放在哪里？

4. do{…}while 语句与 while 语句的区别在哪里？

5. 组合框与列表框的区别是什么？

6. Timer 控件主要用在什么场合，举例说明。

7. 设计一个程序，要求输出 100 至 1 000 中的所有素数。

8. 有一对神奇的兔子，在出生两个月后，就有繁殖能力，以后一对兔子每个月都能生出一对小兔子来。如果所有兔子都不死，那么一年以后可以繁殖多少对兔子？这是一个典型的数学问题，这样产生的数列叫斐波那契数列，相应的项分别为 1，1，2，3，5，8，…。设计一个程序，输出一年中每个月的兔子对数及兔子对总数。

9. 一个数如果恰好等于它的因子之和，这个数就称为"完数"，例如：6 的因子是 1，2，3，并且 6＝1＋2＋3，因此 6 是完数。编写一个程序找出 1 000 之内的所有完数，并且每行按如下的格式输出：6 的因子是：1，2，3。

10. 列表框练习。在列表框中要求列出一些电脑配件名，可以选择单列、多列来显示，并能进行添加、查找等功能，运行界面如图 4.9.1 所示：

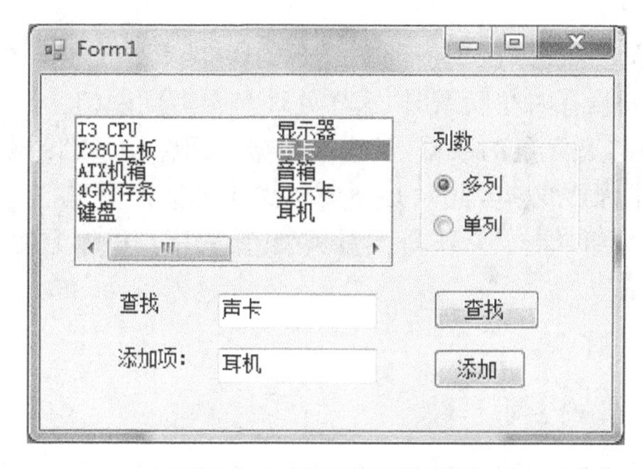

图 4.9.1 程序运行效果图

5

数　组

在前面章节介绍的变量都是以单个形式出现的，称为简单变量。在编程规模不大、处理的数据不多且数据之间没有内在联系时，这样处理是没有问题的。但随着编程规模的不断扩大，会出现大批量甚至是海量的数据，且这些数据之间存在一定的联系，比如说一个班学生的成绩等具有相同性质的数据，此时必须要寻找新的数据类型，才能有效地解决这些问题，C#.NET 提供了数组、结构体、类等变量类型，使程序员可以方便有效地组织处理大量的数据。

5.1　数组概述

数组是一些具有相同类型的数据按一定顺序组成的序列，数组中的每一个数据都可以通过数组名及唯一一个索引号(下标)来存取。在处理大量具有相同性质的变量时，使用数组非常方便，它不仅易于使用(如在循环中)，便于读取大量的同性质信息，而且有序，易于控制，还可以表示如坐标等几何与代数中的问题，对行列式、矩阵的运算也非常方便。

5.2　数组与数组元素

数组允许用同一名称来引用这些相关的值，这个名字即数组名，并使用一个称为“索引”或“下标”的数字来区分这些值。数组名与下标的每个值合在一起称为数组的“元素”。这些值是连续的，下标从 0 开始一直到最大索引值。

5.3　一维数组

所谓一维数组是指只有一个下标的数组，类似于数学上的有穷数列。数组在使用之前必须先定义(或称声明)并分配内存空间，然后才能使用数组元素。

1) 一维数组的定义与分配

```
[格式]：数据类型符 [] 数组名 = new 数据类型符[长度]；
```

例如，有下列语句：

```
int [] a= new int [10];
```

上面的语句定义了一个名为a数组，该数组的数据类型是int，它分配了10个元素空间。其实数组的声明与内存分配可以写成两条语句，上述语句也可以写成：

```
int [] a;//定义数组名
a=new int [10];//说明该数组有10个元素，即分配了10个整形变量的内存空间
```

上面语句定义了数组a的10个带下标的整型变量，并为这10个整型变量分配了存储空间，这10个带下标的变量即数组元素，分别是：

```
a[0],a[1],a[2],a[3],a[4],a[5],a[6],a[7],a[8],a[9]
```

与C/C++不同的是，C#中的数组的大小可以动态确定，如有以下语句：

```
int AL=6;
int a[]=new int[AL];
```

这两条语句定义了一个长度为6的数组a，并为每个元素分配了内存空间。

2) 定义数组时对数组元素进行初始化

一维数组在定义的同时，还可以给每个元素赋值，即初始化，格式如下：

```
[格式]:数据类型符 [] 数组名 ={初值列表};
```

例如，有下列语句：

```
int [] x={1,2,3,4};
```

该语句定义了具有4个元素的数组x，并依次给x[0]、x[1]、x[2]和x[3]赋初值1、2、3和4。上述初始化语句也可以写成：

```
int [] x= new int []{1,2,3,4};
或  int[] x = new int[4] { 1, 2, 3, 4 };
```

3) 数组元素的引用

数组最终的使用还是通过数组元素来进行，引用一维数组元素的一般形式如下：

```
数组名[下标]
```

例如，有如下语句定义：

```
int [] a= new int [5] ;
```

那么a数组具有元素a[0]、a[1]、a[2]、a[3]和a[4]，注意数组元素的下标是从0开始的，一共有5个元素，而a[5]已经超过了数组的定义范围，因此使用a[5]是错误的。

例5.1 找最大数游戏：有一批随机数，请你快速地找出最大数及其位置。

程序如下：

```
static void Main(string[] args)
  {
    const int N = 10;//定义一个常量用来表示数组元素个数
    int [] a = new int[N];//定义具有N个元素的数组a
    int i, max, max_i;//max变量用来记最大值,max_i变量用来记最大值的下标
    Random randObj = new Random();//生成随机数变量
    for (i = 0; i < N; i++)
      a[i] = randObj.Next(10, 99);/*产生随机数并赋值给数组元素*/
    max = a[0]; max_i = 0;/*首先认为最大值为第一个元素*/
    for (i = 1; i < N; i++)/*通过循环查找最大值、最大值的位置*/
      if (max < a[i])
        { max = a[i]; max_i = i; }
    for (i = 0; i < N; i++)//输出整个数组
        Console.Write("{0}   ", a[i]);
    Console.WriteLine();      //换一行
    Console.WriteLine("最大值为:{0},最大值位置为:{1}", max, max_i + 1);
                          /*输出最大值与最大值的位置*/
  }
```

运行结果如图5.3.1所示：

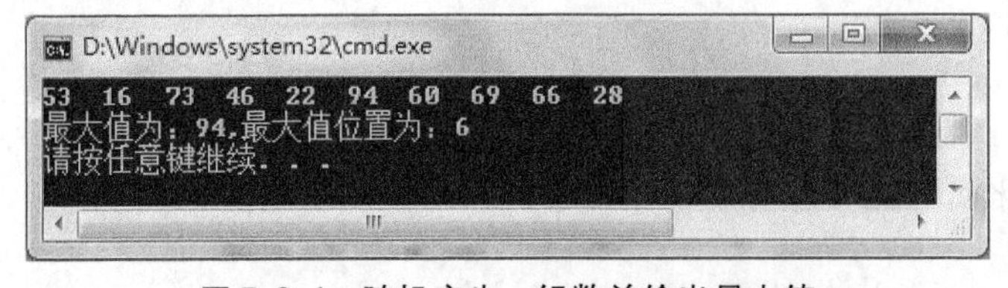

图5.3.1 随机产生一组数并输出最大值

例5.2 随机产生十个两位数，然后利用选择法把它们从小到大排序。

程序如下：

```
static void Main(string[] args)
  {
    int [] a = new int[10];//定义数组a
    int min, min_i, t;
    int i, j;
    Random s = new Random();//定义一个随机变量s
```

```
string str = "";
for ( i = 0; i < 10; i++)//把十个随机数赋值给数组各元素并打印出来
{
    a[i] = s.Next(10, 100);//每次产生一个2位数
    str = str + " " + a[i].ToString();
}
Console.WriteLine("原来的10个数是:{0}" , str);
for (i = 0; i < 9; i++)/*外层循环用来控制需排队的次数*/
{
 min = a[i]; min_i = i;  /*每轮首先认为该轮的第一个元素为最小值*/
 for (j = i + 1; j < 10; j++)//每次剩下的选一个最小的放在前面
    if (min > a[j]){ min = a[j]; min_i = j; }
/*最小值与后面的元素比较,若后面的元素值小,则记下它的值和它的下标*/
if (min_i != i) /*如果最小值不是该轮的第一个元素,则交换两个变量的值*/
    {
        t = a[min_i];
        a[min_i] = a[i];
        a[i] = t;
    }
}
//下面是排列好后输出
str = "";
 for (i = 0; i < 10; i++)
 {
    str = str + " " + a[i].ToString();
 }
Console.WriteLine("排好后的10个数是:{0}", str);
}
```

运行结果如图5.3.2所示：

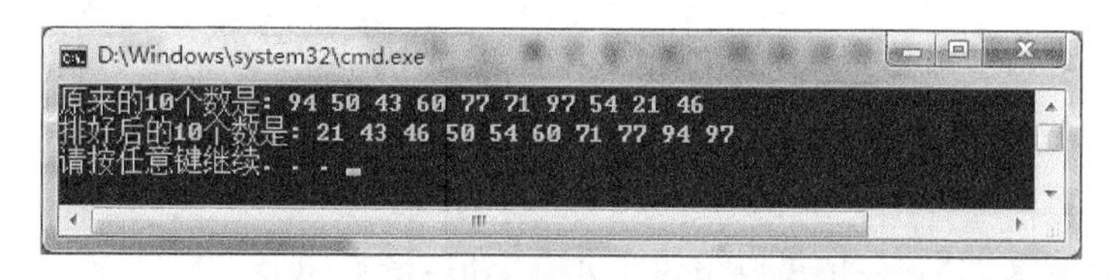

图5.3.2　随机产生一组数并排序输出

一般要对一组数进行排序，基本上通过数组进行，必须采用循环的嵌套，在外层循环中表明要经过多少次排队才能全部排好，在内层循环中，表示每次排队如何进行。在例5.2当

中,我们采用一了种叫选择排序的方法,每次找到一个最小的数,记下该数所在的位置,如果该位置不是尚未排好数的第一个数,则把该数与第一个数交换,即每次选择一个最小的数排在队伍的最前面,已经排好的数,下一轮排队时不用再排,仅排没有排好的数,这样 n 个数经过 $n-1$ 轮排队后,就可以按从小到大的次序排好。

对于排序,还有很多方法,如起泡法等,有兴趣同学可以自己找资料查阅并上机实践。

5.4 多维数组

一维数组只有一个下标,多维数组具有多个下标,要引用多维数组的数组元素,需要使用多个下标,多维数组中最常用的是二维数组。

所谓二维数组,就是有两个下标的数组,适合处理如成绩报告表、行列式、矩阵等具有行列结构的数据。

C#.NET的二维数组的每一行的数组元素个数可以相等,也可以不相等。每行数组元素个数相等的二维数组称为方形二维数组,各行数组元素个数不同的称参差数组,本节主要讲述方形二维数组。

1) 二维数组的定义与分配

```
[格式]:
数据类型符 [ , ] 数组名 = new 数据类型符[长度1,长度2];
```

例如,有下列语句:

```
int [,] a= new int [2,3];
```

上面语句定义了一个二维数组a,该数组的数据类型是int,并分配了6个元素的内存空间,这6个元素分别是:a[0,0],a[0,1],a[0,2],a[1,0],a[1,1],a[1,2]。

上述数组的声明与分配可以写成如下两条语句:

```
int [ , ] a;//定义数组
a=new int [3, 4];//给数组分配存储空间
```

二维数组元素的下标有两个,第一个下标称为行下标,第二个下标称为列下标,行下标与列下标均从0开始,但要注意数组的下标不要越界。理解二维数组可以通过高等数学的矩阵或行列式进行。

2) 赋初值

二维数组在定义的同时,也可以给每个元素赋值,格式如下:

```
[格式]:数据类型符 [ , ] 数组名 = {{初值列表1},{初值列表2},…,{初值列表n}};
```

例如,有下列语句:

```
int [,] b={{1,2,3,4},{5,6,7,8},{9,10,11,12}};
```

该语句通过右边大括号内的大括号个数自动计算出该二维数组具有3行。然后再通过里面大括号内的元素计算出每一行具有4个元素(取元素最多的那一行)。

上述语句也可以写成：

```
int [,] a= new int [3,4]{{1,2,3,4},{5,6,7,8},{9,10,11,12}};
```

3) 元素引用

引用方形二维数组元素的一般格式如下：

```
数组名[下标1,下标2]
```

如 a[2,3]=12;

例 5.3 求一个4行4列矩阵中含主对角线以上的所有元素和。代码如下：

```
static void Main(string[] args)
  {
   int [,]a=new int[4,4] ;
    int i, j, sum;
    Console.WriteLine("产生 4*4 矩阵:");
    Random x=new Random ();
    for (i=0; i<4; i++)
    {
     for (j=0; j<4; j++)
     {
        a[i, j] = x.Next(10);
        Console.Write(" {0}", a[i, j]);
     }
     Console.WriteLine();
     }
   sum= 0;
   for (i=0; i<4; i++)
    for(j=i;j<4;j++)
    {
    sum += a[i,j];
     }
   Console.WriteLine("主对角线上元素之和: {0}", sum);
  }
```

运行结果如图5.4.1所示：

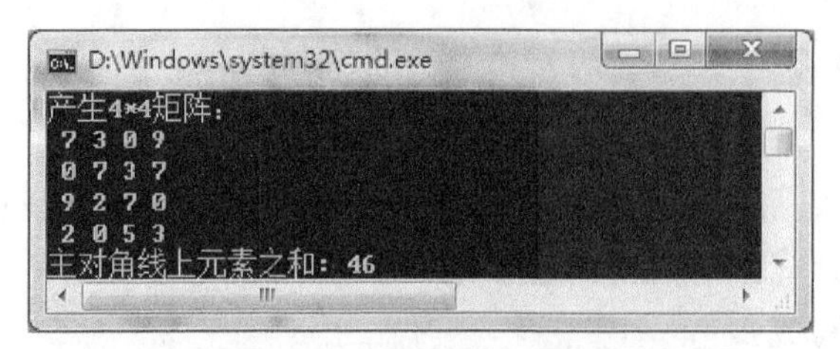

图 5.4.1 求主对角线以上元素之和

由于二维数组具有两个下标。因此对二维数组的元素处理一般要使用循环的嵌套,外循环负责行下标变化,内循环负责列下标变化,下面再通过一个例来熟练掌握二维数组的应用。

例 5.4 一个班有 6 名同学,每个同学有 3 门课,期末考试后,要统计每个学生的课程平均分。请你编写一个程序实现该功能。程序代码如下:

```
static void Main(string[] args)
 {
        int[,] a = new int[6, 3] { { 70, 80, 91 }, { 72, 76, 80 }, { 87, 90, 85 },
{ 88, 70, 69 }, { 90, 67, 89 }, { 87, 78, 93 } };
        double[] total = new double[6];//定义每个同学的总分及平均分
        int i, j;
        Console.WriteLine("输出每个同学的每门课分数及平均分:");
        for (i = 0; i < 6; i++)//一共 6 个同学
        {
            total[i] = 0;//每个同学总分初值为 0
            for (j = 0; j < 3; j++)//每个同学有 3 门课
            {
                total[i] = total[i] + a[i, j];
                Console.Write(" {0}", a[i, j]);
            }
            total[i] = total[i] / 3;//求每个同学的平均分
            Console.WriteLine(" average= {0}", Math.Round(total[i],2));
        }
 }
```

运行结果如图 5.4.2 所示:

```
D:\Windows\system32\cmd.exe
输出每个同学的每门课分数及平均分:
 70 80 91 average= 80.33
 72 76 80 average= 76
 87 90 85 average= 87.33
 88 70 69 average= 75.67
 90 67 89 average= 82
 87 78 93 average= 86
请按任意键继续. . .
```

图 5.4.2 每个同学平均分

5.5 foreach 语句

foreach 语句是 C#.NET 语言的新特征之一，在遍历数组特别是多维数组、集合方面，foreach 为开发人员提供了极大的方便。foreach 语句是 for 语句的特殊简化版本，用于遍历提取数组的每个元素的值，它既可以用在一维数组，也可以用在多维数组。

foreach 循环语句的格式为：

```
foreach(类型名称  变量名称 in 数组或集合名称){  循环体  }
```

语句中的"变量名称"是一个循环变量，在循环中，该变量依次获取数组中各元素的值。因此，对于依次获取数组中各元素值的操作，使用这种循环语句就很方便。还要注意，"变量名称"前面的类型必须与后面的数组或集合的类型保持一致。

例 5.5 求一个 5 行 5 列矩阵的最大值元素，使用 foreach 语句。

代码如下：

```
static void Main(string[] args)
  {
      int [,]a=new int[5,5] ;
      int i, j, max;
      Console.WriteLine("产生 5*5 矩阵:");
      Random x=new Random ();
      for (i=0; i<5; i++)
      {
       for (j=0; j<5; j++)
       {
           a[i, j] = x.Next(10,99);
           Console.Write(" {0}", a[i, j]);
       }
       Console.WriteLine();
      }
    max= a[0,0];
    foreach( int m in a)
        if(max<m)
            max=m;
     Console.WriteLine("max: {0}", max);
}
```

运行结果如图 5.5.1 所示：

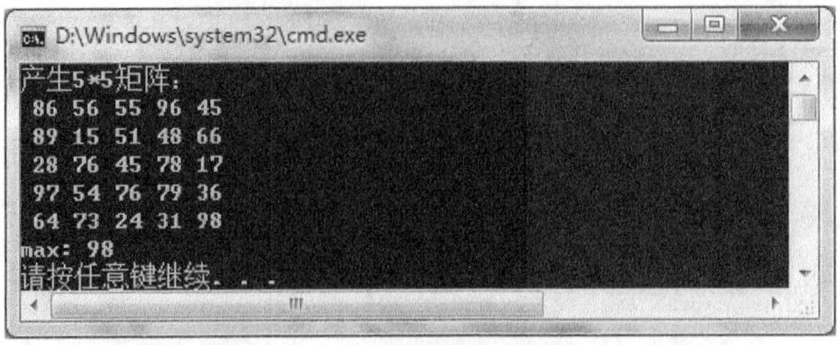

```
D:\Windows\system32\cmd.exe
产生5*5矩阵:
 86 56 55 96 45
 89 15 51 48 66
 28 76 45 78 17
 97 54 76 79 36
 64 73 24 31 98
max: 98
请按任意键继续. . .
```

图 5.5.1 求矩阵的最大值

在上面例子中，如果不采用 foreach 循环，则必须采用循环的嵌套，例如下面的 foreach 语句：

```
foreach( int m in a)
        if(max<m)
        max=m;
```

如果用循环的嵌套的话，代码如下：

```
for(i=0;i<3;i++)
 for(j=0;j<3;j++)
   if(max<a[i,j])
   max=a[i,j];
```

由此可见，在一些多维数组使用时，使用 foreach 语句不仅简便，而且会极大提高效率。

5.6 控件数组

控件数组是一组相同类型的控件组成，这些控件共用一个控件名字，具有相似的属性设置，共享同样的事件过程。控件数组最大的优越性是可以循环赋值，可以响应同一个事件。

控件数组中各个控件相当于普通数组中的各个元素，同一控件数组中各个控件的索引号 Index 属性相当于普通数组中的下标。

例如设有一个包含 3 个按钮的控件数组 Command1，它的 3 个元素就是 Command1[0]，Command1[1]，Command1[2]。但 Command1，Command2，Command3 不是控件数组的元素。

控件数组具有以下特点：

(1) 相同的控件名称(即 Name 属性)。

(2) 控件数组中的控件具有相同的一般属性。

(3) 所有控件共用相同的事件过程。

下面代码是自动在窗体上生成 20 个文本框，并指定每个文本框的大小与位置：

```
TextBox[] tbs = new TextBox[20];  //定义 TextBox 控件数组 tbs
for (int i = 0; i < tbs.Length; i++)
 {
     tbs[i] = new TextBox();
     this.Controls.Add(tbs[i]);
     tbs[i].Size = new Size(100, 100);
     tbs[i].Location = new Point(10, (i + 1) * 20);
     tbs[i].Text = string.Format("this is TextBox{0}",i);
 }
```

例 5.6 设计一个 Windows 应用程序，使其自动产生 4 个文本框并显示文字。

程序设计步骤如下：

(1) 在窗体中添加控件。

创建一个 Windows 应用程序项目，在窗体上添加 4 个文本框。

(2) 编写代码。

双击窗体空白处，在窗体加载时运行的代码如下：

```
private void Form1_Load(object sender, EventArgs e)
   {
    TextBox[] tbox= new TextBox[4] { textBox1, textBox2,textBox3, textBox4};
    int i;
    for (i = 0; i < 4; i++)
       tbox[i].Text = "这是第:" + (i+1).ToString() + "文本框";
    }
```

运行结果如图 5.6.1 所示：

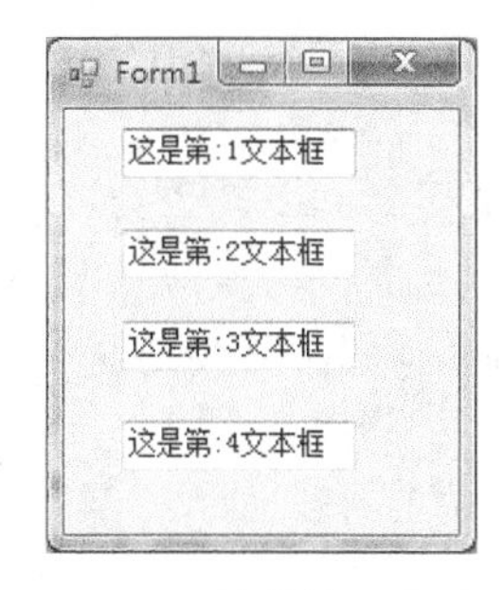

图 5.6.1 控件数组的使用

5.7 字符串与字符

字符与字符串主要用于保存与显示文本信息，在目前大量的信息处理中，字符信息的应用已经非常广泛，前面章节已经简单介绍，下面再详细分析。

1）字符类型 char

在C#.NET中，字符变量的类型是char，常量用单引号引起来，下面代码是判断一个字符是大写还是小写字母：

```
char c;
c=Console.ReadLine();
if(c>='A' &&c<='Z')  Console.WriteLine("{0}是大写字母!",c);
if(c>='a' &&c<='z')  Console.WriteLine("{0}是小写字母!",c);
```

char类的常用方法如表5.1所示：

表5.1 char类的常用方法表

方法	说　明
IsControl	指示指定的Unicode字符是否属于控制字符类别
IsDigit	指示某个Unicode字符是否属于十进制数字类别
IsLetter	指示某个Unicode字符是否属于字母类别
IsLower	判断某个Unicode字符是否是小写字母
IsNumber	判断某个Unicode字符是否属于数字类别
IsUpper	判断某个Unicode字符是否属于大写字母类别
Parse	将指定的字符值转换为它的等效Unicode字符
ToLower	将Unicode字符的值转换为它的小写等效项
ToString	转换为等效的字符串表示
ToUpper	将Unicode字符的值转换为它的大写等效项

我们可以运行下面的代码，观察运行结果来体会一些字符类方法的使用：

```
staticvoid Main(string[] args)
{
  char ch1='a';
  char ch2 ='B';
  Console.WriteLine("IsLetter判断ch1是否为字母:{0}",Char.IsLetter(ch1));
  Console.WriteLine("IsUpper判断ch2是否为大写字母{0}",Char.IsUpper(ch2));
  Console.WriteLine("ToUpper将ch1转换为大写字母{0}",Char.ToUpper(ch1));
  Console.ReadLine();
}
```

2）字符串类型 string

C#.NET除了char类型外，还提供了string类型，专门用于处理一个以上的字符即字符串，使用非常方便，string字符串常量用双引号引起来。

string对象的值是该有序集合的内容，并且该值是不可变的，根据字符在字符串中的不同位置，字符在字符串中有一个索引值，可以通过索引值获取字符串中的某个字符。字符在字符串中的索引从0开始，这样字符串中的元素就变成了一维数组的元素，看下面的示例：

```
staticvoidMain(string[] args)
{
    string str ="字符与字符串";
    Console.WriteLine("字符串 str 中第一个字符是:{0}",str[0]);
        //输出字符串中的第一个字符——"字"
    Console.WriteLine("字符串 str 中第二个字符是:{0}", str[1]);
          //输出字符串中的第二个字符——"符"
    Console.Read();
}
```

字符串运算除了可以用连接运算符"+"把两个字符连接在一起外，还经常用到下面几个方法：

(1) Compare方法。

用来比较两个字符串是否相等，使用格式如下：

```
int string.Compare(string str1,string str2)
```

其中str1,str2是两个要比较的字符串，比较时逐个字符依次比较，碰到第一个不相等的字符，比较结束。如果str1>str2的话，返回1；str1=str2返回0；str1<str2返回-1。

(2) CompareTo方法。

它的含义与Compare一样，不过使用方法不一样，该方法是一个string对象的方法，使用格式为：str1.CompareTo(str2)

如果str1>str2返回1；相同返回0；小于返回-1。

(3) IndexOf方法。

该方法的作用是查找一个字符在某个字符串中第一次出现的位置，使用格式为：

```
格式:字符串.IndexOf('字符')
```

而查找一个字符在某个字符串最后一次出现的位置。使用方法如下：

```
字符串. LastIndexOf('字符')
例如:int i,j;
    string st = "How ar. e yo. u?";
    i = st.IndexOf('.');
    j = st.LastIndexOf('.');
    label1.Text = i.ToString() + " "+j.ToString();
```

(4) Split方法。

该方法的作用是把一个字符串按指定的字符把该字符串分成若干个字符串，分割的字符组成一个新的字符串数组，使用格式为：

```
字符串.Split('分隔字符');
```

例如：

```
string string1 = "How - are - you?";
string[] s = string1.Split('-');
foreach(string sc in s)
    label1.Text = label1.Text + " \n" + sc;
```

上面代码中，把字符串“How-are-you?”拆成了三个子字符串“How”，“are”，“you?”，这三个子字符串变为了字符串数组 s 的三个元素 s[0]，s[1]，s[2]。

(5) Substring 方法。

该方法可以截取字符串中指定位置和指定长度的字符，即取子字符串，使用格式为：

```
    字符串.Substring(int startindex, int length)
```

其中 startindex 为子字符串开始位置，length 为要取的字符串长度。

```
例:static void Main(string[] args)
    {
        string strA ="字符串截取函数 Substring 测试示例";
        string strB ="";
        strB = strA.Substring(5, 11);
        Console.WriteLine("函数输出结果:{0}",strB);
        Console.Read();
    }
```

上面代码运行的结果是输出“函数 Substring”

(6) Insert 方法。

用于向字符串的指定位置插入新的字符串，使用方法：

```
    字符串.Insert(int startIndex, string value);
```

其中 startindex 为要插入字符的位置，value 为要插入的字符串。

```
static void Main(string[] args)
  {
        string strA ="字符串示例";
        string strInsert ="插入";
        string strResult = strA.Insert(3,strInsert);
```

```
        Console.WriteLine("插入字符串示例——{0}",strResult);

        string str2=strA.PadRight(7,'!');//如果不够8个字符,用'!'补齐
        Console.WriteLine("右侧插入字符串示例——{0}",str2);
        Console.Read();
    }
```

(7) Remove 方法。

用于从一个字符串的指定位置开始,删除指定数量的字符,使用格式:

```
字符串.Remove(int startindex, int count)
```

其中 startindex 为要删除字符串的起始位置,count 为要删除字符的个数。

该方法还有一种用法:字符串.Remove(int starindex)表示从 starindex 开始删除后面的所有字符。

```
例:static void Main(string[] args)
{
    stringstrA ="字符串删除示例程序";
    Console.WriteLine(strA.Remove(7,2));//从第7个字符开始删除2个字符
    Console.ReadKey();
}
```

(8) Copy 方法。

该方法用于将字符串复制到另一个字符串中,使用方法:

```
字符串.Copy(string Objstr);
```

其中 Objstr 为目标字符串。

(9) Replace 方法。

用于将字符串中的某个字符或字符串替换成其他的字符或字符串,使用方法:

```
字符串.Replace(string Ovalue,string Nvalue)
```

其中 Ovalue 为待替换的字符串,Nvalue 为替换后的新字符串。

```
例:string strA ="字符串替换示例程序";
   Console.WriteLine(strA.Replace("示例","测试"));
```

(10) 格式化输出方法。

在使用 Console.WriteLine 输出日期时间时,还可以使用指定的格式,常用日期时间格式如表 5.2 所示,其他格式参考相关文献。

表 5.2 Console.WriteLine 输出格式表

格式规范	说　明
d	简短日期格式(YYYY-MM-dd)
D	完整日期格式(YYYY年MM月dd天)
t	简单时间格式(hh:mm)
T	完整时间格式(hh:mm:ss)
f	简短的日期/时间格式(YYYY年MM月dd日 hh:mm)
F	完整的日期/时间格式(YYYY年MM月dd日 hh:mm:ss)
g	简短的可排序的日期/时间格式(YYYY-MM-dd hh:mm)
G	完整的可排序的日期/时间格式(YYYY-MM-dd hh:mm:ss)
M或m	月/日格式(MM月dd日)
Y或y	年/月格式(YYYY年MM月)

```
例如:static void Main(string[] args)
    {
        DateTime dt = DateTime.Now;
        Console.WriteLine("{0:d}",dt);
        Console.WriteLine("{0:D}", dt);
        Console.WriteLine("{0:t}", dt);
        Console.WriteLine("{0:T}", dt);
        Console.WriteLine("{0:f}", dt);
        Console.WriteLine("{0:F}", dt);
        Console.WriteLine("{0:g}", dt);
        Console.WriteLine("{0:G}", dt);
        Console.WriteLine("{0:M}", dt);
        Console.WriteLine("{0:m}", dt);
        Console.WriteLine("{0:Y}", dt);
        Console.WriteLine("{0:y}", dt);
        Console.ReadKey();
    }
```

(11) 字符型转换为指定格式字符串。

在其他类型的对象使用.ToString()进行字符格式转换时,也可以指定格式,下面通过实例说明:

```
2.5.ToString("C"); //输出货币¥2.50
25.ToString("D5"); // 输出10进制数 25000
25.ToString("F2"); //输出指定小数位数 25.00
2.5.ToString("G"); // 输出常规 2.5
```

```
2500000.ToString("N"); //输出会计数字 2,500,000.00
255.ToString("X"); // 输出 16 进制 FF
DateTime dt = DateTime.Now;
dt.ToLocalTime().ToString();//输出日期时间格式 2005-11-5 21:21:25
dt.ToLongDateString().ToString();//输出日期格式 2005 年 11 月 5 日
dt.ToLongTimeString().ToString();//输出时间格式 13:21:25
dt.ToShortDateString().ToString();//输出日期格式 2005-11-5
```

5.8 数组与数组列表属性

数组也提供了一些属性与方法，数组常用的属性与方法有：

1) Length 与 Count 属性

表示该数组包括的元素个数，使用方法：

```
    数组名.Length 或数组名.Count
例如:int []A=new int[5]{ 'a', 'b', 'b','d', 'e'};
    string str="This is a book";
for(int i=0;i<A.Lenth;i++) Console.WriteLine(" {0}", A[i]);
for(int i=0;i<str.Lenth;i++) Console.WriteLine(" {0}", str[i]);
```

2) CopyTo 方法

该方法把一个数组(包括字符串)的一部分复制到另一个数组中，使用格式如下：

```
数组名.CopyTo(int sourceIndex, char []destination, int destinationIndex, int count);
```

各参数的意义如下：

```
sourceIndex 为需要复制的字符起始位置;
destination 为目标字符数组名;
destinationIndex 制定目标数组中的开始存放位置;
count 指定所要复制的字符个数;
例:int []a={1 2 3 4 };
   int []b={5,6,7,8,9};
   char []strA="Hello!"
   char []newCharArr=new char[100];
   a.CopyTo(b,4);
   strA.CopyTo(2,newCharArr,0,3);
```

3) Sort 方法

该方法是将数组中的元素按升值排序，使用格式为：

```
    数组名.Sort();
例:int [] a ={1,3,2,7,6,8,4,9,5};
```

则 a.Sort()后,数组 a 中元素的值依次为 1,2,3,4,5,6,7,8,9。

4) Reverse 方法

可以把已知数组元素的部分值反转过来排,格式如下:

```
    数组名.Reverse(起始位置,反转范围);
例:int [] a ={1,3,2,7,6,8,4,9,5};
```

则 a.Reverse(2,3)后,数组 a 中元素的值依次为 1,3,6,7,2,8,4,9,5。

5) 数组列表 ArrayList

ArrayList 是一个动态数组类,使用该类有如下一些好处:动态的增加和减少元素,灵活设置数组的大小。

但要注意,使用该属性时首先要在程序开头增加相关的命名空间:

```
    using System.Collections
```

具体使用时,可使用下面的方法完成相应的功能:

(1) 增加对象:ArrayList 对象.Add(对象);

(2) 移除对象:ArrayList 对象.Remove(对象);

(3) 插入对象:ArrayList 对象.Insert(对象);

(4) 排序:ArrayList 对象.Sort();

(5) 清除内容:ArrayList 对象.Clear();

下面是一个简单应用的例子:

```
ArrayList List = new ArrayList();
for(int i=0;i<10;i++ ) //给数组增加 10 个 int 元素
  List.Add(100-i*i);
List.Sort();//排序
```

5.9 鼠标和键盘事件

在程序运行中,经常进行用户交互操作,这样会产生很多事件。一般的控件都会有相应的事件,事件的主体有很多,其中尤其以键盘和鼠标为最多。比如说,有一个图形控件 PictureBox1,则鼠标移到图形上是一个事件,鼠标离开图形也是一个事件。而对按钮控件 Button 来说,点击该按钮是一个事件,双击该按钮也是一个事件。本节讨论在 C#.NET 中与键盘和鼠标这两个主体相关的事件处理过程。

1) 鼠标事件

鼠标事件常用的有 Click、DoubleClick、MouseDown、MouseUp、MouseEnter、MouseLeave 和

MouseHover。

其中：

Cilck:用户单击鼠标键时发生；
DoubleClick:用户双击鼠标键时发生；
MouseDown:用户按下鼠标键时发生；
MouseMove:移动鼠标时发生；

事件通常要引发相应的操作，这些操作一般在事件处理的方法中完成，因此，决定事件后，必须找到或订制该事件相应的方法，然后在对应的方法中编写代码，以完成事件的响应过程。

例 5.7 窗体上有一幅图，要求鼠标移到该图形上，会在标签上显示第几张图的文字，鼠标移出该图形，文字消失。鼠标左击该图形显示下一幅图，鼠标右击该图形显示上一幅图。

设计步骤：

(1) 新建一个 Windows 项目后，在窗体上放置一个图形框对象 pictureBox1，一个标签对象 label1，并运行一次，以便产生 bin 文件夹下的文件夹 debug。

(2) 拷贝文件命名有规律的 5 个图形文件 p1. jpg—p5. jpg 到文件夹 debug 中。

(3) 设置图形框 pictureBox1 的 SizeMode 模式为 StretchImage，以便能让图形框完全能显示图形文件。

(4) 点击图形框 pictureBox1，在对应的属性子窗口中设法产生鼠标相应事件的方法，注意是方法按钮，即点击属性子窗口中类似闪电的按钮“⚡”，就会出现 pictureBox1 控件的许多事件名，如 MouseDown 等，此时，双击这些事件名右边空白栏，就会产生相应的方法，如图 5. 9. 1 所示。

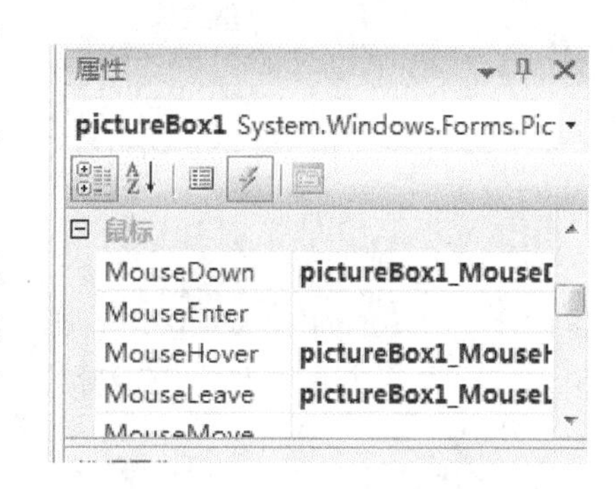

图 5.9.1 产生对应鼠标事件的方法图

(5) 在相应的方法中编写代码，详细代码如下：

```
public partial class Form1 : Form
    {
        int i;//类成员变量,用于第 i 张图片标记
        public Form1()
        {
            InitializeComponent();
        }
        private void Form1_Load(object sender, EventArgs e)//窗体加载时响应
        {
            i = 1;
            string pictStr = "p"+i.ToString()+".jpg";
            pictureBox1.Image = Image.FromFile(pictStr);
```

```
    }
    private void pictureBox1_MouseHover(object sender, EventArgs e)
    {  //鼠标移到图形上时响应的方法
        string st2="这是第"+i.ToString()+"张图片";
        label1.Text = st2;
    }
    private void pictureBox1_MouseDown(object sender, MouseEventArgs e)
    {//按下鼠标与按钮时响应的方法
        if (e.Button == MouseButtons.Left && i<5)
        {//按下鼠标左键同时图形未超过5张
            i++;
            string pictStr = "p" + i.ToString() + ".jpg";
            pictureBox1.Image = Image.FromFile(pictStr);
        }
        if (e.Button == MouseButtons.Right && i > 1)
        {//按下鼠标右键同时图形数未小于1张时
            i--;
            string pictStr = "p" + i.ToString() + ".jpg";
            pictureBox1.Image = Image.FromFile(pictStr);
        }
    }
    private void pictureBox1_MouseLeave(object sender, EventArgs e)
    {//鼠标移出图形时响应的方法
        label1.Text = "";
    }
}
```

图5.9.2 对应鼠标事件效果图

(6) 运行效果如图5.9.2所示。

2) 键盘事件

在C#.NET中和键盘相关的事件相对比较少，主要有三种："KeyDown"、"KeyUp"和"KeyPress"，其中：

KeyDown：在键按下时触发。(可获得一个KeyValue和KeyCode值)

KeyUp：在键弹起时触发。(可获得一个KeyCode值)

KeyPress：在键盘按下再弹起时发生。(它可获得KeyChar值)

如果是按回车键，则产生的KeyValue值为13，当然，按了某一个键都可以用相应的函数测试出来，具体的例如下：

例 5.8　设计一个 Windows 应用程序，用于测试所按的键。

设计步骤：

(1) 新建一个 Windows 项目后，在窗体上放置两个文本框对象 textBox1，textBox2，一个标签对象 label1。

(2) 点击文本框对象 textBox1，在对应的属性子窗口中设法产生键盘按键 KeyPress，KeyDown 相应事件的方法。

代码如下：

```
private void textBox1_KeyPress(object sender, KeyPressEventArgs e)
        {
            label1.Text = "你文本框 1 内按了:" + e.KeyChar + "键!";
        }
private void textBox2_KeyDown(object sender, KeyEventArgs e)
    {
        if (e.KeyValue==13)   // e.KeyCode==Keys.Enter 也可以
          {
            label1.Text = "你在文本框 2 内按了回车键!";
          }
    }
```

运行结果如图 5.9.3 所示：

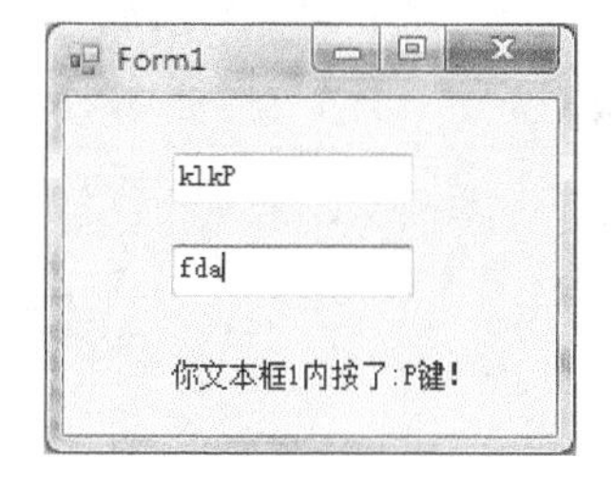

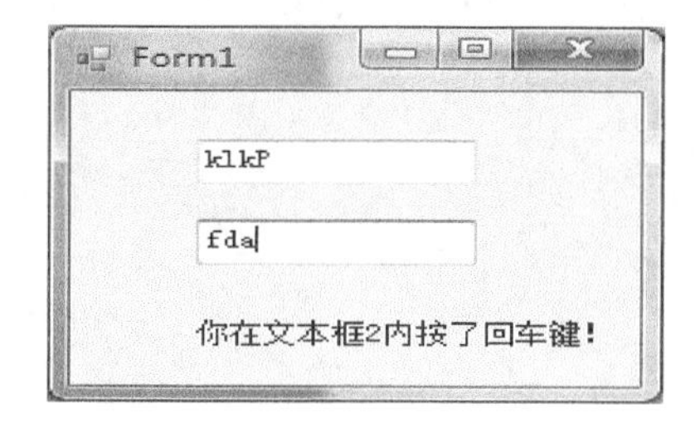

图 5.9.3　对应键盘事件图

5.10　习题

1. 数组有什么用途？

2. 一维数组、二维数组如何定义及初始化？

3. 字符串数组变量名与元素变量之间的关系如何体现？

4. 用 foreach 语句有什么优势？

5. 字符串常用的方法有哪些？

6. 从键盘输入一个字符串，按其相反顺序输出。

7. 编写一个程序，把由 10 个元素组成的一维数组从大到小排序后输出。

8. 编写程序，用 foreach 循环统计 4 行 4 列的二维数组中奇数的个数和偶数的个数。

9. 定义 4 行 4 列的二维数组，并执行初始化，然后计算该数组两条对角线上的元素值之和。

10. 实现字串加密。从文本框中输入一串字符，输出时要求每个字符前进两位，如输入字符串为"acE12"，则输出的是"ceG12"。

6

方　法

C#.NET 是面向对象程序设计语言,它没有全局常数、全局变量和全局方法,任何代码都必须封装在类中。一个类体包括两部分:一是用数据域来反映对象所处的状态;二是用方法来实现通过对象或类执行的计算或操作。

6.1 方法概述

"方法"是包含一系列语句的代码块,在其他一些高级语言中称为函数或过程。使用方法的目的是在程序设计中用来描述相对独立的功能,其中包含实现所述功能的一系列具体操作步骤。更复杂的功能通过调用一系列相对简单的方法来完成,这些简单方法的功能更加单一,结构更加简单易读。

使用方法的意义还在于,通过把方法作为类内部实现与外部调用环境之间的接口,实现了数据与程序代码的封装,隐藏了程序实现的细节问题,具有十分明显的模块化、参数化和结构化特征。在 C#.NET 中,每个执行指令都是在方法的调用中完成的。

6.2 方法的声明及定义

方法使用按照先声明后调用的原则。

方法在类或结构中声明,声明时需要指定访问级别、返回值、方法名称以及方法中要使用的参数。方法参数放在括号中,并用逗号隔开,如果只有空括号表示方法不需要参数。

常用声明方法的格式如下:

```
访问修饰符  返回类型  方法名(参数类型  参数);
```

如果在方法声明的同时给出方法执行的代码,称为方法的定义,方法定义格式如下:

```
访问修饰符 返回类型 方法名(参数类型 参数)
{
  语句序列;
```

```
    [return 返回值]
}
```

其中方法的第一行称为方法(函数)头部,说明方法(函数)的名字,应该返回什么类型的值,需要带入什么类型的参数,访问修饰符一般是 public,有时根据需要可以是 private, protected,static 等,而方法头部一行下面大括号内的内容称为函数体。

返回值的类型用于指定该方法计算结果返回值的类型,可以是任何数据类型。但必须与 return 返回值的数据类型一致。

如果在方法中不需要返回一个值,返回类型用 void,同时在方法中不需要语句[return 返回值]。

方法名是一个合法的 C#.NET 标识符。

在一个方法使用参数时,必须逐个参数都说明其类型,如果有多个参数,两个参数之间用逗号分隔,在方法声明时,这些参数为形式参数(形参),因为此时这些参数还没有具体的值,必须在调用时才知道具体的值。如果不需要传递参数,则在方法声明时方法名后面括号内可以不写任何东西,但括号不能少,调用方法时,也不需要在函数括号内加任何东西。

方法定义好后,必须调用才能起作用。调用方法时给出具体的值来调用方法,调用这些方法的具体值称为实际参数(实参)。

例 6.1 无参数无返回值的方法定义。

```
class Myclass
{
    public static void Start()
        {  int x=6,y=7;
           Console.WriteLine("{0}+{1}={2}",x,y,x+y);
        }
}
```

例 6.2 有参数无返回值的方法定义。

```
class Myclass
{
    public static void Append(int x)
        {  int y=8;
            Console.WriteLine("{0}+{1}={2}",x,y,x+y);
        }
}
```

例 6.3 有参数有返回值的方法定义。

```
class Myclass
{
```

```
public   static   int   Add(int x ,int y)
   {
     int z;
     if(x>y)z=x;
     else
      z=y;
     return z;
      }
}
```

6.3 方法的调用

方法之所以存在就是为了被调用！只有调用了方法才能完成方法实现的功能。

如果方法在声明或定义时有参数，在调用该方法时，必须把方法中的参数用实际的值代入来调用方法，此时方法中使用的参数是已经有具体的值，因此称为“实际参数”或“实参”。

调用方法分两种情况。

1）在同一个类中调用

(1) 如果无返回值的，直接用函数名(实参)进行调用。

例 6.4 方法定义及调用。

```
class myclass
  {
       public static void Start() //方法定义
     {  int x=6,y=7;
         Console.WriteLine("{0}+{1}={2}",x,x,x+y);
       }

       public static void Append(int x) //方法定义，此时 x 还没有具体值，为形参
       {  int y=8;
           Console.WriteLine("{0}+{1}={2}",x,y,x+y);
       }

     public static void Main()//主方法
     {
     int x=6,y=5;
     Start();//方法调用
     Append(x); //方法调用，实参调用，因为此时 x 已经有具体的值
     }
  }
```

(2) 如果方法有返回值,一般情况下,都是把返回值赋值给其他变量,以便下一步处理,当然,也可以把该方法的调用放到任何表达式中,只要类型符合表达式对应类型即可,下面例是两种调用方式:

```
public static void Main()
    {
    int x=6,y=5;
    y = Add(x, y);//直接调用,并把返回的值赋给变量 y
    Console.WriteLine("{0},{1}", y,Add( 7,8));//调用后的值作为另一个方法的实参
    }
```

2) 在不同类中调用

在不同类中调用时,首先生成类的一个对象,然后通过该对象进行调用,详细使用在后面的面向对象程序设计中讲述。

6.4 参数的传递

一个方法,基本上要使用参数,才能使调用方法的程序与方法内部进行数据传递与信息交换,才能最大限度地发挥方法的作用。

1) 通过方法中 return 返回值

要使方法在调用中使用参数,首先要在方法声明及定义时说明方法的参数型,并且要说明方法返回值的类型,使用如下格式进行定义:

```
访问修饰符 返回类型 方法名(参数类型 参数)
{  方法代码....;
    return 返回值;
}
```

调用时通过前面讲过调用的方式,把实际参数代入进行调用,这样的调用只能返回一个值。

例 6.5 求 m 到 n 之间素数的个数的方法,其中 m,n 从键盘输入。

分析:由于 m,n 这两个整数事先是不知道的,因此作为函数的参数,而最终是要得到一个正整数,因此,需要有一个返回值,方法的定义具体如下:

```
int p_num(int m, int n)
    {
        int count = 0;
        int i, j,t;
        if (m > n)
        {
```

```
        t = m; m = n; n = t;
    }
    for (i = m; i <= n; i++)
    {
        t = 1;
        for (j = 2; j < i; j++)
        {
            if (i % j == 0) t = 0;
        }
        if (t == 1) count++;
    }
    return count;
}
```

在程序代码调用该方法前，必须先得到 m,n 这两个变量的值，而后把这两个值代入到调用方法 p_num 对应的参数中，通过在方法内部计算后得到了统计出来的值，通过方法返回值代回到调用的地方，这样就完成了方法的调用，所以点击计算按钮调用方法 p_num 代码如下：

```
private void button1_Click(object sender, EventArgs e)
    {
        int m, n, num=0;
        m = int.Parse(textBox1.Text);
        n = int.Parse(textBox2.Text);
        if (m > 1 && n > 1)
            num = p_num(m, n);
        label3.Text = "素数个数为:" + num.ToString();
    }
```

运行结果如图 6.4.1 所示。

2) 通过方法中返回多个值

在方法中使用 return 语句中只能返回一个值，但在实际应用当中，有时必须返回多个值，比如说一组数中返回最大值及最小值，一组数排序后，返回排序后的结果等等，这时，在定义方法时，可以采用引用参数的传递方式，即在形参前面加 ref 或 out，调用方法时，相应的实参前也必须加 ref 或 out.

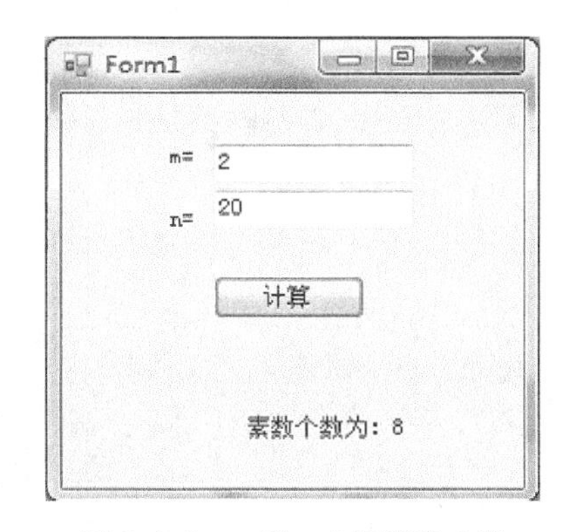

图 6.4.1 m 到 n 之间素数个数

例 6.6 从键盘上任意输入三个数，要求输出时从大到小排列。

方法定义如下：

```
void sort(ref int x, ref int y,ref  int z)
  {  int temp;
     if (x < y)
     {
        temp = x; x = y; y = temp;
     }
     if (y < z)
     {
        temp =y; y = z; z = temp;
     }
     if (x < y)
     {
        temp = x; x = y; y = temp;
     }
}
```

点击计算按钮调用方法代码如下：

```
private void button1_Click(object sender, EventArgs e)
  {
     int x, y,z ;
     x = int.Parse(textBox1.Text);
     y = int.Parse(textBox2.Text);
     z = int.Parse(textBox3.Text);
     sort(ref x,ref y,ref z);
     label4.Text=x.ToString()+" "+y.ToString()+" "+z.ToString();
  }
```

运行结果如图 6.4.2 所示：

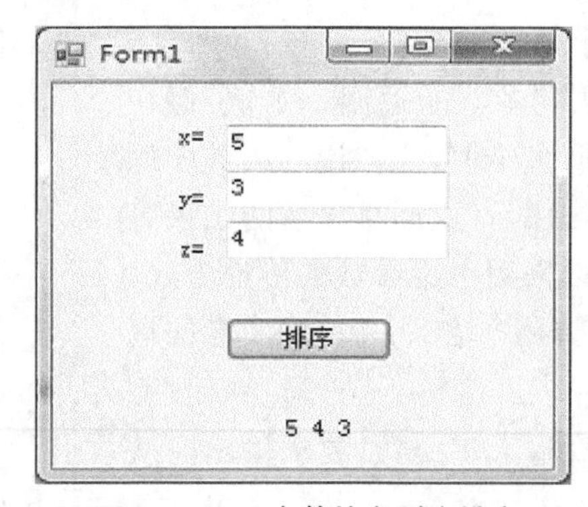

图 6.4.2　三个数从大到小排序

6.5 变量的生命期与作用域

C#.NET允许在任何块中声明局部变量。块以起始大括号开头，以闭合大括号结束。一个块定义一个作用域。因此，每次启动新的块时，都是在创建新的作用域。作用域不仅决定了哪些名称对程序的其他部分可见，还决定了局部变量的生命周期。

C#.NET中最重要的作用域是通过类和方法定义的作用域。类作用域将在本书后面介绍类时讨论。

通过方法定义的作用域以方法的起始大括号开始，以闭合大括号结束。然而，如果该方法有参数，这些参数也会包括在通过方法定义的作用域中。

一般而言，在一个作用域内声明的局部变量对于在该作用域外定义的代码不可见，即一个局部变量仅在其作用域内起作用，在该作用域外不能使用。因此，当在作用域中声明变量时，可以防止变量被作用域外的代码访问或修改。事实上，作用域规则为面向对象中的类封装提供了基础。

作用域可以嵌套。例如，每次创建一个代码块时，都在创建一个新的、嵌套的作用域。当发生这种情况时，外部作用域包含了内部作用域。这意味着在外部作用域中声明的局部变量将对内部作用域中的代码使用。然而，反之并不成立。在内部作用域中声明的局部变量对它外部的代码不可见，即超过该作用域则不起作用。通过下面代码加以说明：

```
using System;
class SDemo
{
 static void Main()
  {
    int x;
    x = 10;
    if(x == 10)
     {
       int y = 20;
       Console.WriteLine("x and y: " + x + " " + y);
       x = y * 2;
     }
    Console.WriteLine("x is " + x);
    Console.WriteLine("y is " + y);
    }
}
```

在上面代码中，Console.WriteLine("y is " + y);这一行会出错，因为y的定义是从if

语句下面的大括号“{”开始的，到最近的闭大括号“}”结束，代码超出这对大括号后，变量 y 就消失了。而 x 的作用范围是从 Main 方法开始定义，到 Main 方法结束，所以在整个 Main 方法中 x 都有效。

在 C#.NET 中，程序是通过不同的类实现的，一个类中有若干成员变量和若干个方法（函数）构成，在每个方法内部定义的变量，以及方法中的参数变量，都是局部变量，它们的作用范围仅限于该方法本身，通过下面的例来理解一下。

例 6.7　局部变量使用，注意变量 x，y 的变化。

```
class Program
   {
      static void   fn1(int x)
      {
          int y=10;
          x = x + 2;
          y=y+x;
          Console.WriteLine("fn1: x={0},y={1}",x,y);
      }
      static void fn2(int x)
      {
          int y =5;
          x = x + 3;
          y = y + x;
          Console.WriteLine("fn2: x={0},y={1}",x,y);
      }
      static void Main(string[] args)
      {
          int x = 3, y = 4;
          fn1(x);
          fn2(x);
          Console.WriteLine("Main x={0},y={1}",x,y);
      }
   }
```

运行结果：

```
fn1: x=5,y=15
fn2:x=6,y=11
Main:x=3,y=4
```

从上面例子来看，每个 x，y 的作用范围仅限于从其所在的方法中定义变量开始到本方法结束，同样在主方法 Main 也不例外，即 fn1，fn2，Main 三个方法的 x，y 都是各自自己定义使用，互不干涉，理解时可以把它们看作不同的变量名，主方法 Main 调用 fn1 及 fn2 方法时，只是把 x 的值 3 代入方法中，并不是把变量 x 代入方法中，这点特别要注意。

6.6 方法的递归调用

在一个方法内部如果有调用自身方法的操作，则被称为递归调用。在通常情况下，递归调用都是受到条件控制的，而且在被调用的过程中，会对调用条件进行修改，并最终达到结束递归调用并逐级返回。

递归算法一般都包含三个基本部分：

(1) 当前问题。

(2) 把当前问题转化为前一个问题，前一个问题又转化为前一个问题等等。

(3) 最前面的问题是可以解决的。

简单地说，要解决第 n 个问题时，可以通过解决前面的 n－1 个问题来进行，一步一步往前推，而第 1 个问题是已经解决了的，这样通过一系列确定的步骤而最终解决问题。

例 6.8　用递归实现阶乘 n! 的运算，其中 n 由键盘输入。

算法：

(1) 求 t(n)＝n!

(2) 转为下面一系列过程：

```
t(n)=n*t(n-1)
t(n)=n*(n-1)*t(n-2),…
```

(3) 而 t(1)＝1；

再逐步递推回去即可求得最终的值，具体代码如下：

```
class Program
  {
      static int  fact(int n)//定义阶乘方法
       {
          int t = 1;
          if (n == 1) t = 1;//n=1 的阶乘为 1
          else
              t = n * fact(n - 1);//n 的阶乘等于 n 乘以 n-1 的阶乘
          return t;
      }
      static void Main(string[] args)
      {
```

```
            int n,t;
            n=Convert.ToInt16( Console.ReadLine());
            t = fact(n);
            Console.WriteLine("{0}! ={1}", n,t);
        }
    }
```

运行时,输入6,结果:6! =720。

例6.9 判断一个字符串是否为回文字符串。所谓回文字符串是指一个字符串,如果该字符串倒过来读与原来的字符一样,如“abcba”,“123321”均为回文字符串,而“1231”则不是。

解决方法:先用递归方法把该字符反转的字符串求出来,再与原来的字符串比较,如果相同,则为回文字符串,否则不是。

用递归方法求一个字符串的反转字符代码如下:

```
string DoStrRev(string strTest)
{
  if (strTest.Length == 1)//只有一个字符时
     return strTest;
  string strResult = strTest.Substring(strTest.Length - 1, 1);
                                        //每次都求最后一个字符
  strResult += DoStrRev(strTest.Substring(0, strTest.Length - 1));
                                      //每次最后一个字符与前面反转的字符连接
  return strResult;
}
```

点击判断按钮的代码如下:

```
private void button1_Click(object sender, EventArgs e)
{
   string st, st1;
   st = textBox1.Text.Trim();
   st1 = DoStrRev(st);
   if(st==st1)
     label2.Text = st+"是回文字符串";
   else
     label2.Text = st + "不是回文字符串";
}
```

运行结果如图6.6.1所示:

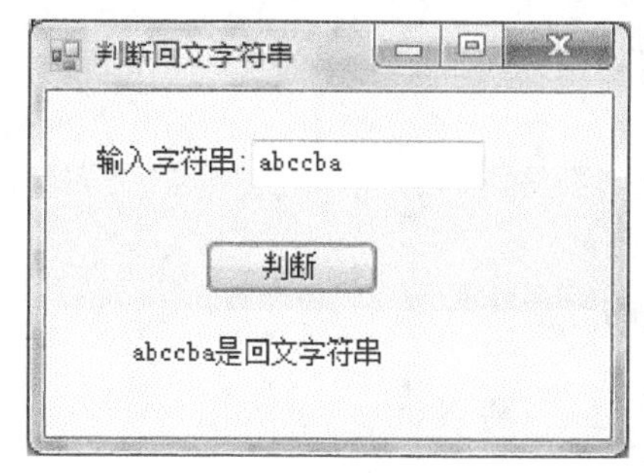

图 6.6.1　判断回文字符串

6.7　数组作为方法参数

在一个方法定义中，不仅普通变量可以作为方法的参数，一个数组也可以作为方法的参数，在调用时，用数组名带入方法作为实参即可。

定义一个一维数组作为方法的参数，格式如下：

```
访问修饰符 返回类型 方法名(参数类型[] 数组名)
{
  语句序列;
  [return 返回值]
}
```

如果要定义一个二维数组作为方法的参数，格式如下：

访问修饰符　返回类型　方法名(参数类型[,]　数组名)

```
{
  语句序列;
  [return 返回值]
}
```

用数组作为参数调用方法时，格式如下：

```
方法名(数组名)
```

例 6.10　求一组整数的平均值，并把这组数从小到大排序。

求一组数平均值的方法定义为：

```
static double fn(int[] a)//其中 a 为数组名，是形参
{
    double average = 0;
    foreach (int x in a)
        average = average + x;
```

```
    average = average / a.Length;
    return average;
  }
```

把一组数从小到大排序的方法为：

```
static void fn1(int[] a)//其中a为数组名,是形参
  {
    int i,j,t;
      for(i=0;i<a.Length-1;i++)
        for(j=i+1;j<a.Length;j++)
          if (a[i] > a[j])
            {
              t = a[i]; a[i] = a[j]; a[j] = t;
            }
  }
```

在下面的主方法Main中调用上面两个方法的代码如下：

```
static void Main(string[] args)
 {
   int[] a = { 13, 10, 6, 7, 3, 1, 8, 15 };
   double average = 0;
   average = fn(a);//通过数组名调用,此时a为实参
   Console.WriteLine("average={0}", Math.Round(average,3));
   fn1(a);//通过数组名调用,此时a为实参
   foreach (int x in a)
   Console.Write("{0} ", x);
 }
```

运行结果如下：

```
average=7.785
1 3 6 7 8 10 13 15
```

在上面的例子中，我们看到，通过第二个方法fn1使用数组名调用，可以把数组排序后的结果再代回来，因为数组作为方法参数调用时，是通过引用方式调用的，并不是简单的把数组中各元素的值代入函数的参数中。

例6.11 设计一个程序，从一个三行四列矩阵中的每一行中求出一个最大元素组成一个一维数组并输出该数组各元素之值。其中矩阵a如下：

$$\begin{pmatrix} 3 & 16 & 87 & 65 \\ 4 & 32 & 11 & 108 \\ 10 & 25 & 12 & 27 \end{pmatrix}$$

本题的编程思路是，设计一个方法 Maxrow，二维数组 a 作为方法参数，在方法 Maxrow 中，在数组 a 的每一行中寻找最大的元素，找到之后把该值赋予数组 b 相应的元素即可，在主方法中加以调用，这样主方法就变得相对简单，程序代码如下：

```
class Program
  {
     static void  Maxrow(int [,]a)//二维数组作为形参
     {
         int[] b=new int[3];
         int i,j,l;
         for(i=0;i<=2;i++)
         {
             l=a[i,0];
             for(j=1;j<=3;j++)
             if(a[i,j]>l) l=a[i,j];
             b[i]=l;
         }
       Console.WriteLine("array a:\n");
       for (i = 0; i <= 2; i++)
       {
           for (j = 0; j <= 3; j++)
           Console.Write("{0} ", a[i,j]);
           Console.WriteLine();
       }
       Console.WriteLine("\n array b:");
             for(i=0;i<=2;i++)
                 {
                 Console.WriteLine("{0}", b[i]);
                 Console.WriteLine("\n");
                 Console.ReadKey();
        }
         static void Main(string[] args)
         {
             int [,]a={{3,16,87,65},{4,32,11,108},{10,25,12,27}};
             Maxrow(a);//调用方法,数组 a 作为实参
         }
     }
  }
```

运行结果如图 6.7.1 所示：

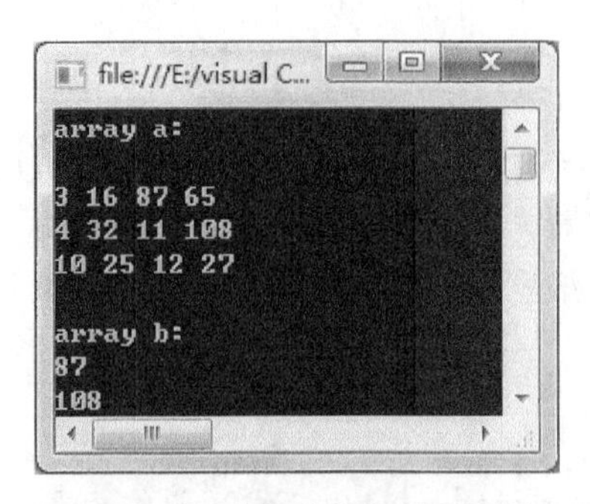

图 6.7.1　求矩阵每行的最大值

6.8　参数数组

在一个方法定义时，为了使参数更具有灵活性，还可以用 params 修饰符声明的参数是参数数组。在调用参数数组的方法时，既可以传递数组实参，也可以只传递一组具体的数据，但要注意不能将 params 修饰符与 ref 和 out 修饰符组合起来使用。

在方法中定义数组为参数数组时，定义格式为：

```
返回类型　方法名称(params　类型名称　[]数组名称)
{
  方法代码;
}
```

在一个方法调用中，允许以下列两种方式之一来为参数数组指定对应的参数：

(1) 赋予参数数组的参数可以是一个表达式，它的类型可以隐式转换为该参数数组的类型。在此情况下，参数数组的作用与值参数完全一样。

(2) 调用可以为参数数组指定零个或多个参数，其中每个参数都是一个表达式，它的类型可隐式转换为该参数数组的元素的类型。在此情况下，此方法调用创建一个长度对应于参数个数、类型与该参数数组的类型相同的一个数组实例，用给定的参数值初始化该数组实例的元素，并将新创建的数组实例用作实参，下面通过实例加以说明：

例 6.12　参数数组应用

```
using System;
class Test
{
  static void F(params int[] args) //在方法中定义参数数组
  {  int sum=0;
    Console.Write("Array contains {0} sum:", args.Length);//输出数组元素个数
```

```
        foreach (int i in args)
            sum=sum+i;
    Console.Write(" {0}", sum);//输出数组元素之和
    Console.WriteLine();//换行
  }
  static void Main()
  {
      int[] arr = {1, 2, 3, 4, 5, 6, 7};
      F(arr);//用数组名作方法参数
      F(10, 20, 30, 40);//用一组离散的数作为方法参数
      F();//使用 0 个参数调用方法
  }
}
```

运行后输出结果如下：

```
Array contains 7 sum: 28
Array contains 4 sum: 100
Array contains 0 sum:0
```

F 的第一次调用只是将数组 arr 作为值参数传递。F 的第二次调用自动创建一个具有给定元素值的 4 个元素的整形数组，并将该数组实例作为值参数传递。F 的第三次调用创建一个零个元素的整形数组并将该实例作为值参数传递。

6.9 习题

1. 在 C#编程时引进方法有什么作用？
2. 方法定义的格式是什么？
3. 在方法定义中的参数称为什么参数？在调用时用到的参数是什么参数？
4. 如果要返回值，在方法定义时必须加什么语句？
5. 阐述一下方法定义时的变量作用范围以及在一个语句中定义变量的作用范围。
6. 分别写两个方法，用于求一个字符串中字母的个数，一个字符串中数字的个数，然后分别调用这两个方法输出结果。
7. 求出 1 到 N 之间的质数的和：要求给出一个判断质数的方法来判断一个数是否是质数。
8. 定义一个方法，对一个给定的字符串，将第一个放到最后面，然后将每一个元素向前移动一个位置。
9. 分别编写方法求两个正整数的最大公约数和最小公倍数的方法。
10. 编写方法，输出 100—1 000 所有水仙花数。说明：水仙花数是指一个 3 位数，它的每个位上的数字的 3 次幂之和等于它本身(如 $153 = 1^3 + 5^3 + 3^3$)。

7

面向对象程序设计

早期计算机程序在阅读、理解和调试方面都比较困难,也不易维护与扩充,开发周期长、程序质量难控制,为了解决这些问题,Basic、Pascal、C 语言等高级语言采用了结构化程序设计方法,结构化设计思想的产生和发展奠定了软件工程的基础。

结构化程序设计的基本思想是:自顶向下,逐步求精,将整个程序结构划分成若干个功能相对独立的模块,模块之间的联系尽可能简单;每个模块用顺序、选择、循环三种基本结构来实现;每个模块只有一个入口和一个出口。结构化程序设计有很多优点:各模块可以分别编程,使程序易于阅读、理解、调试和修改;方便新功能模块的扩充;功能独立的模块可以组成子程序库,有利于实现软件复用等。所以,结构化程序设计方法与技术出现以后,很快被编程人员接受并得到广泛应用,对于小型程序和中等复杂程度的程序来说,它是一种较为有效的技术。

结构化程序设计方法以解决问题的过程作为出发点,其方法是面向过程的。它把程序定义为"数据结构+算法",程序中数据与处理这些数据的算法(过程)是分离的。这样,对不同的数据结构作相同的处理,或对相同的数据结构作不同的处理,都要使用不同的模块,这样的结果降低了程序的可维护性和可复用性。同时,由于这种分离,导致了数据可能被多个模块使用和修改,难于保证数据的安全性和一致性,对于复杂的、大规模的软件开发来说,它就不尽如人意了,因此,必须寻找一种更好的编程方法与技术。

7.1 面向对象概述

面向对象程序设计是在结构化程序设计的基础上发展起来的,它吸取了结构化程序设计中最为精华的部分,有人称它是"被结构化了的结构化程序设计"。

在面向对象程序设计中,对象是构成软件系统的基本单元,从相同类型的对象中抽象出共同的特征与行为得到新的数据类型,对象只是类的实例。类的成员中不仅包含有描述类对象属性的数据,还包含有对这些数据进行处理的程序代码(这些程序代码称为对象的行为或操作)。将对象的属性和行为放在一起作为一个整体的方法称为封装,它将对象的大部分行为的实现隐蔽起来,仅通过一个可控的接口与外界交互。

面向对象程序设计提供了类的继承性,可通过对一个基类的类增添不同的特性来派生出多种派生类的特殊类，从而使得类与类之间建立了层次结构关系，为软件复用提供了有效的途径。

面向对象程序设计支持多态性。多态性与继承性相结合，使不同结构的对象可以以各自不同的方式响应同一个消息。

软件系统中，对象与对象之间存在着一定的联系，这种联系通过消息的传递来实现。在面向对象程序设计中，消息表现为一个对象对另一个对象的行为的调用。面向对象程序设计的核心思想是数据的分解，着重点放在被操作的数据上而不是实现操作的过程上。它把数据及其操作作为一个整体对待，数据本身不能被外部过程直接存取。

面向对象程序设计思想的特点是：程序一般由类的定义和类的使用两部分组成，主程序中定义各个对象同时规定它们之间传递消息的规律，程序中的一切操作都通过向对象发送消息来实现，对象接收到消息后，调用有关对象的行为来完成相应的操作。用这种方法开发的软件可维护性和可复用性非常高。

支持面向对象的程序设计语言很多，目前较实用的面向对象程序设计语言有 C＋＋、Java，C＃. NET 等。

7.2 类与对象的声明

1）对象和类的概念

现实世界中的对象是我们认识世界的基本单元，世界就是由这些基本单元即对象组成的，如一个人、一辆车、一次购物、一次演出等等。对象可以很简单，也可很复杂，复杂的对象可由若干个简单对象组成，对象是现实世界中的实体。

现实世界中的类是对一组具有共同属性和行为的对象的抽象。如人这个类是由老人、小孩、男人、女人等个体的人构成，具体的某个人是人这个类的一个实例。类和对象的关系是抽象和具体的关系。

在面向对象方法中，对象是由描述其属性的数据以及定义在数据上的一组操作组成的实体，是数据单元和过程单元的集合体。如学生张明是一个对象，这个对象由描述他的特征的数据和他能提供的一组操作来描述：

对象名：张明

属性：年龄：23，性别：男，身高：175 厘米，体重：75 公斤，特长：排球运动，专业：信息与计算科学。

操作：能回答有关对自己的提问，能进行软件开发、维护、信息处理等。

这里的属性说明了“张明”这个对象的特征，操作说明了对象“张明”能做什么。

面向对象中的类是一组对象的抽象，这组对象有相同的属性结构和操作行为，并对这些属性结构和操作行为加以描述和说明。类是创建对象的样板，它没有具体的值和具体的操作，只有以它为样板创建的对象才有具体的值和操作。类用类名来相互区别。

对象和类的关系：一个对象是类的一个实例，有了类才能创建对象，如果给类中的属性和行为赋予实际的值以后，就会得到了类的一个对象。例如“人”这个类的描述为：

类名：人

属性：身份证号，姓名，年龄，性别，身高，体重，特长，专业等。

操作：回答提问，对外服务。

这里强调一点：在面向对象程序设计中，类只出现在源程序代码中，不会出现在正在内存运行的程序中，换句话说，类只是在编译时存在，为对象的创建提供样板。对象作为类的实例出现在内存运行的程序中，占有内存空间，是运行时存在的实体。

所以类实际上是一个新的数据类型，要使用它时，要在源程序中说明，而说明部分的代码是不在内存中运行的。在内存中运行的是类的对象，对象在内存中分派空间并完成计算任务，对象通过类来定义。在C#.NET中，把描述类的属性的数据称为数据成员，把描述行为的操作称为成员方法。

在C#.NET语言中，类的定义是包含在命名空间中，一个命名空间中可以定义若干个类，C#.NET类中有两种，一种是系统提供已经定义好的类，我们使用这些类时，必须在程序前面标明命名空间，如using System.Data等，这些类在.NET的框架类库中，我们通过这些类使用它们的属性与方法。

在Visual Studio.NET集成环境中，我们设计Windows应用程序时，工具箱中的每一个控件都是被图形文字化的可视的类，我们把这些控件拖到窗体上后，就变成了一个具体的对象，因为它的属性已经有具体的值，如控件名，位置，大小，颜色等等。

但用户的需求是千差万别的，当系统定义的类无法满足用户要求时，用户得自己定义这些类，本章主要围绕如何定义自己的类而展开讨论。

2) 类的定义

C#.NET用class关键字来定义类，定义格式为：

```
class 类名
{
 类体;
}
```

其中类名为合法的用户标识符，为表示数据类型(类类型)的名称，类体由类的数据成员和操作成员组成。

例如定义如下的一个教师类：

```
class Teacher
  {
     private string id; // 教师编号
     public string name; // 教师姓名
     public int age;      // 教师年龄
  }
```

这段代码定义了一个名为Teacher类，它有3数据成员，在这里为3个字段，其中字段id是私有的，该字段的作用域为Teacher，即只能在Teacher类内部的相关方法中使用，而字段name，字段age是公有的，这两个字段还可以在其他类中使用。

在类定义前面，还可以加关键字abstract(抽象)、public(公有)、sealed(密封)，默认为

public,该类可以生成对象,可以被继承,而 abstract 类不能生成对象,只能被继承,sealed 类可以生成对象,但不能被继承。另外类定义前面还可以加 partial 表示类的作用范围。

类中字段的访问类型除了 private(私有),public(公有)外,另外还有 protected(保护)类型,其中属于 private 的成员只能在类内部使用,这是类的一个重要特性,即封装性。而属于 public 的成员,则不仅在类内部使用,还可以供其他类使用。而属于 protected 的成员则除了类内部使用外,可以供其派生类使用,这一点后面会看到。

一个项目中可以有很多类,在一个类内可以通过定义另外类的对象来访问另一个类的字段与方法。在默认情况下,类声明为内部的,即只有当前项目(工作空间)中的代码才能访问它。

另外,还可以指定类是公共的,这些可以由其他项目中的代码来访问。为此,要使用关键字 public。

```
public class MyClass
    {
     类体;
    }
```

除了这两个访问修饰符关键字外,还可以指定类是抽象的(abstract,这种类型不能实例化,只能继承,可以有抽象成员)或密封的(sealed,该类不能被继承)。

3) 对象的声明与使用

有了上面的类型定义后,我们可以在另外类中声明该类的对象,声明类的对象的语法如下:

```
类名 对象名;
```

声明了对象后,该对象必须实例化才能使用,实例化对象格式如下:

```
对象名=new 类名();
```

也可以在声明对象的同时进行对象实例化,上面两步可以合成下列语句:

```
类名 对象名=new 类名();
```

如 Teacher t1=new Teacher();

对象的使用是通过其对象成员完成的,对象成员访问使用运算符“.”完成。例如:

```
t1.name="李文斌";
```

但在上面教师类的定义中,我们不能使用 t1.id="090016"对教师 t1 的 id 号赋值,因为字段 id 修饰符为 private,不能被外界访问(使用)。

如果有一个类型的两个对象,则可以使用一个对象为另一个对象整体赋值,如我们再定义一个教师,Teacher t2=new Teacher(),则可以 t2=t1;表明教师 t2 也拥有与教师 t1 一样的各种数据与操作。

例 7.1 创建一个 Windows 应用程序，定义一个教师类，该类包括编号，姓名，办公地址，然后在本项目的窗体类中使用该类定义并生成对象，最后显示对象的值。

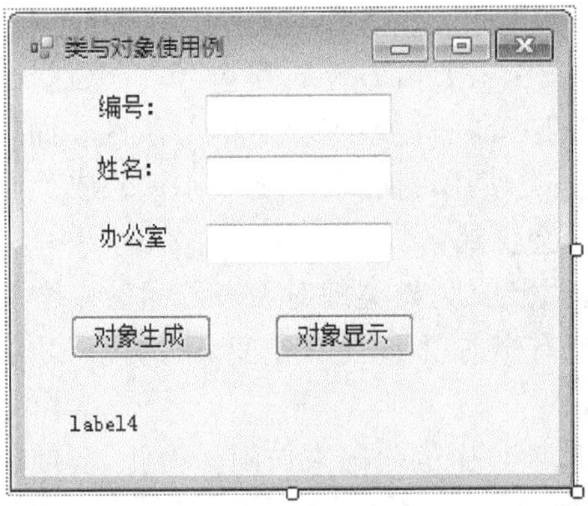

(1) 设计界面

如图 7.2.1 所示。

图 7.2.1 界面设置图

(2) 定义教师类

由于 C#.NET 要求在 Windows 应用程序中，每一个窗体都已经有了一个自己生成的类，应用程序自己生成的窗体类必须是文件 Form1.cs 文件中的第一个类(即要求排在命名空间的最开始位置)，因此，这里定义的教师类必须位于该类之后。打开代码设计图，在程序代码最后一个大括号"}"的上方，定义教师类，代码如下：

```
public class Teacher   //定义教师类
  {//下面是定义教师的相关字段
       public string id;
       public string name;
       public string office;
  }
```

(3) 设计代码

在代码窗口找到 Form1 类定义即 public partial class Form1: Form，在其下方在括号"{"下方声明教师类的一个对象，代码如下：

```
Teacher t1;
```

在设置"对象生成"按钮的 Click 事件代码如下：

```
private void button1_Click(object sender, EventArgs e)
    {
        t1 = new Teacher();//生成对象实例
      //下面是给教师对象 t1 的各个字段赋具体的值
        t1.id = textBox1.Text;
        t1.name = textBox2.Text;
        t1.office = textBox3.Text;
    }
```

设置"对象显示"按钮的 Click 事件代码如下：

```
private void button2_Click(object sender, EventArgs e)
    {
        label4.Text ="编号:"+t1.id+" 姓名:"+t1.name+" 办公室:"+t1.office;
    }
```

(4) 运行结果图如图 7.2.2 所示：

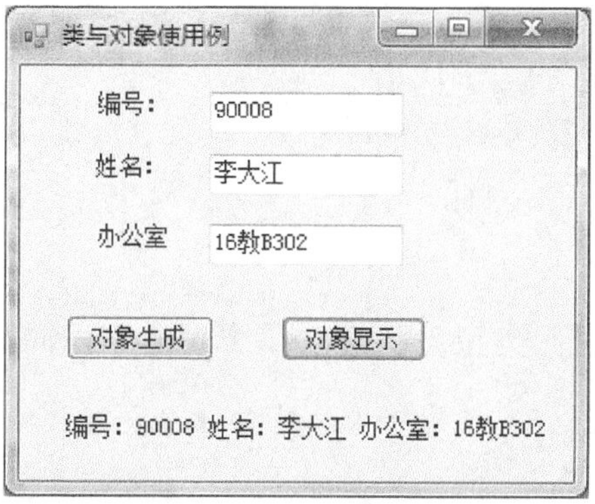

图 7.2.2 运行结果图

7.3 类的字段与属性

上面的例子中，teacher 类中所有字段都设为公有的(public)，在 teacher 类外面(即其他类里面)也能使用这些字段，然而面向对象设计和面向对象编程的一个主要特点是数据封装。数据封装意味着字段一般不会公开地对外提供，因为这样容易编写出不恰当使用字段的代码，从而破坏了对象的状态。

为了解决上面问题，C#.NET 中把类中的所有字段设为私有(private)，如果外界想对一些字段进行赋值与修改，需要在类中使用属性的方式来进行，再把属性设为 public。

每个属性都有一个名称和一个类型，属性的类型对应相关字段的类型。定义属性时，通常指定 get 和 set 两个过程(访问器)，必要时属性可以为类字段提供保护，如可以省略其中的任何一个方法而达到只读或只写的效果。属性与字段不同，属性不会自行分配任何存储区。虽然从用户使用应用程序角度来看，字段和属性好像没有区别，但在类中声明它们的方式不同，属性需要以修饰符 public，否则外界也不能访问。

在属性定义时需要使用 get 和 set 访问器。get 访问器用于返回属性值，基本等效于语法中的函数，set 访问器过程用于设置属性的值，它有参数 value，该参数的数据类型与对应字段的数据类型相同。每当属性值更改时，value 均会通过 set 传递相应的字段。

属性定义的格式为：

```
public 〈返回类型〉〈属性名〉
{
```

```
get
    {
    //get 访问器代码
    return 〈需要访问修改的字段名〉;
    }
set
    {
    //set 访问器代码
    〈需要访问修改的字段名〉=value;
    }
}
```

上面属性定义中要求返回类型与要修改和访问的字段同类型,而属性名不能与字段同名。

例 7.2 属性的定义与应用。

```
namespace example7_2
{
    public class userInfo  //userInfo 类定义
    {  //下面是字段定义,一般为私有 private
        private string id;
        private string name;
        private string school="数学学院";
        public string office;
        //下面是属性定义,一般为公有,每个属性对应上面一个字段
        public string Id
        {
            get
            {
              return id;//获取字段值
            }
            set
            {
              id=value;//给字段赋值,value 为特定的关键字
            }
        }
        public string Name
        {
```

```
            get
            {
              return name;
            }
            set
            {
             name= value;
           }
        }
        public string School
        {
            get
            {
              return school;
            }
        }
    }
    class Program
    {
        static void Main(string[] args)
        {
            userInfo u1=new userInfo();
            u1.Id = "80009";
            u1.Name = "赵中要";
            u1.office = "教 6302";
            Console.WriteLine("{0},{1},{2},{3}", u1.Id, u1.Name, u1.School,
u1.office);
        }
    }
}
```

程序运行结果为:8009,赵中要,数学学院,教 6302

例中 userInfo 类定义声明了三个字段 id,name,school,对应也设了三个属性 Id,Name,School,由于属性 School 只有访问器 get,因此通过它只能读取字段 school 的值,不能给字段 school 赋值,也不能修改它的值。

注意,决不能使用语句 u1. id = "8009"; u1. name = "赵中要"; 因为 id, name 是 private 的。

另外,属性不能在方法中作为引用 ref 或 out 的参数传递。

7.4 类的方法及方法重载

类的成员除了字段、属性外，还必须有方法即操作，才能实用，因为方法是类内部与外界(其他的类)交流的一种手段，也是响应外界或对外服务的一个窗口，由于类中的方法基本上要被外界访问，所以方法声明一般是 public 类型。

1) 方法的声明定义

方法在类中声明，声明时需要指定访问类型、返回值、方法名称以及方法参数。方法参数放在括号中，有多个参数时，用逗号隔开，只有空括号表示方法不需要参数。

声明方法的一般格式如下：

```
访问修饰符  返回类型  方法名(参数类型  参数);
```

如果在方法声明的同时给出方法执行的代码，称为方法的定义，方法定义格式如下：

```
访问修饰符  返回类型  方法名(参数类型  参数)
{
  语句序列;
}
```

如果方法有返回值时，在方法的代码中至少要有一个语句 return 来返回计算的值。

2) 方法的使用

上一章讲述了方法在类内部调用，本节主要强调方法在不同类中调用。方法在类外面(即本类之外的其他类)使用时，首先生成该类的一个对象(实例)，然后通过下面的格式调用：

```
对象名.方法名(参数);
```

例 7.3 方法在不同类中使用。

程序代码如下：

```
namespace example7_3  //命名空间
{
   class Test  //Test 类定义
   {
     private int x, y;//定义字段
     public void set(int a,int b)//定义 set 方法
     {
         x = a;
```

```
            y = b;
        }
        public int max() //定义 max 方法
        {
            if (x > y)
                return x;
            else
                return y;
        }
        public void average(int[] a) //定义方法 average
        {
            float av = 0;
            foreach (int x in a)
                av = av + x;
            av = av / a.Length;
            Console.WriteLine("the average= {0}", av);
        }
    }
    class Program   //定义 Program 类
    {
        static void Main(string[] args)//定义 Main 方法
        {
            Test t = new Test();//定义并生成类 Test 的一个对象实例 t
            int[] a = new int[] {1,2,3,4,5,6,7,8,9,10 };
            t.set(7, 9);//调用对象 t 的方法 set
            Console.WriteLine("the max= {0}", t.max());//调用对象 t 的方法 max
            t.average(a);//调用对象 t 的方法 average
        }
    }
}
```

运行后，屏幕显示：

the max=9

the average=5.5

上面例中有两个类，类 Test 中有两个私有字段 x，y，另有三个方法，都是公有的，方法 set 主要负责对字段 x，y 赋值，方法 max 负责求最大值，方法 average 则是求一组数的平均值。在 Program 类中的方法 Main 中，首先生成一个 Test 类的对象，然后通过这个对象调用相应的方法。

3）方法的重载

方法重载是让类以统一的方式处理不同类型数据的一种手段。在C#.NET中，语法规定同一个类中两个或两个以上的方法可以用同一个方法名，如果出现这种情况，那么该方法就被称为重载方法。当一个重载方法被调用时，C#.NET根据调用该方法的参数自动调用具体的方法来执行。对于方法的使用者来讲，这种技术是非常有用的。

决定方法是否构成重载有以下几个条件：

(1) 在同一个类中；

(2) 方法名相同；

(3) 参数列表不同，即参数个不同，或参数类型不同，或参数个数及类型都不同。

例7.4 方法的重载应用。

程序代码如下：

```
namespace example7_4
{
 class classM
 {
   public int max(int x, int y)//定义方法max,有两个整型参数
     {
         int z;
         z = x > y ? x : y;
         return z;
     }
 public  int max(int[] a)//方法重载,参数个数与上面不同
    {
        int m = a[0];
        foreach (int x in a)
           if (x > m) m = x;
        return m;
    }
}
class Program
{
   static  void  Main(string[] args)
    {
        int x = 8, y = 5;
        int[] a = { 1,5,3,2,9,4,7};
        classM t = new classM();
        Console.WriteLine("max={0} ", t.max(x, y));
```

```
            Console.WriteLine("a[]  max={0} ", t.max(a));
        }
    }
}
```

在上面例子中，类classM中有两个重载方法max，一个用于计算两个数的最大值，一个用于求一组数的最大值，它们的区别在于参数性质不同，调用时系统会自动根据参数的类型与个数来调用相应的方法，即运行的时候会自动根据实参的情况调用相应类型的方法。

7.5 静态成员

在一个类中，有些特性是整个类共有的，而不是某个对象自己的，如一个班级的班名、人数是这个班级类共有的，而不是某个学生的。此时，可以将这些成员设为静态的，一旦把这些成员设为静态后，在类外面调用这些成员时，不需要创建类的实例，就可以调用该类中的静态方法、字段、属性或事件。

如果创建了该类的实例，则不能使用实例来访问静态成员，必须通过类名来访问该静态成员。

7.5.1 静态数据成员

定义静态数据成员时，在其前面加关键字static，该成员属于整个类，而不属于类的任何一个实例。静态成员在类内部的方法中访问时，相应的方法也必须是静态的。静态成员在类外访问时，可以通过类名直接访问，而不能通过实例访问，例如下代码：

```
class classA
{
   public static string  AName;//静态数据成员
   public string sid;
}
class classB
{
 classA a;
 a.sid="98009";//通过对象访问
 classA.AName="数一班";//通过类名访问静态数据成员
}
```

7.5.2 静态方法

在一个类中，如果在一个方法前面加关键字static，则该方法为静态方法，同样它属于整个类，而不属于某个对象，使用静态方法的一个重要原因是有些方法需要在对象没有生成时调用，比如说某个大学在成立系时还没有学生，但需要有办公场所、打电话对外联系。

在一个类内部,如果一个方法是静态,且这个方法需要用到该类中的其他成员如字段、方法等,则这些被调用的字段与方法本身也应该是静态的。

在类外调用静态方法时,调用方法是通过类名进行的,格式为:

```
类名.静态方法(参数);
```

例 7.5 静态成员与静态方法的使用。

```
class Program
 {
     class Test //类定义
     {
         private int x;
         static private int y;//静态数据成员
         public void  Nt(int a) //定义非静态方法
         {
             x = a;//对
             y = a;//错,因为非静态方法访问了静态成员
         }
         public static void St(int a)//定义静态方法
         {
             x = a;//错,静态方法访问了非静态成员
             y = a;//对,静态方法只能访问静态成员
         }
         public static  void display1(int a)
         {
             St(a);//对
             Nt(a);//错,静态方法访问了非静态方法
             Console.WriteLine("{0}", x);//错,静态方法访问了非静态成员
             Console.WriteLine("{0}", y);//对,静态方法只能访问静态成员
         }
     }
     static void Main(string[] args)
     {
         int x = 6;
         Test t = new Test();
         t.Nt(x);//调用非静态方法,必须通过对象进行
         Test.display1(x);//调用静态方法,直接用类名调用
     }
 }
```

7.6 构造函数

在C#.NET中，有一类称为构造函数的特别方法。构造函数是一种特殊的成员方法，它主要用于为对象分配存储空间，对数据成员进行初始化，对构造函数有如下要求：

(1) 构造函数的名字必须与类同名；

(2) 构造函数没有返回类型，它可以带参数，也可以不带参数；

(3) 构造函数的主要作用是完成对类的对象初始化工作；

注意，构构函数不能显式调用，它在创建一个类的新对象（使用new关键字）实例时，系统自动调用该类的构造函数并初始化新对象。

如果用户没有定义构造函数，则系统会有一个默认的构造函数，它仅负责对象生成。注意一旦类有了自己的构造函数，无论是有参数还是没有参数，默认构造函数都将无效，而且仅仅声明一个类而不实例化它，则不会调用构造函数。

例 7.6 构造函数实例。

```
namespace example7_6
{
    class Test
    {
        private int x;
        private int y;
        public  Test(int a,int b) //定义构造函数，注意不能有返回类型及 void
        {
            x = a;
            y = b;
        }
        public  void add()
        {
            int z;
            z = x + y;
            Console.WriteLine("{0}+{1}={2}", x,y,z);
        }
    }
    class Program
    {
        static void Main(string[] args)
        {
            Test t = new Test(8, 9);//自动构造对象并调用构造函数
```

```
                t.add();
            }
        }
}
```

7.7 类的继承

为了提高软件模块的可复用性和可扩充性，以便实现软件的开发效率，我们总是希望能够利用前人或自己以前的开发成果，同时又希望在自己的开发过程中能够有足够的灵活性，不拘泥于复用的模块。C#.NET这种完全面向对象的程序设计语言提供了两个重要的特性：继承性和多态性。

继承是面向对象程序设计的主要特征之一，它可以重用代码，以节省程序设计的时间。继承就是在类之间建立一种相交关系，使得新定义的派生类的实例可以继承已有的基类的特征和能力，而且可以加入新的特性或者是修改已有的特性建立起类的新层次。

在C#.NET中，被继承的类叫基类或父类，而继承后产生的类称为派生类或子类。在派生类中，可以直接使用(继承)基类中访问属性为public、protected的成员。

派生类定义格式如下：

```
访问属性  类修饰符 class 派生类:基类
{
  类体;
}
```

其中类体可以是从基类中public、protected继承的成员，也可以是自己新增加的成员，还可以把基类继承过来的成员进行修改。

例7.7 交通工具继承。

```
namespace example7_7
{
        class Vehicle //定义交通工具(汽车)类，基类
        {
        protected int wheels; //保护成员：轮子个数
        protected float weight ; //保护成员：重量
        public void set(int w,float g)//方法, public 性质
        {
        wheels = w ;
        weight = g ;
        }
```

```
        protected void disp()//方法,protected 性质
        {
          Console.WriteLine("wheels={0}", wheels);
          Console.WriteLine("weight={0}",weight);
          Console.WriteLine( "交通工具" ) ;
        }
      }
    class Car:Vehicle //定义轿车类,为派生类,从基类汽车类中继承
    {
     int passengers ; //派生类自己的私有成员:乘客数
     public void setCar(int w , float g , int p)//派生类自己的方法
     {    set(w,g);//继承基类的方法
          passengers=p ;
     }
    public void subdisp()//派生类自己的方法
     {
          disp();//使用基类的方法,不须通过对象调用,属于继承父类的方法
          Console.WriteLine("小汽车乘客数={0}", passengers);
     }
    }
    class Program
    {
        static void Main(string[] args)
        {
          Car c1 = new Car();//生成派生类的对象
          c1.setCar(4, 2000, 5);//通过对象调用派生类的方法
          c1.subdisp();
        }
    }
}
```

Vehicle 作为基类,体现了“汽车”这个类具有的公共性质:汽车都有轮子和重量,并提供了设置及显示方法。Car 类继承了 Vehicle 的这些性质,并且添加了乘客数的特性,可以搭载指定乘客数,从上面程序代码来看,只要在基类有的东西,属于可继承的(public 及 protected),派生类 Car 中直接就可以使用。

7.8 多态性

多态性是指相同的操作或方法可用于多种类型的对象,并获得不同的结果。如果多个

子类继承同一个父类，不同子类的相同的方法可能有不同的表现形式并得到不同的结果。多态性允许每个对象以适合自身的方式去响应相同的消息，多态性增强了软件的灵活性和重用性。

多态性是通过继承来实现的。在C#.NET中，多态性通过派生类覆写基类中的虚函数型方法来实现。

为了使其派生类具有多态性，在基类相应的方法中，必须增加一个virtual修饰符，而在相应的派生类中，在与基类同名的方法前加一个重载修饰符override，表明该方法是派生的，且具有多态性。

例7.8 交通工具多态性。

```
namespace example7_8
{
    public class Vehicle //基类
    {
        public virtual void display(string st)//定义基类的虚方法
        { //基类方法,加virtual允许派生类多态
            Console.WriteLine("{0}是一个交通工具!", st);
        }
    }
    public class Car : Vehicle   //派生类Car
    {
      public override void display(string st)
      {   //派生类方法,加override说明该方法在派生类中具备多态性
            Console.WriteLine("{0}是一辆汽车!", st);
       }
    }
    public class Airplane : Vehicle //派生类 Airplane
    {
        public override void display(string st)
          {  //派生类方法,加override说明该方法在派生类中具备多态
            Console.WriteLine("{0}是一架飞机!", st);
          }
    }
    class Program
    {
        static void Main(string[] args)
        {
            Vehicle ve1 = new Vehicle();//定义派生类对象
```

```
            Car ca1 = new Car();//定义派生类对象
            Airplane air1 = new Airplane();
            ve1.display("HTC");
            ca1.display("HTC");
            air1.display("HTC");
            }
        }
    }
```

运行结果如图 7.8.1 所示：

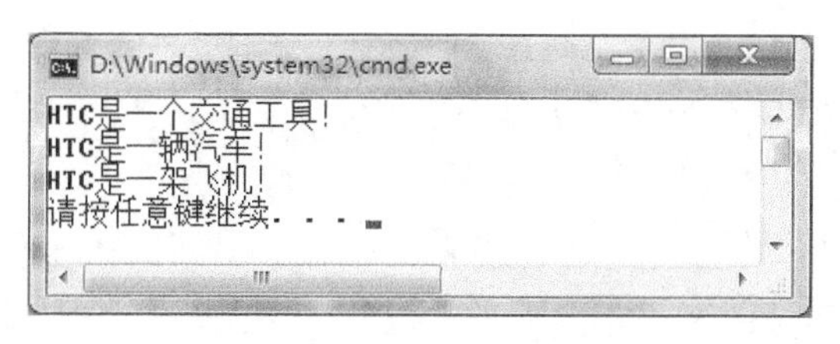

图 7.8.1 多态程序运行结果

从上面的程序来看，基类及派生类都使用方法 dispaly()显示相关信息，由于在程序中使用了多态技术，所以，不同类的对象在调用同一方法时，程序会自动寻找相应类的方法来动态执行不同的程序，从而达到了多态的效果。

7.9 C#.NET 常用数据类型转换方法

在使用 C#编程时，经常用到各种类型的变量及常量，而在一些运算时要求它们的类型必须保持一致，因此就涉及不同类型的数据转换问题。

在 C#.NET 语言中，变量的值类型转换常使用有三种做法：

(1) 强制转换

即在转换的量前面加类型名，并用括号括起来，如(int)变量名称；

(2) 通过相应数据类型的静态方法 Parse 转换

例如把数字字符转为整型，用 int.Parse(字符串变量名称)；

(3) 通过静态类 Convert 的 To 方法转换

Convert.To 类型(变量名称)；

下面分别通过实例说明：

(1) 强制转型(casting)：强制转换可能会让浮点数无条件舍去，失去精确度，该方法无法处理 string 型转 int 型，不可用来处理 char 类型，否则传回的是 ASCII 码，而不是字面上的数字。

```
例：int x=18;
    double y;y=(double)x;
```

(2) 用相应数据类型的静态方法 Parse 进行转换，常用的有：

```
int.Parse(字符串变量名称);
double.Parse(字符串变量名称);
float.Parse(字符串变量名称);
```

其中括号内字符型变量的值要求与要转换类型形式上保持一致，如：

```
double y= double.Parse("123.763");
```

(3) 使用静态类 Convert 的 To 方法转换，如：

```
Convert.ToInt(字符串变量名称);
Convert.ToInt32(字符串变量名称);
Convert.ToSingle(字符串变量名称);
Convert.ToDouble(字符串变量名称);
Convert.ToChar(字符串变量名称);
Convert.ToString(字符串变量名称);
```

这些转换同样要求括号内字符型变量的值与要转换类型形式上保持一致，如：

```
float x;
x=Convert.ToSingle(Console.ReadLine());
double y=(double)135.67;
labele1.Text=Convert.ToString(y);
```

7.10 习题

1. 结构化程序设计有什么优点与不足？
2. 面向对象程序设计的主要思想是什么？
3. 使用面向对象程序设计有什么优势？
4. 如何定义一个类？
5. 类中的字段与属性有什么区别与联系。
6. 什么是构造函数？构造函数有什么要求？
7. 什么叫类的继承与派生？什么叫多态性？
8. 编写一个控制台应用程序，完成下列功能：
(1) 创建一个类 A，在构造函数中输出“A”，再创建一个类 B，在构造函数中输出“B”。
(2) 从 A 派生出一个名为 C 的新类，并在 C 内创建一个类 B 的成员 b，不要为 C 创建构造函数。
(3) 在 Main 方法中创建类 C 的一个对象，写出运行程序后输出的结果。

9. 编写一个控制台应用程序，完成下列功能，并写出运行程序后输出的结果。

(1) 创建一个类 A，在 A 中编写一个可以被重写的带 int 类型参数的方法 MyMethod，并在该方法中输出传递的整型值加 10 后的结果。

(2) 再创建一个类 B，使其继承自类 A，然后重写 A 中的 MyMethod 方法，将 A 中接收的整型值加 50，并输出结果。

(3) 在 Main 方法中分别创建类 A 和类 B 的对象，并分别调用 MyMethod 方法。

10. 编写出一个通用的人员类(Person)，该类具有姓名(Name)、年龄(Age)、性别(Sex)等字段。然后对 Person 类的继承得到一个学生类(Student)，该类能够存放学生的 5 门课的成绩，并能求出平均成绩，要求对该类的构造函数进行重载，至少给出三个不同的构造函数形式，最后编程对 Student 类的功能进行验证。

8

Windows 高级界面设计

在 Windows 应用程序设计中，界面设计是应用程序最基本的工作。目前微软 Windows 操作系统在微机中占主导地位，最主要的原因是 Windows 操作系统采用图形化的界面设计。

与控制台应用程序的基本结构类似，Windows 应用程序的执行总是从 Main()方法开始，该方法在应用程序文件夹下的 Program. c 文件 Program 类中，其中在 Main()方法中的语句 Application. Run(new Form1())表明程序运行时，启动的第 1 个窗体为窗体类 Form1 生成的窗体对象。如果在有多个窗体的应用程序中，要设定某一个窗体作为第 1 个启动的窗体，就必须改变该语句的 new Form1()参数。Windows 应用程序使用图形界面，一般至少有一个窗口(Form)，Windows 采用事件驱动方式工作，程序设计模型如图 8. 0. 1 所示：

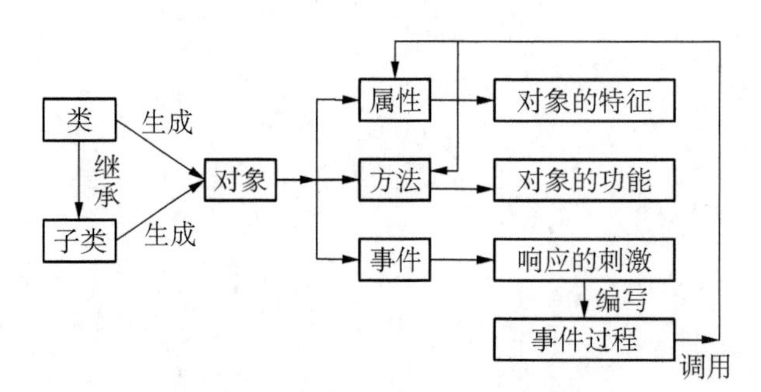

图 8.0.1　windows 程序设计模型

利用 Visual C#. NET 编制 Windows 应用程序的过程可归结成以下几个步骤：

(1) 利用窗体设计器及工具箱的控件设计应用程序界面。

(2) 设计窗口和各个控件的属性。

(3) 给窗体或相关控件绑定事件，然后编写事件方法代码。

在设计过程中，至少用到下面几个术语：

(1) 属性：属性是类或对象的一种成分，它反映类创建的对象的特征，如一个控件的长、宽、位置、边框颜色，文字大小等。

(2) 事件：事件是类的成分，它决定了对象的行为特征，如点击按钮是一个事件，鼠标移到图形上也是一个事件。

(3) 响应事件的方法：即事件驱动的程序设计，如上面点击按钮对应的方法为：

```
private void button1_Click(object sender, EventArgs e)
{
 程序代码;
}
```

8.1 主菜单的设计

复杂一些的 Windows 应用程序都有菜单，通过选择菜单的不同菜单选项，来完成不同的功能。从工具栏中拖动菜单控件 MenuStrip 到窗体上，便开始菜单设计，如图 8.1.1 所示。

图 8.1.1 菜单设计

菜单一般包括若干顶级菜单项，例如"文件"、"编辑"、"帮助"等。单击顶级菜单项，在标有"请在此处键入"的地方输入名称便可以添加菜单选项，弹出菜单中包含若干菜单项，例如单击"文件"顶级菜单项，其弹出菜单一般包括"打开…"、"保存…"、"另存为…"等菜单项，用鼠标单击菜单项，可以执行菜单项命令。有的菜单项还包括子菜单。

所有菜单项都可以有快捷键，即菜单项中带有下划线的英文字符，当按住 ALT 键后，再按顶级菜单项的快捷键字符，可以打开该顶级菜单项的弹出菜单。弹出菜单出现后，按菜单项的快捷键字符，可以执行菜单项命令。

增加快捷键的方法是在菜单项的标题中，在要设定为快捷键的英文字符前边增加一个字符"&"，例如，菜单项的标题为：打开文件(&O)，则菜单项的显示效果为：打开文件(O)。菜单项还可以有加速键，一般在菜单项标题的后面显示，例如，"打开…"菜单项的加速键是 Ctrl+O。不打开"菜单"，按住 Ctrl 键后，再按"O"键，也可以执行打开文件命令。设定加速键的方法是修改菜单项的 ShortCutKeys 属性。还可以输入"-"作为菜单之间的分隔线。

菜单中的菜单项是 ToolStripMenuItem 类对象，其常用的属性和事件如下：

(1) 属性 Checked：布尔变量，为 true，表示菜单项被选中，其后有标记：√。

(2) 属性 ShortCutKeys：指定的加速键，可从属性窗口该属性后的下拉列表中选择。

(3) 属性 ShowShortCutKeys：布尔变量，true(默认值)，表示显示加速键，false，不显示。

(4) 属性 Text：菜单项标题。如果字符为"-"，为分隔线。

(5) 事件 Click：单击菜单项事件。

例 8.1 通过菜单改变标签中文字的颜色。

设计步骤如下：

(1) 建立新项目。在窗体上放置一个 Label 控件 label1，并改变 label1 的文字属性 Text。再从工具箱上拖一个菜单 MenuStrip 控件到窗体上，在顶级菜单项中输入"颜色"，在一级菜单中分别输入"红色"、"黑色"、"蓝色"、"退出"等。

(2) 双击标题为"红色"的菜单项，使其产生点击(Click)事件，在其处理函数内输入代码如下：

```
private void 红色ToolStripMenuItem_Click(object sender,EventArgs e)
{
  label1.ForeColor=Color.Red;  //改变字体颜色为红色
}
```

(3) 双击标题为“黑色”的菜单项,使其产生点击(Click)事件,在其处理函数内输入代码如下:

```
private void 黑色ToolStripMenuItem_Click(object sender,EventArgs e)
{
  label1.ForeColor=Color.Black; //改变字体颜色为黑色
}
```

(4) 双击标题为“蓝色”的菜单项,使其产生点击(Click)事件,在其处理函数内输入代码如下:

```
private void 蓝色ToolStripMenuItem_Click(object sender,EventArgs e)
{
  label1.ForeColor=Color.Blue; //改变字体颜色为蓝色
}
```

(5) 双击标题为“退出”的菜单项,使其产生点击(Click)事件,在其处理函数内输入代码如下:

```
private void 退出ToolStripMenuItem_Click(object sender,EventArgs e)
{
  Close();          //退出程序
}
```

(6) 编译运行,单击标题为“红色”或“黑色”菜单项,能改变标签字符串颜色。运行效果如图8.1.2所示:

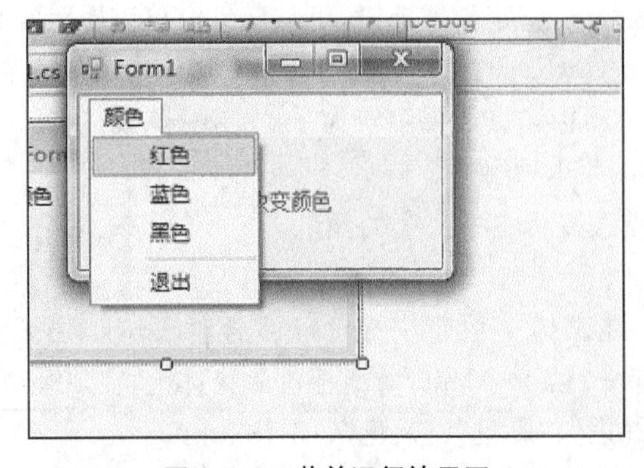

图8.1.2 菜单运行效果图

8.2 RichTextBox 控件

RichTextBox 文本框控件不仅允许用户输入和编辑文本，同时提供了比普通的 TextBox 控件更高级的格式特征。RichTextBox 控件可以使用控件的方法（LoadFile 和 SaveFile）直接读取和保存文件，RichTextBox 控件支持几乎所有的 TextBox 控件中的属性、方法和事件，如 MaxLength 属性、MultiLine 属性、SelectAll()方法等。

除了 Name 属性外，RichTextBox 控件常用的属性和方法如下：

(1) MaxLength 属性：用于获取或设置在 RichTextBox 控件中能够键入或者粘贴的最大字符数。

(2) MultiLine 属性：用于获取或设置 RichTextBox 控件的文本内容是否可以显示为多行。MultiLine 属性有 true 和 false 两个值，默认值为 true，即默认以多行形式显示文本。

(3) ScrollBars 属性：用于设置文本框是否有垂直或水平滚动条，它有七种属性值：

None：没有滚动条；
Horizontal：有水平滚动条；
Vertical：具有垂直滚动条；
Both：既有水平滚动条又有垂直滚动条；
ForceHorizontal：不管文本内容多少，始终显示水平滚动条；
ForceVertical：不管文本内容多少，始终显示垂直滚动条；
ForceBoth：不管文本内容多少，始终显示水平滚动条和垂直滚动条。其默认值为 Both，显示水平滚动条和垂直滚动条。

(4) Anchor 属性：用于设置 RichTextBox 控件绑定到容器（例如窗体）的边缘，绑定后 RichTextBox 控件的边缘与绑定到的容器边缘之间的距离保持不变。可以设置 Anchor 属性的四个方向，分别为 Top、Bottom、Left 和 Right，以控制 RichTextBox 控件绑定到容器的四个边缘，如果容器是窗体的话，那么 RichTextBox 控件的大小随窗体大小的改变而改变。

(5) SelectedText 属性：用于选定 RichTextBox 文本框中的所有内容，使用的格式如下：

```
RichTextBox 控件名.SelectedText
```

(6) LoadFile()方法：用于将磁盘上指定文件的文件内容加载到 RichTextBox 文本框控件中并显示，使用的格式如下：

```
RichTextBox 控件名 .LoadFile(文件名，文件类型);
```

(7) SaveFile()方法：用于 RichTextBox 文本框控件中的内容保存到指定的文件中，使用的格式如下：

```
RichTextBox 控件名 .SaveFile(文件名，文件类型);
```

(8) Undo()方法:用于撤销 RichTextBox 控件中的上一个编辑操作。

```
RichTextBox 控件名 . Undo();
```

(9) Copy()方法:用于将 RichTextBox 控件中被选定的内容复制到剪贴板中,使用的格式如下:

```
RichTextBox 控件名. Copy();
```

(10) Cut()方法:用于将 RichTextBox 控件中被选定的内容移动到剪贴板中,使用的格式如下:

```
RichTextBox 控件名. Cut();
```

(11) Paste()方法:用于将剪贴板中的内容粘贴到 RichTextBox 控件中光标所在的位置,使用的格式如下:

```
RichTextBox 控件名. Paste();
```

(12) SelectAll()方法:用于选定 RichTextBox 控件中的所有内容,使用的格式如下:

```
RichTextBox 控件名. SelectAll();
```

例 8.2 建立一个 Windows 程序,利用 RichTextBox 控件可以打开指定文件,并能把 RichTextBox 控件的文字内容保存在指定文件中,利用 RichTextBox 控件查找与替换 RichTextBox 控件中的文字。

界面设计:新建一个 Windows 应用程序后,在窗体上布置 Label、TextBox、RichTextBox、Button 等相关控件,并设置相关属性,布置界面图如图 8.2.1 所示:

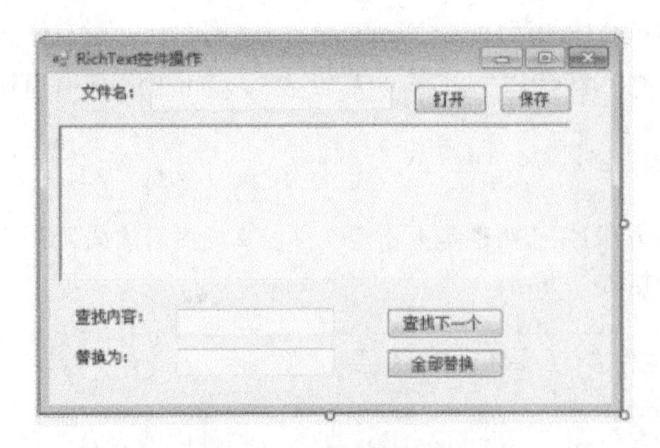

图8.2.1 界面设计图

代码设计:为了方便操作,在窗体类中设计一个 int 类型的字段 Position,用于标明查找字符串的位置,具体代码设计如下:

```
private void button1_Click(object sender, EventArgs e)//打开文件
{
  richTextBox1. LoadFile(textBox1. Text,  RichTextBoxStreamType. RichText);
                                        //打开文件,把内容读入 richTextBox1 中
}
private void button4_Click(object sender, EventArgs e)//保存文件
{
  if (richTextBox1. Modified)//如果文档的内容发生了变化
    {
    richTextBox1. SaveFile(textBox1. Text, RichTextBoxStreamType. RichText);
                                      //保存 richTextBox1 中的内容到磁盘文件中
    richTextBox1. Modified = false;//把 Modified 属性值设为 false
    MessageBox. Show("已保存");
    richTextBox1. Focus();//为 richTextBox1 设置焦点
    }
}
private void button2_Click(object sender, EventArgs e)//查找
 {
  string str1;//存放要查找的文本
  str1 = textBox2. Text;//获取要查找的文本
  Position = richTextBox1. Find(str1, Position, RichTextBoxFinds. MatchCase);
                                                  //查找下一个
  if (Position == -1)  //如果返回值是-1,表示没有找到
   {
    MessageBox. Show("已查找到文档的结尾", "查找结束对话框");
                            //显示查找结束对话消息框
    Position = 0;//查找位置赋值为 0,从头开始查找
  }
  richTextBox1. Focus();//为 richTextBox1 设置焦点
}
private void button3_Click(object sender, EventArgs e)//替换
{
  string str1,str2;//存放要查找的文本和要替换的文本
  str1=textBox2. Text ;//获取要查找的文本
  str2=textBox3. Text ;//获取要替换的文本
Position=richTextBox1. Find(str1,Position,RichTextBoxFinds. MatchCase);
                                                      //查找下一个
if (Position ! = -1)
    richTextBox1. SelectedText=str2;//替换
}
```

运行效果图如图 8.2.2 所示：

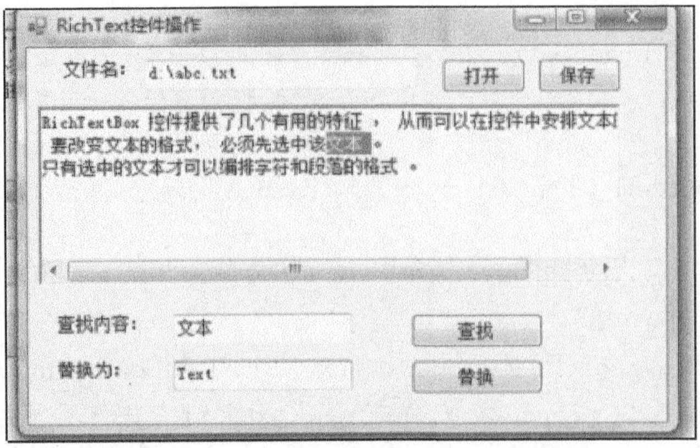

图 8.2.2　RichTextBox 控件运行效果图

8.3　弹出式菜单的设计

在 Visual C#.NET 编程环境中，提供了 ContextMenuStrip 控件，也称为弹出式菜单或快捷菜单或上下文菜单，它是 ToolStripMenuItem、ToolStripComboBox、ToolStripSeparator 和 ToolStripTextBox 对象的容器，在设计快捷菜单时，需要通过可视控件(或者 Form 本身)的 ContextMenuStrip 属性将 ContextMenuStrip 类绑定到该控件上，多个控件可共同使用一个 ContextMenuStrip 控件。

我们在使用 Word 程序时，在 Word 程序窗口的不同的对象或位置单击鼠标右键，会出现不同的弹出菜单，这个弹出菜单叫快捷菜单。快捷菜单(ContextMenuStrip)与菜单的属性、事件和方法基本一致，只是快捷菜单没有顶级菜单项，因此这里就不多介绍了。下面通过实例介绍如何为应用程序增加快捷菜单。

例 8.3　弹出式菜单应用，接上面的例，要求运行时选中 RichTextBox 控件中的文字后，右击鼠标键，在弹出的选项中选中不同的字体字号菜单项后，选中的文字就改变为所选的字体字号。

具体实现步骤如下：

(1) 接上面的例设计后，从工具箱上拖一个 ContextMenuStrip 控件到窗体上，该控件并未显示在设计窗体上，而是显示在设计窗体下方，选中它，可以设计该控件的相关属性与方法，设 Name 属性为 contextMenuStrip1。

(2) 选中 contextMenu1 控件，用菜单编辑器增加标题为“宋体 12 号”、“楷体 16 号”、“黑体 20 号”的三个菜单项。

(3) 将 RichTextBox 控件的属性 ContextMenuStrip 指定为 contextMenuStrip1。

分别双击 contextMenuStrip1 菜单的三个菜单项，编写对应的代码如下：

```
private void 宋体 ToolStripMenuItem_Click(object sender, EventArgs e)
{
```

```
   richTextBox1. SelectionFont = new Font("宋体", 12, richTextBox1. Font. Style);
                                  //设字体为宋体 12 号
}
private void 楷体 ToolStripMenuItem_Click(object sender, EventArgs e)
{
richTextBox1. SelectionFont = new Font("楷体", 16, richTextBox1. Font. Style);
                                //设字体为楷体 16 号
}
private void 黑体 ToolStripMenuItem_Click(object sender, EventArgs e)
{
 richTextBox1. SelectionFont = new Font("黑体",20, richTextBox1. Font. Style);
                                //设字体为黑体 20 号
}
```

(4) 编译,运行的效果如图 8.3.1 所示:

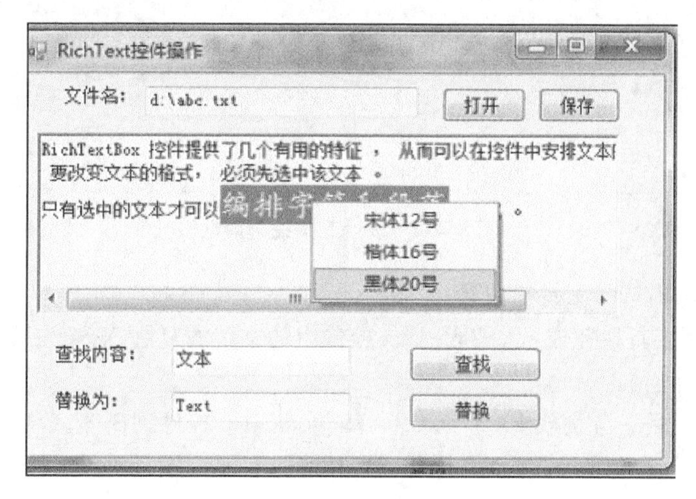

图 8.3.1 弹出式菜单运行效果图

8.4 工具栏设计

Windows 应用程序一般都有一个工具栏,工具栏的按钮一般为菜单的某一菜单项的快捷按钮,单击工具栏按钮相当于单击相应菜单项,以此来完成单击菜单项同样的功能,使用工具条的好处是直观,操作方便。

从工具箱上把 ToolStrip 控件拖到窗体上便在窗体增加了一个工具栏,同时在窗体下方增加了一个相应的工具栏图标。在工具栏中可以放置 Button、Label、TextBox、ComboBox、ProGressBar 等控件,例如编写字处理程序时,在工具栏中增加 ComboBox 控件,从 ComboBox 控件下拉列表中选择字号、字体。

位于窗体上的工具栏按钮右上角上有一个小三角形图标，用户通过该按钮可以编辑工具栏，还可以插入工具栏的标准项。

除了 Name 属性外，控件 ToolStrip 常用的属性如下：

(1) 属性 Items：添加工具栏按钮属性。单击属性窗口中该属性后边标题为"…"的按钮，打开"项集合编辑器"对话框如图 8.4.1。从图中 ComboBox 控件的下拉列表中可以选择 Button、Label、TextBox、ComboBox、ProGressBar 等控件，单击"添加(A)"按钮，可以为工具栏添加所选控件。选中左侧列表框中显示的已添加到工具栏中的控件，可以在右侧属性列表中修改其属性。通过属性 Image 值设定一个图形文件，指定工具栏按钮的图标。

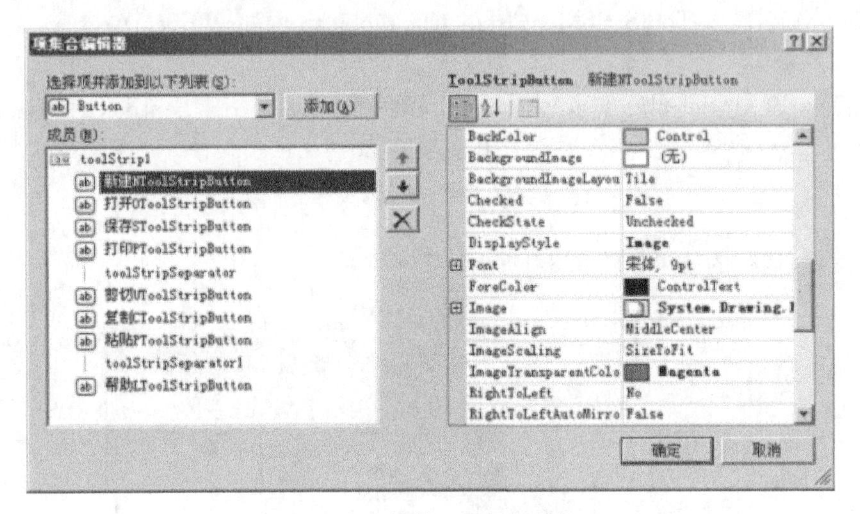

图 8.4.1　设计工具栏对话框

(2) 属性 Dock：选择工具栏位置。

例 8.4　用工具栏完成 RichTextBox 控件中的文字的复制、剪切、粘贴等工作。

设计步骤如下：

(1) 建立新项目。分别放 RichTextBox 和 ToolStrip 控件到窗体。单击 ToolStrip 控件右上角标题为一小三角形的按钮，将打开一窗体，单击"插入标准项"按钮，自动增加标准工具栏按钮如图 8.4.2 所示：

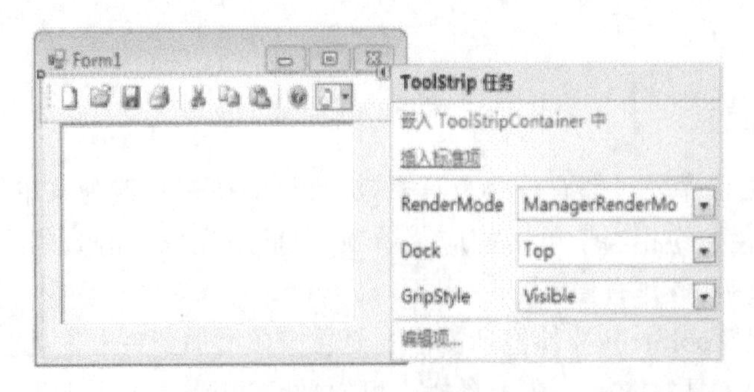

图 8.4.2　设计工具栏

(2) 工具栏中的按钮都是独立的控件，选中工具栏中的按钮，属性窗体将显示该控件的属性和事件。双击某个按扭可为按钮增加事件处理方法。

(3) 相关代码如下：

```
private void 剪切UToolStripButton_Click(object sender, EventArgs e)
{
  richTextBox1.Cut();
}
private void 复制CToolStripButton_Click(object sender, EventArgs e)
{
  richTextBox1.Copy();
}
private void 粘贴PToolStripButton_Click(object sender, EventArgs e)
{
  richTextBox1.Paste();
}
```

(4) 运行后，与 Word 操作方法一样，选中文字后，点击工具栏中的相应按钮可进行文字的复制、剪切、粘贴等操作。

8.5 状态栏设计

Windows 应用程序的状态栏一般用来显示一些信息，如时间、鼠标位置等等。

从工具箱上把状态栏控件 StatusStrip 拖到窗体上，便给窗体增加了一个状态栏，同时在设计窗体下面增加了一个状态栏图标。在状态栏中可以放置 SplitButton、StatusLabel、DropDownButton、ProGressBar 等控件。单击属性窗口中状态栏控件属性 Items 后边标题为“…”的按钮，打开“项集合编辑器”对话框如图 8.5.1。从图中 ComboBox 控件的下拉列表中可以选择放到状态栏中的控件，单击“添加”按钮，可以为状态栏添加控件。选中左侧列表框中显示的已添加到状态栏中的控件，可以在右侧属性列表中修改其属性。

为使状态栏长度保持一定距离，可修改属性 AutoSize=false，修改属性 Size 为指定值。StatusLabel 用来在状态栏显示字符，只要修改其 Text 属性即可修改显示的字符。

例 8.5 为窗体增加状态栏，在状态栏中显示系统时间和鼠标位置在 RichTextBox 控件中文字的第几行第几列位置。

设计步骤如下：

(1) 建立新项目。放置 StatusStrip 控件到窗体，单击属性窗口中状态栏控件属性 Items 后边标题为“…”的按钮，打开“项集合编辑器”对话框如图 8.5.1 所示，从图中 ComboBox 控件的下拉列表中选择 StatusLabel，单击“添加”按钮，为状态栏添加两个 StatusLabel 控件。修改属性 AutoSize=false，修改属性 Size.Width=100，属性 Text 暂时为空。

(2) 拖放一个计时控件 Timer 到窗体，修改其 Name 属性为“timer1”，属性 Interval 设为“1000”，Enabled 属性设为“true”。

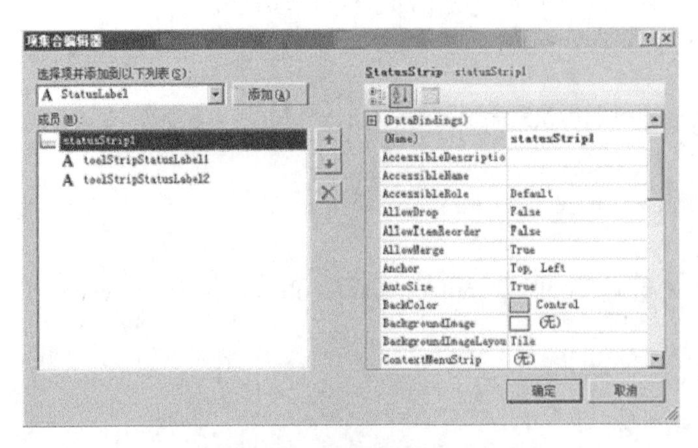

图 8.5.1 设计状态栏对话框

(3) 为 timer1 的 Tick 事件增加事件处理方法,并编写代码如下:

```
private void timer1_Tick(object sender, EventArgs e)
{
 toolStripStatusLabel1.Text = DateTime.Now.ToString();//第一栏显示时间
 int index = richTextBox1.GetFirstCharIndexOfCurrentLine();
                    //得到当前行第一个字符的索引
 int line = richTextBox1.GetLineFromCharIndex(index) + 1;
                  //得到当前位置的行号
 int col = richTextBox1.SelectionStart - index + 1;
/*得到当前位置的列号,SelectionStart 得到光标所在位置的索引减去当前行第一个字
符的索引=光标所在的列数(从 0 开始)*/
 toolStripStatusLabel2.Text = "行 " + line;
 toolStripStatusLabel2.Text =toolStripStatusLabel2.Text + "列 " + col;
}
```

(4) 编译运行,在第 1 栏中可以看到当前时间,光标在 RichTextBox 控件文字区移动时,在第 2 栏中可以看到显示光标所在的行列位置,如图 8.5.2 所示:

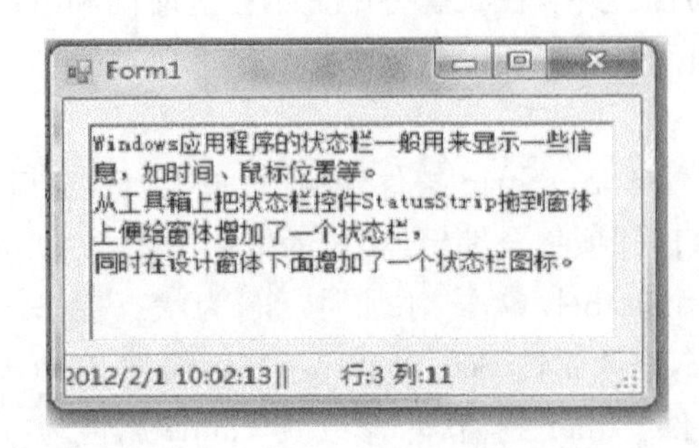

图8.5.2 状态栏应用

8.6 通用对话框

为了编写代码方便，减轻程序员的负担，C#.NET 还提供了一些通用对话框控件，里面包括了大量的操作代码，本节主要讲述打开文件对话框、保存文件对话框、字体对话框、颜色对话框。

8.6.1 打开文件对话框

打开文件对话框 OpenFileDialog 控件会非常方便地找到指定的文件名，我们在操作 Word 时使用菜单中“文件”→“打开”弹出的界面就非常熟悉。

1) OpenFileDialog 控件的常用属性

Title 属性：该属性用来获取或设置对话框标题，默认值为空字符串("")。

Filter 属性：该属性用来获取或设置当前文件名筛选器字符串，该字符串决定对话框中出现的选择内容。

FilterIndex 属性：该属性用来获取或设置文件对话框中当前选定筛选器的索引。

FileName 属性：该属性用来获取包含在打开文件对话框中选定的文件名的字符串。

InitialDirectory 属性：该属性用来获取或设置文件对话框显示的初始目录，默认值为空字符串("")。

ShowReadOnly 属性：该属性用来获取或设置一个值，该值指示对话框是否包含只读复选项框。

ReadOnlyChecked 属性：该属性用来获取或设置一个值，该值指示是否选定只读复选框。

Multiselect 属性：该属性用来获取或设置一个值，该值指示对话框是否允许选择多个文件。

FileNames 属性：该属性用来获取对话框中所有选定文件的文件名。每个文件名都既包含文件路径又包含文件扩展名。

RestoreDirectory 属性：该属性用来获取或设置一个值，该值指示对话框在关闭前是否还原当前目录。

2) OpenFileDialog 控件的常用方法

常用方法有两个：OpenFile 和 ShowDialog 方法。本节只介绍 ShowDialog 方法，该方法的作用是显示通用对话框界面，以供用户进行选择文件，其一般调用格式如下：

```
通用对话框对象名.ShowDialog();
```

8.6.2 保存文件对话框

保存文件对话框 SaveFileDialog 控件也具有 FileName、Filter、FilterIndex、InitialDirectory、Title 等属性以及 ShowDialog 方法，这些属性与方法的作用与 OpenFileDialog 对话框控件基

本一致。

例 8.6 编写一个类似于写字板的简易文本编辑器，通过工具栏中的打开按钮可以把指定的文件内容打开并显示在 RichTextBox 控件中，点击保存按钮便把 RichTextBox 中的文字内容保存在指定的文件中。

设计步骤：

(1) 建立一个 Windows 应用程序项目。分别放 RichTextBox 和 ToolStrip 控件到窗体。单击 ToolStrip 控件右上角标题为一小三角形的按钮，将打开一窗体，单击“插入标准项”，自动增加标准工具栏按钮。

(2) 分别拖动一个打开文件对话框 OpenFileDialog 控件，一个保存文件对话框 SaveFileDialog 控件到窗体上，这两个控件并不在窗体中显示，而在设计窗体的下方显示，通过点击它们可以设置各种属性。

(3) 双击工具栏中的打开文件按钮，在对应的事件处理函数内输入的代码如下：

```
private void 打开OToolStripButton_Click(object sender, EventArgs e)
 {
    string fstr="";//要打开的文件名
    openFileDialog1.Filter = "文本文件|*.txt";//只选择打开文本文件
    if (openFileDialog1.ShowDialog() == DialogResult.OK)
    {  //如果要打开的文件确实存在
      fstr = openFileDialog1.FileName;
      richTextBox1.LoadFile(fstr,RichTextBoxStreamType.PlainText);
                                    //文件内容以文本形式装入并显示
      }
 }
```

(4) 双击工具栏中的保存文件按钮，在对应的事件处理函数内输入的代码如下：

```
private void 保存SToolStripButton_Click(object sender, EventArgs e)
 {
   string fstr = "";//要保存的文件名
   saveFileDialog1.Filter = "文本文件|*.txt";//只选择保存文本文件
   if (saveFileDialog1.ShowDialog() == DialogResult.OK)
                //如果要保存的文件名确实存在
   {
      fstr =  saveFileDialog1.FileName;
      richTextBox1.SaveFile(fstr, RichTextBoxStreamType.PlainText);
          //内容以文本形式保存到磁盘文件中
   }
 }
```

8.6.3 字体对话框与颜色对话框

在一般的文字处理软件中，我们常常要改变字体与文字的颜色，为了设计方便，C#.NET 提供了字体对话框 FontDialog 控件与颜色对话框 ColorDialog 控件。

FontDialog 控件的主要属性如下：

(1) Font 属性：该属性是字体对话框的最重要属性，通过它可以设定或获取字体信息。

(2) Color 属性：该属性用来设定或获取字符的颜色。

(3) MaxSize 属性：该属性用来获取或设置用户可选择的最大磅值。

(4) MinSize 属性：该属性用来获取或设置用户可选择的最小磅值。

(5) ShowColor 属性：该属性用来获取或设置一个值，该值指示对话框是否显示颜色选择框。

(6) ShowEffects 属性：该属性用来获取或设置一个值，该值指示对话框是否包含允许用户指定删除线、下划线和文本颜色选项的控件。

ColorDialog 控件的主要属性如下：

(1) AllowFullOpen 属性：该属性用来获取或设置一个值，该值指示用户是否可以使用该对话框定义自定义颜色。

(2) FullOpen 属性：该属性用来获取或设置一个值，该值指示用于创建自定义颜色的控件在对话框打开时是否可见。

(3) AnyColor 属性：该属性用来获取或设置一个值，该值指示对话框是否显示基本颜色集中可用的所有颜色。

(4) Color 属性：该属性用来获取或设置用户选定的颜色。

字体对话框 FontDialog 控件与颜色对话框 ColorDialog 控件都提供了方法 ShowDialog()，用于交互操作。

例 8.7　为上一个例的简易文本编辑器增加设置字体和文字颜色的功能。

设计步骤：

在简易文件编辑器中再增加两个按钮，设置它们的图标文件 Image，把它们的显示文字设为【字体】和【颜色】，然后分别从工具箱上拖字体对话框 FontDialog 控件与颜色对话框 ColorDialog 控件到窗体中，此时设计窗体下方会出现这两个控件。

相关的程序代码如下：

```
private void toolStripButton1_Click(object sender, EventArgs e)//字体设置
  {
       if (fontDialog1.ShowDialog() == DialogResult.OK)
          richTextBox1.SelectionFont = fontDialog1.Font;
  }
private void toolStripButton2_Click(object sender, EventArgs e)//颜色设置
  {
     if (colorDialog1.ShowDialog() == DialogResult.OK)
        richTextBox1.SelectionColor = colorDialog1.Color;
  }
```

运行结果如图 8.6.1 所示：

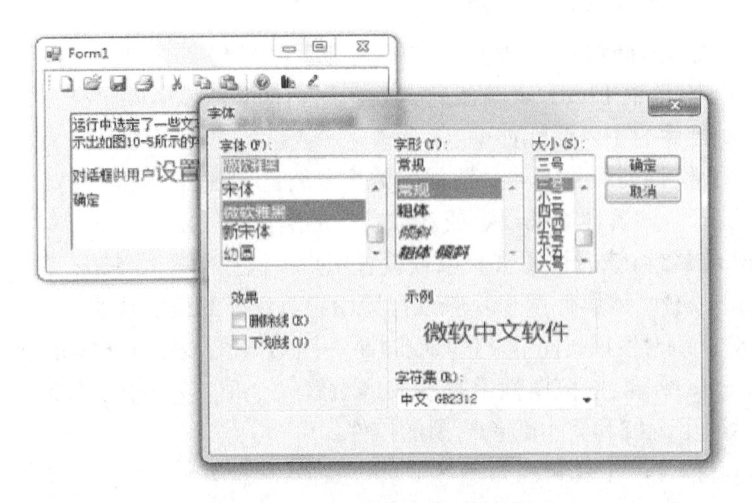

图 8.6.1 字体及颜色对话框应用

程序运行后，选定了一些文本后，单击【字体】按钮将显示出如图 8.6.1 所示的【字体】对话框供用户设置字体，选择某种字体后按【确定】按钮，设置的字体将应用于当前选定的文本上。依此类推，选定文本后单击【颜色】按钮将会出现【颜色】对话框，选择颜色后按【确定】按钮，选中的颜色将应用于当前选定的文本上。

8.7 消息框

在 Windows 应用程序中，为提高于用户的交互能力，消息框被大量使用。消息框一般用于程序运行过程中显示提示或信息。C#.NET 有不同格式的消息框，还可以自己定义消息框。

1) 消息框

C#.NET 中通过 MessageBox 类实现消息框的定义，该类提供了静态方法 Show 显示消息框，系统提供实现消息框有三种常用的形式：

(1) 用于显示指定文本的消息框，格式如下：

```
MessageBox.Show("文本内容");
```

(2) 显示指定文本和标题的消息框，格式如下：

```
MessageBox.Show(string1, string2);
```

其中第一个 string1 参数用于显示文本信息，第二个 string2 参数用于显示消息框的标题。如在程序中编写代码如下：

```
MessageBox.Show("大家晚上好!","问候");
```

（3）显示具有指定文本、标题和按钮选项的消息框，格式如下：

```
MessageBox.Show("文本内容","消息框标题",显示的按钮);
```

其中显示的按钮通过下面的属性确定：

- AbortRetryIgnore：消息框包含“中止”、“重试”和“忽略”按钮。
- OK：消息框包含“确定”按钮。
- OKCancel：消息框包含“确定”和“取消”按钮。
- RetryCancel：消息框包含“重试”和“取消”按钮。
- YesNo：消息框包含“是”和“否”按钮。
- YesNoCancel：消息框包含“是”、“否”和“取消”按钮。

例如要判断用户是否选了“Yes”按钮，并执行相应的操作，可以用如下语句：

```
DialogResult r=MessageBox.Show("文本内容","消息框标题",MessageBoxButtons.
YesNo)
if(r==DialogResult.Yes)
{
 MessageBox.Show("你选择了确定按钮!");
}
```

2）自定义对话框

在 Windows 编程过程中，往往出现要求显示信息量大或特定样式的消息框（对话框），此时需要用户自定义消息框完成。

其实消息框也是一个窗体，只是该窗体不能改变大小，也没有最大最小化工具栏等。在应用程序中添加自定义的对话框方法如下：

（1）添加 Windows 窗体。

（2）修改该窗体的属性和名称。修改窗体的 FormBorderStyle 属性为 FixedDialog。设置 Contral、MinimizeBox、MaximizeBox、ShowInTaskar（工具栏显示）的属性为 false。

（3）添加按钮，实现对话框按钮的功能。可以根据窗体的 AcceptButton 和 CancelButton 属性来获取对话框中用户选择按钮返回值。

例 8.8 自定义对话框改变标签字体与颜色。窗体上有一个按钮与一个标签，要求程序运行后，点击按钮，弹出一个自定义对话框，自定义对话框内有两个选择按钮，分别是 Yes，No，点击 Yes 按钮，自定义对话框消失，标签的文字的字体与颜色已改变，点击 No 按钮，则只是自定义对话框消失。

设计步骤：

（1）新建一个 Windows 应用程序，此时已有一个窗体 Form1，在窗体上放置一个按钮 button1 和一个标签 label1，并设置相关文字。

（2）右击窗体右边的解决方案资源管理器中项目名称，在弹出的菜单中选择新建窗体，添加一个新窗体 Form2，把窗体 Form2 作为自定义对话框窗体，适当调整该窗体的大小，并设置该窗体的 FormBorderStyle 属性为 FixedDialog，同时设置 Contral、MinimizeBox、

MaximizeBox、ShowInTaskar(工具栏显示)的属性为false。

(3) 在Form2窗体上放置一个标签及两个按钮button1,button2,设置该窗体的AcceptButton属性值为button1,CancelButton属性值为button2。

(4) 设置button1按钮的DialogResult属性值为Yes,button2按钮的DialogResult属性值为Cancel。

(5) 对窗体Form2的button1点击按钮事件编写代码如下:

```
private void button1_Click(object sender, EventArgs e)
  {
    this. AcceptButton. DialogResult = DialogResult. Yes;
  }
```

(6) 对窗体Form1的button1按钮点击事件编写代码如下:

```
private void button1_Click(object sender, EventArgs e)
  {
    Form2 dlg = new Form2();
    if (dlg. ShowDialog(this) == DialogResult. Yes)
     {
     label1. Font = new Font("黑体", 15);
     label1. ForeColor = Color. Red;
     }
  }
```

程序运行后,先弹出如图8.7.1的主窗体。

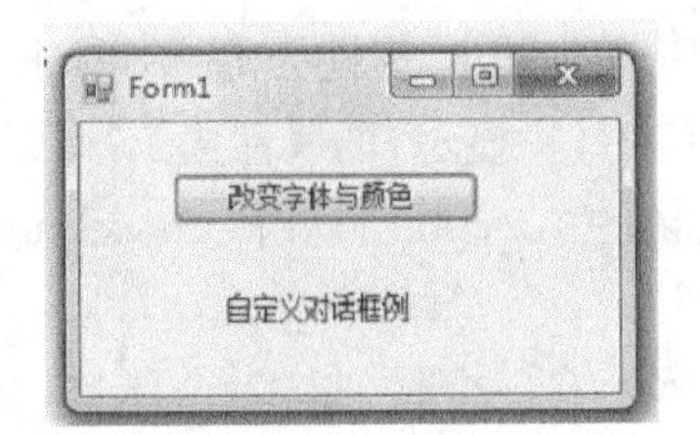

图8.7.1 主窗体

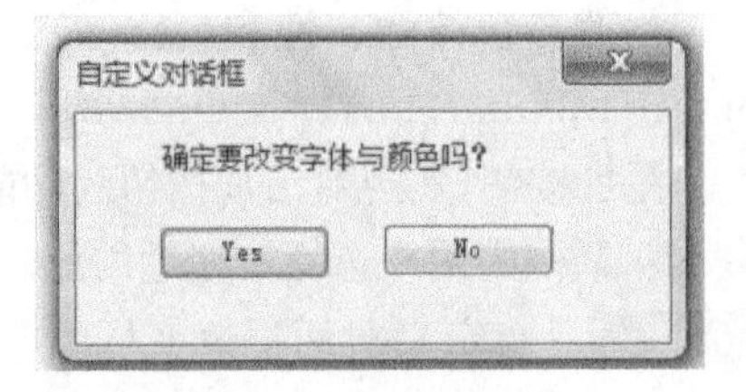

图8.7.2 自定义窗体

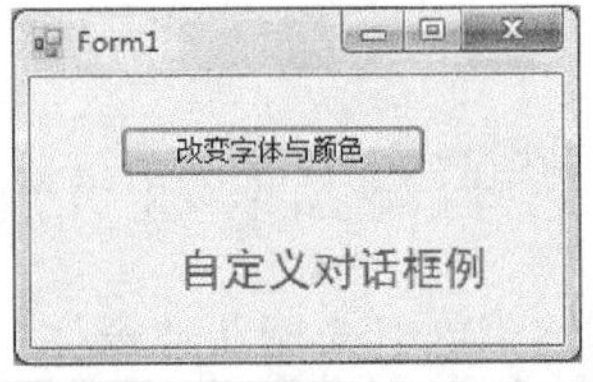

图8.7.3 改变后的主窗体

点击改变字体与颜色按钮后,弹出自定义窗体,如图8.7.2所示。

在弹出的自定义窗体中,点击Yes按钮,自定义窗体消失,返回主窗体,主窗体标签的文字大小及颜色均已改变,如图8.7.3所示。

8.8 多选项卡

多选项卡 TabControl 在 Windows 应用程序中也经常使用，尤其在信息量大的时候，通过选项卡适当分类，会使软件应用层次分明，例如我们在使用 Word 编辑时，工具菜单中选项采用的就是多选项卡，在用 C#. NET 进行 Windows 设计时，把 TabControl 控件从工具箱上拖到窗体上便可以开始多选项卡设计，TabControl 控件最重要的属性是 TabPages，它包含单独的选项卡。每个单独的选项卡是一个 TabPage 对象。单击选项卡时，将为相应的 TabPage 对象引发 Click 事件，下面通过实例说明多选项卡的应用。

例 8.9 用多选项卡设计餐厅点菜的菜谱。

设计步骤：

(1) 新建一个 Windows 应用程序，在窗体上放置一个 TabControl，选中该选项卡后，点击其属性 TabPages 后面的省略号(…)，弹出 TabPage 集合编辑器，如图 8.8.1 所示：

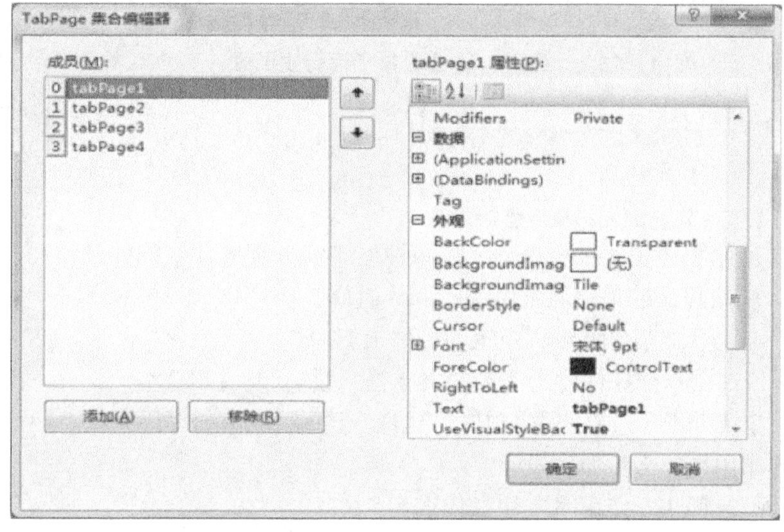

图 8.8.1 TabPage 集合编辑器

(2) 在 TabPage 集合编辑器中，分别添加四个成员 tabPage1，tabPage2，tabPage3，tabPage4，把它们的 Text 分别改为“中式菜单”，“西式菜单”，“生猛海鲜”，“特色招牌菜”，设计好后按确定。

(3) 回到 Form1 窗体后，点击中式菜单选项，放置一个 label 到该选项区域，可以在其 Text 中输入相关菜谱文字，也可以让程序运行后窗体加载时，通过其属性给该标签的 text 赋值，代码如下：

```
private void Form1_Load(object sender, EventArgs e)
        {
            label1. ForeColor = Color. Blue;
            label1. Text = "1. 锦绣前程 90 元\n";
```

```
        label1.Text += "2.情意绵绵(幸福伊面) 70 元\n";
        label1.Text += "3. 菜胆鸡汤翅  70 元\n";
        label1.Text += "4.红艳樱桃骨 80 元";
    }
```

其余几个选项卡 tabPage2,tabPage3,tabPage4 重复同样方法进行设计。

运行后,在选项卡标题中选择不同的选项卡,就出现不同的菜谱,运行结果如图 8.8.2 所示:

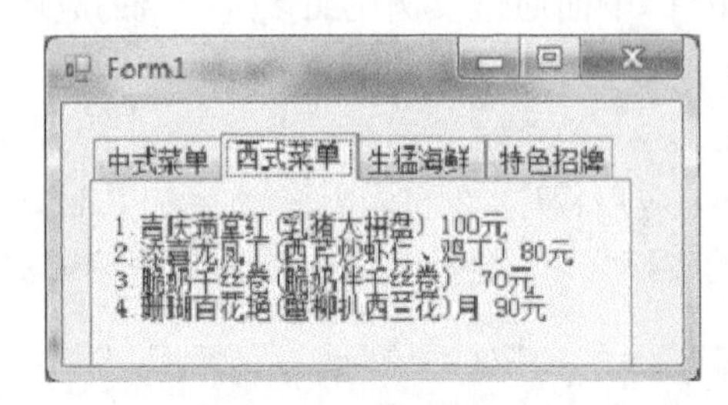

图 8.8.2 多选项卡运行效果图

8.9 习题

1. Windows 应用程序中菜单可以分为哪两种形式?分别用什么控件设计?

2. Windows 应用程序的菜单通常由哪些部分组成?

3. 如何把一个上下文菜单绑定到指定的控件上?

4. RichTextBox 文本框控件比起一般的文本框来说,优势在哪里?

5. 如何为一个 Windows 应用程序创建工具栏?请写出相关步骤。

6. 状态栏的作用是什么?如何设计?

7. 常用对话框有哪些?使用时应注意什么?

8. 消息框的作用是什么?如何设计一个自定义消息框?

9. 设计一个有多个选项卡的文本编辑器,并能建立新选项卡及相应新的文档,以及关闭当前选项卡的功能。

10. 综合设计题:设计一个类似 Word 软件的文字处理软件,要求包含:版本号、文件、编辑、字体、颜色等选择功能,包含菜单、工具栏、弹出菜单等。主要完成下面主要功能:

(1) 实现文件菜单中新建、打开、保存、另存为、关闭功能;

(2) 实现编辑菜单中剪切、复制、粘贴、删除功能;

(3) 实现格式菜单中字体、及字体颜色设置。

9

数据库应用

随着信息量越来越多,如何有效地对信息进行组织与加工,从而高效率地组织与管理数据,是我们必须要解决的一个问题。数据库提供了一种将信息集合在一起的方法,使用这种方法非常方便地组织与管理数据。数据库应用系统主要由三部分组成:数据库管理系统(DBMS),是针对所有应用的,例如 Access。数据库本身,是按一定的结构组织在一起的相关数据。数据库应用程序,它是针对某一具体数据库应用编制的程序,用来获取、显示和更新数据库存储的数据,以方便用户使用。

数据库管理系统主要基于 3 种数据模型:层次模型、网状模型、关系模型。目前应用最广泛的是基于关系模型的关系数据库。

从数据存放的位置来划分,数据库分为本地数据库和远程数据库,本地数据库一般不通过网络访问,数据库和数据库应用程序在同一计算机中,本地数据库也称为单层数据库。远程数据库通常位于远程计算机上,用户通过网络来访问远程数据库中的数据。

很多高级程序设计语言都提供对数据库的访问技术,C#. NET 则通过 ADO. NET 对数据库进行操作。

9.1 数据库的基本概念

数据库是指以一定的组织形式存放在计算机存储介质上的相互关联的数据的集合。例如,把一个学校的学生、课程、选课等数据有序地组织起来,存储在计算机磁盘上,就构成了一个数据库。

关系数据库是以关系模型来组织的。关系模型中数据的逻辑结构是一张二维表,它由行和列组成,每一列代表一个字段,每一行代表一条记录。目前比较常用数据库如 Access, Sqlserver,Oracle 均是关系型数据库。例如,表 9.1 是在学生信息管理系统中使用的一个学生表,用来描述学生的相关属性。

表 9.1 学 生 表

学号	姓名	性别	年龄	所在系
98001	李　明	男	22	计算机

（续表）

学号	姓名	性别	年龄	所在系
98002	吴明勇	男	22	化学
98003	李四海	男	22	计算机
98004	陈　力	男	23	物理与电子
98005	张一习	男	21	化学

一个关系数据库一般由多个表组成，表与表之间可以以不同的方式相互关联。例如，表9.2是在学生信息管理系统中使用的课程表，用来描述课程的属性。

表9.2　课　程　表

课程号	课程名	先行课	学分	课程号	课程名	先行课	学分
01	C语言	04	4	04	高等数学	*NULL*	4
02	数据库	01	4	05	数据结构	03	3
03	可视化	02	4				

上面两个表之间通过学生表的学号与课程表的课程号，再加上学生的考试成绩，组成了一个新表——学生选课表，如表9.3所示，选课表把学生表与课程表有机地联系在一起，由于一名学生可以选修多门课程，而一门课程又可由多名学生来选修，因此学生与课程之间的关系是一种多对多的关系。

表9.3　选　课　表

学号	课程号	成绩	学号	课程号	成绩
98001	01	80	98001	03	56
98002	03	90	98002	03	90
98003	02	88	98003	04	88
98001	02	86	98004	01	43

在上面的表中，每一列称为一个属性或字段，如其中的学号、课程号等称为字段名。表中每一行称为一条记录。在一条记录中，能够起关键作用的即能决定其他属性值的一个或一组属性称为关键字或主码，如在学生表中，学号为主码，在选课表中，(学号，课程号)为主码。

9.2 Access数据库操作

Access是微软公司推出的基于Windows的桌面关系型数据库管理系统(RDBMS，即Relational Database Management System)，是Office系列应用软件之一。它提供了表、查询、窗体、报表、页、宏、模块7种用来建立数据库系统的对象，并提供了多种向导、生成器、模板，它把数据存储、数据查询、界面设计、报表生成等操作规范化，为建立功能完善的数据库管理系统提供了方便，也使得普通用户不必编写代码，就可以完成大部分数据管理的任务，

Office2003 以前的 Access 数据库扩展名为.mdb，Office2007 以后的 Access 数据库扩展名为.accdb，C#2005 以后的版本都能读取，下面通过具体步骤建立一个 Access 数据库。具体操作如下：

(1) 启动 Microsoft Access，选择“文件”→“新建数据库”，然后选择一个位置来保存数据库文件，这里我们以 db1.mdb 文件名保存。

(2) 保存数据库后我们看到的是图 9.2.1 的界面，双击使用设计器创建表，开始创建一个数据表。

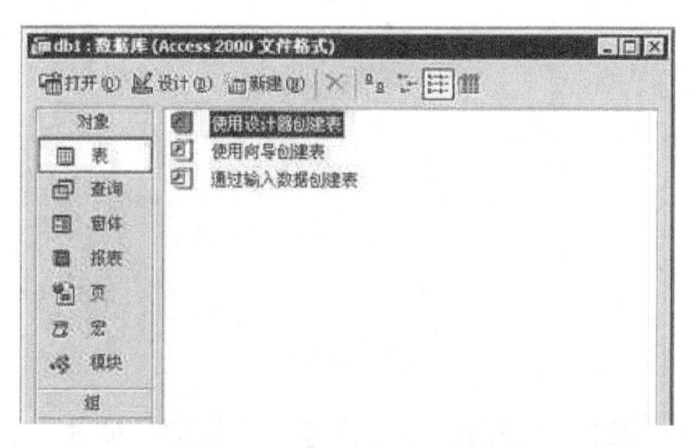

图 9.2.1　建立 Access 数据库

(3) 接下来设计一个用户信息表。双击使用设计器创建表，打开设计界面。在字段名称一栏中填入有关用户信息即字段名(字段名最好用英文名，以便后面编程方便)以及对应的数据类型、字段长度。在本表中创建了 7 个字段，分别为 userid、username、userpass、usermail、reg_date、homepage、phone。数据类型应用它默认的文本类型，字段大小为 50，下面我们再来对个别字段进行处理。

一般来讲，在实际应用中，用户名、密码、电子邮件地址、联系电话号码都基本上只处理文字，所以属于文本类型即字符型，都不会超过 50 个字符，所以我们适当根据需要调整它们的大小，如 userpass 字段大小调整为 10，如图 9.2.2 所示：

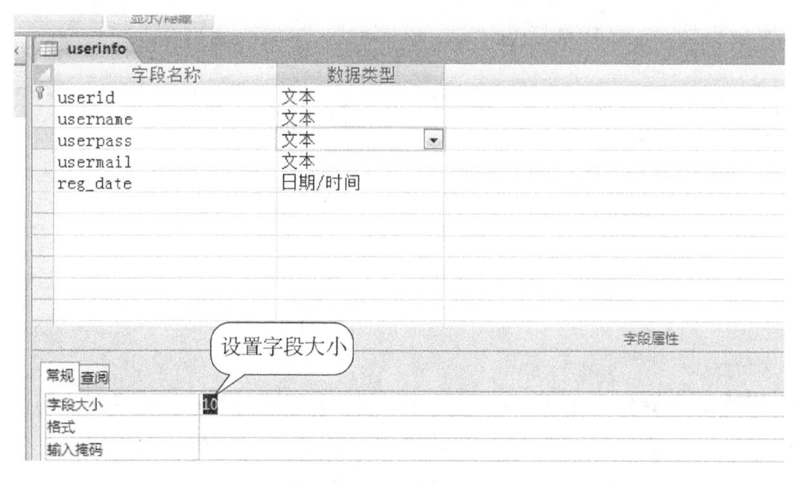

图 9.2.2　表　设　计

(4) 把 reg_date 字段的数据类型改为“日期/时间”型，并添加一个默认值＝Now()，这表示当数据添加时，数据库系统自动以服务器当前时间作为 reg_date 字段的值，即不须用户填入日期时间，如图 9.2.3 所示：

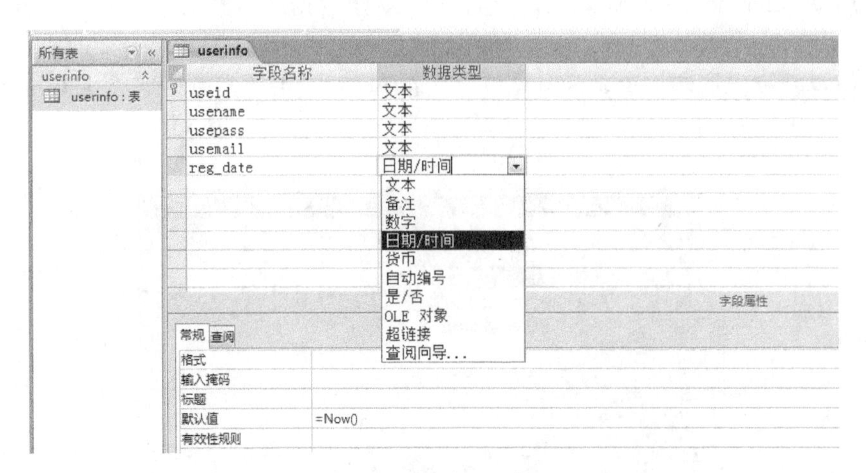

图 9.2.3 修改字段类型

另外，在 Access 数据库的表中还可以直接插入图形图像，如果一个表的某个字段希望能录入图形字段，可把该字段类型设 OLE 对象类型。

(5) 表设计完成后，一般要为每张表指定一个主码，所谓主码是一条记录中起关键作用的一个或几个字段，这个或这几个字段能决定其他字段的值，如上面表中的 userid 字段。

把该表 userid 定义为主码的方法是：选中 userid，再点工具栏上主码按钮（钥匙图标的），则把该表的 userid 字段定为该表的主码，该字段左边有一个小钥匙作为标记，如图 9.2.4 所示：

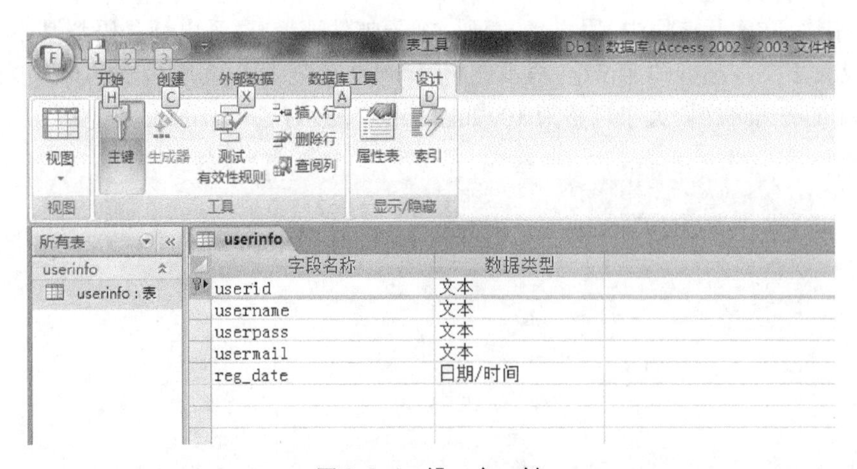

图 9.2.4 设 主 键

(6) 依次把其他字段修改好后，点击关闭按钮，如果未对表设主码，会跳出一个警告对话框，告诉你表尚未定义主键。没有主键的话就不能确定这记录在表中的唯一地位，这样在删除或者编辑纪录的时候就会有问题，所以我们要创建一个主键。主键的值是不能重复的。

在点击保存后，输入保存的表的名称，我们以 student 命名为该表的表名。

(7) 建好表结构后，我们可以给该表填记录了，鼠标右击该表名，选择“打开”就可以为该表填入记录了。若修改表结构，可用鼠标右击该表名，选择“设计视图”可以对该表修改结构。

(8) 在输入一条记录时，如果要对 OLE 类型的字段录入图形，则按下面的步骤：指向该字段右击鼠标，选“插入对象”，在弹出的对话框中选择“Image 或画笔图片”，确定后，系统会自动打开相关的画图软件(一般是画笔)，然后通过该图片工具进行插入图片并整理后，再选择画图软件菜单项中的“文件”菜单，再选择“更新”选项，便可完成对 Access 数据表的图片插入工作。

(9) 重复上面步骤，再把其他表设计好并输入相关记录，以方便后面的应用程序使用。

9.3 SQL 语言

在对关系型数据库进行有关操作时，会大量用到结构化查询语言(SQL)，SQL 是为关系型数据库使用的标准查询语言，它非常简单通用。SQL(结构化查询语言)的语句通常分为四类：一是 DDL(Data Definition Language，数据定义语言)语句，用来创建、修改或删除数据库中各种对象，包括建立表、视图、索引等；二是 DML(Data Manipulation Language，数据操作语言)语句，用来对已经存在的数据库进行记录的插入、删除、修改等操作；三是 QL(Query Language，查询语言)语句，用来按照指定的组合、条件表达式或排序检索已存在的数据库中数据，但不改变数据库中的数据；四是 DCL(Data Control Language，数据控制语言)语句，用来授予或收回访问数据库的某种特权、控制数据操纵事务的发生时间及效果、对数据库进行监视等。

下面简单介绍一下 SQL 常用的语句。

1) SELECT 语句

SELECT 语句是数据库操作中最基本和最重要的语句之一，其功能是从一个或多个表中检索满足条件的数据，查询的数据源可以是一张表，也可以是多张表或视图，查询的结果也是一张表，该语句还可以对查询结果进行排序、汇总等，SELECT 语句的基本结构为：

```
SELECT〈目标列名序列〉          —即要查询哪些列
FROM〈数据源〉                  —即来自哪些表或视图
[WHERE〈逻辑表达式〉]               —即需要什么条件，有[]的为可选项
[GROUP BY〈分组字段列表〉]
[HAVING〈过滤条件〉]
[ORDER BY〈排序字段〉[ASC|DESC]]      —ASC 为升序，DESC 为降序
```

最简单的查询形式是：

```
SELECT  *  FROM〈表名〉
```

2) INSERT 语句

INSERT 语句是用来向表中插入一个新的记录，该语句的常用形式是：

```
INSERT INTO 表名(列名1, 列名2, …, 列名n) VALUES (值1,值2,…,值n);
```

例如:在 Student 表中插入一个新行,其中 StudentNo(学号)为“21010600”, StudentName(学生姓名)为“张一平”,对于该记录的其他字段值由于未指定值,其结果由系统决定,操作语句如下:

```
INSERT INTO Student(StudentNo, StudentName) VALUES ('21010600', '张一平');
```

3) UPDATE 语句

UPDATE 语句用于更新表中的数据(修改记录),该语句的常用形式是:

```
UPDATE 〈表名〉SET 列名1=值1,列名2=值2,…,列名n=值n WHERE〈条件〉;
```

该语句可以更新表中一行记录或多行记录中的数据,这取决于 WHERE 后面的条件。关键字 SET 后面是以逗号分隔的“列名=值”列表,例如:将表 Student 中学号为“21010600”的记录中的 StudentName 字段内容更新为“王国”,语句如下:

```
UPDATE Student SET StudentName = '王国' WHERE StudentNo = '21010600';
```

4) DELETE 语句

DELETE 语句用来从表中删除记录,其常用形式如下:

```
DELETE FROM 〈表名〉 WHERE [〈条件〉];
```

该语句可删除表中一行或多行记录,这取决于 WHERE 后面的条件。例如:

```
DELETE FORM Student WHERE StudentNo LIKE '210105 *';
```

则将 Student 表中所有以 210105 开头的学号的记录删除。

9.4 SQL Server 2005 简介

SQL Server 是目前较为流行的一个关系数据库管理系统,是 Microsoft 公司推出新一代数据管理与分析软件。比起 Access 数据库来说,SQL Server 是一个全面的、集成的、端到端的数据解决方案,它为企业中的用户提供了一个安全、可靠和高效的平台用于企业数据管理和商业智能应用。

SQL Server 2005 是一个全面的数据库平台,使用集成的商业智能(BI)工具提供了企业级的数据管理。SQL Server 2005 数据库引擎为关系型数据和结构化数据提供了更安全可靠的存储功能,用户可以构建和管理用于业务的高可用和高性能的数据应用程序。

SQL Server 2005 数据引擎是企业数据管理解决方案的核心。此外 SQL Server 2005 结合了分析、报表、集成和通知功能。这使相关企业可以构建和部署经济有效的 BI 解决方案,帮助对应的团队通过记分卡、Dashboard、Web services 和移动设备将数据应用推向业务的各个领域。要使用 SQL Server 2005 的各项服务，首先要连接到 SQL Server 2005 服务器，并启动相关服务，连接服务器如图 9.4.1 所示：

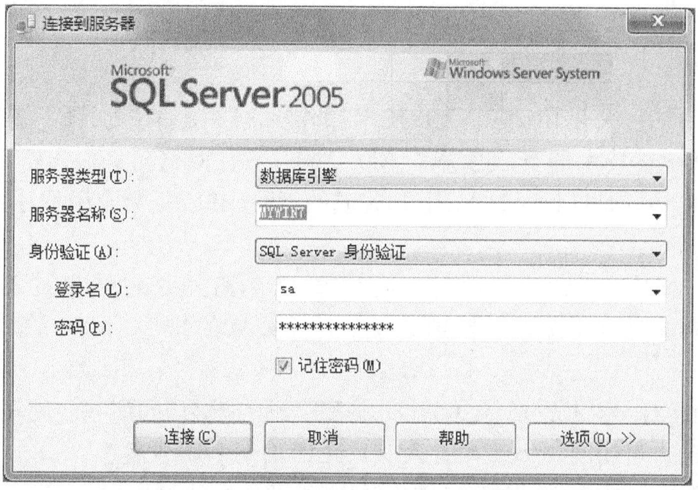

图 9.4.1 连接到 SQL Server 2005 服务

在安全性方面，SQL Server 2005 做得很成功，每次连接到服务器之前，必须要输入用户名以及密码，验证通过可以连接，连接成功后，可以进入 Microsoft SQL Server Management Studio。Microsoft SQL Server Management Studio 是 Microsoft SQL Server 2005 提供的一种新集成环境，它将企业管理器、查询分析器和 Analysis Manager 功能整合到单一的环境中。此外，SQL Server Management Studio 还可以和 SQL Server 的所有组件协同工作，例如 Reporting Services、Integration Services、SQL Server 2005 Compact Edition 和 Notification Services。开发人员可以获得熟悉的体验，而数据库管理员可获得功能齐全的单一实用工具，其中包含易于使用的图形工具和丰富的脚本撰写功能，图 9.4.2 是其集成环境界面：

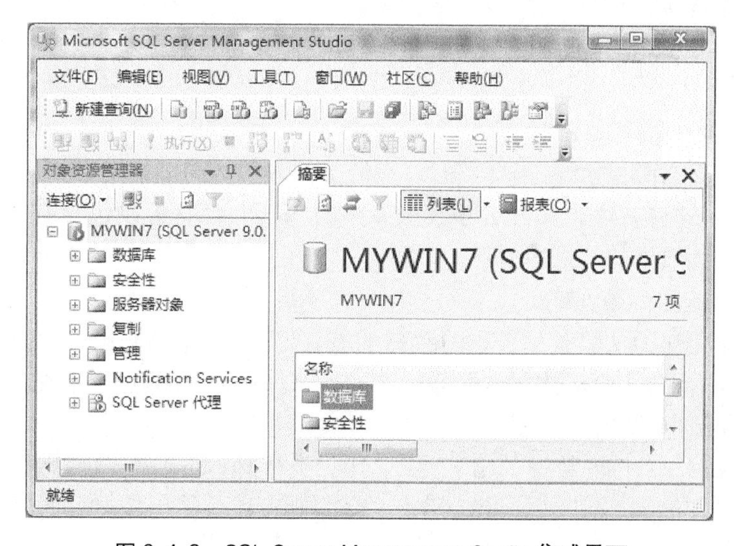

图 9.4.2 SQL Server Management Studio 集成界面

在该集成环境中，可以建立数据库、建立表、视图以及查询、数据安全等各种操作，详细操作可参考相关书籍。

9.5 ADO.NET概述

在C#.NET中，采用ADO.NET技术操作数据库。ADO.NET是微软公司ADO(Active Data Object)技术的升级版本。ADO.NET是一组包括在.NET框架中的库，在.NET中数据库的访问是通过ADO.NET完成的，用于在.NET应用程序的各种数据存储之间的通信。

ADO.NET库中包含了可与数据连接、提交查询并处理结果的类。可作为断开连接的数据缓存来使用，以脱机处理数据，执行数据的排序、搜索、筛选、存储等离线更改。

为了保持对ADO技术的兼容性，ADO.NET不但能够访问那些使用新的.NET数据提供程序的数据源，也可访问那些现有的ADO OLEDB数据提供程序。

ADO.NET是为基于消息的Web应用程序而设计的，同时也能为其他应用程序结构提供良好的功能。以前ADO操作主要依赖于两层结构并且是基于连接的，连接断开后就只能通过重新新建连接才能实现存取，而在ADO.NET中，数据处理被延伸到三层以上的结构，程序员也需要采用无连接应用模型。通过支持对数据的松耦合访问，ADO.NET减少了与数据库的活动链接数目(即减少了多个用户争用数据库服务器上的有限资源的可能性)，从而实现了最大限度的数据共享。ADO.NET的主要特点如下：

(1) ADO.NET不依赖于连续的活动连接；

(2) 使用数据命令执行数据库交互。

在ADO.NET中使用数据命令封装了SQL语句或存储过程。例如，我们想要从数据库读取一组行，则创建一个数据命令并用SQL的SELECT语句的文本，或获取记录的存储过程名称来配置它。在进行数据库交互时一般按以下顺序操作：

- 打开一个连接；
- 执行该命令引用的SQL语句或存储过程；
- 关闭连接。

(3) 使用数据集缓存数据。

数据集是从数据源检索的记录的缓存，它的工作方式如同虚拟的数据存储区：数据集包含一个或多个表(这些表可能来自实际数据库中的表)，并且它可以包含有关这些表之间的关系和对表可包含数据的约束的信息。

(4) 数据集独立于数据源。

尽管数据集是作为从数据库获取的数据的缓存，但数据集与数据库之间没有任何实际关系。数据集是容器，它由从数据适配器执行的SQL命令或存储过程填充。

(5) 数据存储为XML。

在ADO.NET中，传输数据的格式是XML。类似地，如果需要保持数据(例如保持到文件中)，则将其存储为XML。如果有XML文件，则可以像使用任何数据源一样使用它，并从它创建数据集。

(6) 通过架构定义数据结构

ADO.NET数据集以XML表示，使用基于XML架构定义语言(XSD)的XML架构来定义数据集的结构(如在数据集中有哪些表、列、数据类型、约束等的定义)。就像数据集包含的数据可以从XML加载和序列化为XML一样，数据集的结构也可以从XML架构加载和序列化为XML。

对于大部分ADO.NET中的数据操作，Visual Studio.NET工具提供了可视化的设计器来完成，并能够根据需要生成和更新架构。

9.6 利用ADO.NET控件编写数据库应用程序

在C#.NET环境中，进行Windows应用程序设计时，在设计窗口中，使用Visual Studio.NET提供的设计器创建连接非常方便有效，而且会在窗体上自动生成相关控件。下面通过一个具体的实例讲述如何建立一个Windows数据库应用程序，假设"企业管理"数据库在Access中已经建立好了。

例9.1 设计一个数据库应用程序

设计步骤：

(1) 建立一个Windows应用程序。

(2) 建立一个窗体。

(3) 依次按下列菜单的步骤操作："数据"→"显示数据源"→"添加新数据源"。

(4) 按向导选"数据库"→"新建连接"→"更改"→在数据源中，选Microsoft Access数据库文件。

(5) 在添加连接对话框中，选"浏览(B)"，找到Access数据库，如"企业管理"数据库，可以试一下测试连接，看是否成功。如果Access数据库不在当前项目中，会提示是否复制至该项目中，可根据需要选择。

此时，可以查看连接字符，查看数据库如何连接。注：连接后形成了一个新的配置文件app.config，如果要使该程序运行时能更新数据库，必须修改该文件中的配置等，详细修改可查看相关文献。

(6) 接着，根据对话框的提示，一步步往下操作。

(7) 在连续两次"下一步"后，出现了选择数据库对象，此时可以选择一个或多个表，也可以选择表中相应的字段，即在相应项前面的复选框中打勾即可，然后完成。

(8) 回到窗体设计界面后，可直接把右边数据源中窗体的表拖入窗体中，窗体上会自动生成一个Datagridview控件。

(9) 也可在数据源中展开字段，把一个个字段拖入窗体中，系统会自动生成标签及文本框。如果要拖入的是图形字段，先单击该字段数据源，选择"PictureBox"，然后将其拖到窗体上，再把该对象的sizeMode属性改为StretchImage，以便图形能全部显示。

(10) 试运行程序，完成。

(11) 如果要修改显示Datagridview控件中的相关字段内容，可点击该控件右上角的小三角形按钮，便可以增加，删除相应字段。

运行效果如图9.6.1所示：

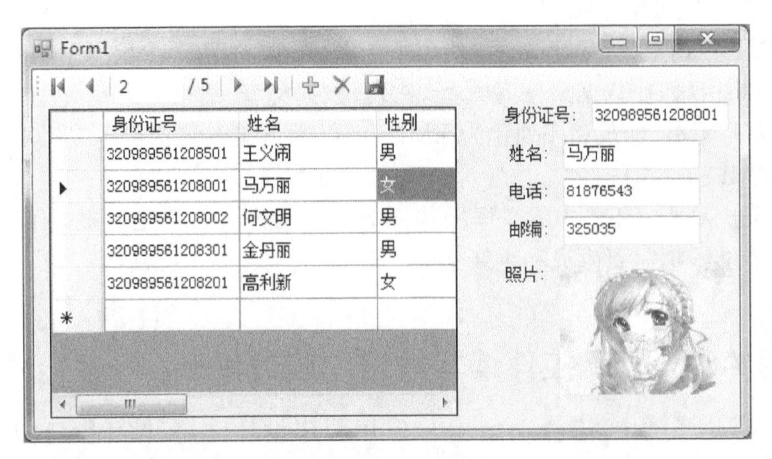

图9.6.1 运行效果图

在上面的Access数据库应用程序中，我们甚至没有编写一行代码，可见C#.NET编程环境功能的强大，在快速设计应用程序时，采用此方法可提高效率。

9.7 利用ADO.NET对象编程

前面我们通过ADO.NET控件完成了一个数据库应用程序，但是有时需要在没有绑定到窗体的应用程序中使用数据库连接，或使用更灵活的方式完成更加智能化的数据库管理系统时，就必须自己编写代码来创建连接了。

9.7.1 创建Connection对象

要开发数据库应用程序，首先需要建立与数据库的连接。在ADO.NET中数据库连接是通过Connection类的对象来管理的，此外事务的管理也通过Connection类的对象进行。

建立Connection对象连接数据库可以通过代码方式，也可以通过VisualStudio.NET的IDE环境来完成。不同的数据库连接模式，其连接对象的成员大致相同，使用不同类型的Connection对象需要导入相应的命名空间。如果是SqlServer数据库，使用SqlConnection连接类对象，需要的命名空间为System.Data.SqlClient。如果是Access数据库，使用OleDbConnection连接类对象，需要的命名空间为System.Data.OleDb。下面以MS SQL Server和MS Access数据库为例介绍连接字符串的写法。

1) 与SQL Server数据库的连接

下面的连接字符串示例中的连接参数在读者的开发环境中可能是不同的，按照要求换过来就可以了。我们假设SQL Server数据库服务器为127.0.0.1(本机)，要访问的数据库名为MyDB，用户名及密码均为sa，建立连接的对象代码如下：

```
SqlConnection mySqlConnection =new SqlConnection(
"server=127.0.0.1;database=MyDB;uid=sa;pwd=sa;");
```

其中mySqlConnection为用户自己建立的SqlConnection类对象。

2) 与 Access 数据库的连接

这里也约定该 Access 数据库是 Access2007 创建的，而数据库文件的路径为 C:\data.mdb，连接的字符串如下：

```
OleDbConnection oledbconn =new OleDbConnection (
"Provider=Microsoft.Jet.OLEDB.4.0;Data Source=c:\\data.mdb;");
```

其中 oledbconn 为用户自己建立的 OleDbConnection 类对象。

建立连接对象后，必须通过该对象的 Open 方法打开连接，才能使用相应的数据库。打开方式为：

```
对象名.Open();
```

如打开上面连接用 oledbconn.Open();

当不再使用数据库中的数据时，必须用 Close 方法断开其打开的数据源连接，以保证数据库中的数据安全，如：

```
oledbconn.Close();
```

9.7.2 创建 Command 对象

建立数据连接后，应用程序与数据源之间要进行信息交换，完成这种交换是通过数据命令对象 DataCommand 来实现的，下面的操作均以 Access 数据库为例，至于 SQL Server 操作方法都一样，只是对应的类不同，读者可参考有关资料。

Command 与 DataReader 对象是操作数据库数据的最直接的方法。Command 对象可以根据程序员所设置的 SQL 语句对数据库进行操作。对需要返回结果集的 SQL 语句，Command 对象的 ExecuteReader 方法生成 DataReader 对象，后者提供了一个只读、单向的游标，从而使程序员可以用一条记录(行)为单位获取结果集中的数据。

DataReader 对象只能在运行时通过数据命令的 ExecuteReader 方法来创建，而不能直接创建其实例。

通过代码在运行时创建 Command 对象，可以使用下面的构造函数完成：

```
OleDbCommand olecomm = new OleDbCommand(command 指令, 连接对象);
```

其中 olecomm 为用户自己建立的 OleDbCommand 类对象，而连接对象为连接数据库类 OleDbConnection 的连接对象，例如：

```
OleDbCommand olecomm = new OleDbCommand("select * from student",
oledbconn);
```

如果发出的是查询指令，接下来需要 OleDbCommand 对象的 ExecuteReader 方法生成 DataReader 对象，就能获取相应的数据，程序如下：

```
OleDbDataReader reader=olecomm.ExecuteReader();
```

其中 olecomm 为 OleDbCommand 类已生成的对象，此时，得到了一个数据集(表)，该数据集是一个只读、单向往前的游标，我们可以以一条记录(行)为单位通过循环方式获取结果集中的数据。

例 9.2 使用 Command 对象和 DataReader 对象获取数据，显示在窗体的标签上。

设计步骤：

(1) 建立一个 Windows 应用程序，该应用程序自动建立了一个 Form1 窗体。

(2) 在窗体上放置一个标签，一个按钮。

(3) 双击按钮，进入代码编辑窗口，首先在程序前面增加下面一行，以便引入 OleDb 命名空间：

```
using System.Data.OleDb;
```

然后，在按钮事件对应的方法输入如下代码：

```
private void button1_Click(object sender, EventArgs e)
  {
      string connString = "Provider=Microsoft.Jet.OLEDB.4.0;Data Source=e:\\
sqldata\\user.mdb";//注意数据库的路径
      string sqlString = "SELECT * FROM userinfo";
      OleDbConnection conn = new OleDbConnection(connString); // 建立连接对象
      conn.Open();           // 打开连接
      OleDbCommand cmd = new OleDbCommand(sqlString, conn);// 建立数据命令对象
      OleDbDataReader   rdr = cmd.ExecuteReader();
                        // 执行命令,返回 SqlDataReader 对象
      label1.Text = "";      //清空标签
      while (rdr.Read())//每次读一条记录,直到读完最后一条记录,Read 方法返回 false
        {
          label1.Text += rdr[0];
          label1.Text += " "+rdr["username"];
          label1.Text += " " + rdr["userpass"];
          label1.Text += " " + rdr["usermail"];
          label1.Text += " " + rdr["reg_date"];
          label1.Text += " " + "\n";//换行
        }
      rdr.Close();               // 关闭 DataReader 对象
      conn.Close();              // 关闭数据连接
  }
```

运行结果如图 9.7.1 所示：

图 9.7.1 获取数据运行效果图

在上例中，语句 OleDbCommand cmd = new OleDbCommand(sqlString, conn)这一行中的对象 sqlString 不局限于 SQL 指令中的 select 语句，还可以是 insert，update，delete 等语句，不过，执行这些 SQL 语句是使用 Command 对象的 ExecuteNonQuery 方法。

例如：

```
string sqlString = " insert into Student(StudentNo,StudentName) values(' 98001',
'王军') ";
string sqlString = " update Student set StudentName = '赵成明' WHERE StudentNo =
'21010503'";
string sqlString = " delete from Student  WHERE StudentNo = '21010503'";
OleDbCommand cmd = new OleDbCommand(sqlString, conn);
cmd.ExecuteNonQuery();
```

例 9.3 使用 Command 对象的 ExecuteNonQuery 方法进行数据插入，修改，删除等操作。

设计步骤：

(1) 建立一个 Windows 应用程序，该应用程序自动建立了一个 Form1 窗体。

(2) 在窗体上放置一个标签，一个按钮控件。

(3) 双击按钮控件，进入代码编辑窗口，首先在程序前面增加下面一行代码，以便引入 OleDb 命名空间：

```
using System.Data.OleDb;
```

(4) 在相关按钮事件对应的方法输入如下代码：

```
private void button1_Click(object sender, EventArgs e)//根据编号查找记录
{
    string connString = "Provider=Microsoft.Jet.OLEDB.4.0;Data Source=e:\\
sqldata\\user.mdb";//注意数据库的路径
    string sqlString = "SELECT * FROM userinfo where userid='"+textBox1.Text
+"'";
```

```
    OleDbConnection conn = new OleDbConnection(connString); // 建立连接对象
    conn.Open();                // 打开连接
    OleDbCommand cmd = new OleDbCommand(sqlString, conn);// 建立数据命令对象
    OleDbDataReader rdr = cmd.ExecuteReader();      // 执行命令,返回 SqlDataReader 对象
    if (rdr.Read())// 如果找到了一条记录
     {
         textBox2.Text = rdr[1].ToString();
         textBox3.Text = rdr[2].ToString();
         textBox4.Text = rdr[3].ToString();
     }
     else
        textBox1.Text = "找不到记录!!";
    rdr.Close();                  // 关闭 DataReader 对象
    conn.Close();                // 关闭连接
}
private void button2_Click(object sender, EventArgs e)//插入记录
{
    string connString = "Provider=Microsoft.Jet.OLEDB.4.0;Data Source=e:\\
sqldata\\user.mdb";//注意数据库的路径
    string sqlString = "insert into userinfo(userid,username,userpass,usermail) values
('" + textBox1.Text + "','";
    sqlString = sqlString + textBox2.Text + "','" + textBox3.Text + "','" +
textBox4.Text + "') ";
    OleDbConnection conn = new OleDbConnection(connString); // 建立连接对象
    conn.Open();             // 打开连接
    OleDbCommand cmd = new OleDbCommand(sqlString, conn);// 建立数据命令对象
    cmd.ExecuteNonQuery();
    MessageBox.Show("插入记录成功!");
    textBox1.Text = textBox2.Text = textBox3.Text = textBox4.Text = "";
                                                          //清空各文本框
}
private void button3_Click(object sender, EventArgs e)//修改找到的记录
{
    string connString = "Provider=Microsoft.Jet.OLEDB.4.0;Data Source=e:\\
sqldata\\user.mdb";//注意数据库的路径
    string sqlString = "update userinfo  set username='" + textBox2.Text + "',
userpass='";
    sqlString = sqlString + textBox3.Text + "',usermail='" + textBox4.Text + "' where
userid='" + textBox1.Text + "'";
```

```
    OleDbConnection conn = new OleDbConnection(connString); // 建立连接对象
    conn.Open();            // 打开连接
    OleDbCommand cmd = new OleDbCommand(sqlString, conn);// 建立数据命令对象
    cmd.ExecuteNonQuery();
    MessageBox.Show("修改记录成功!");
}
private void button4_Click(object sender, EventArgs e)//删除找到的记录
{
    string connString = "Provider=Microsoft.Jet.OLEDB.4.0;Data Source=e:\\
sqldata\\user.mdb";//注意数据库的路径
    string sqlString =" delete from userinfo  where userid='" + textBox1.Text + "'";
    OleDbConnection conn = new OleDbConnection(connString); // 建立连接对象
    conn.Open();            // 打开连接
    OleDbCommand cmd = new OleDbCommand(sqlString, conn);// 建立数据命令对象
    cmd.ExecuteNonQuery();
    MessageBox.Show("删除记录成功!");
    textBox1.Text = textBox2.Text = textBox3.Text = textBox4.Text = "";
                                                    //清空各文本框
}
```

运行结果如图 9.7.2 所示：

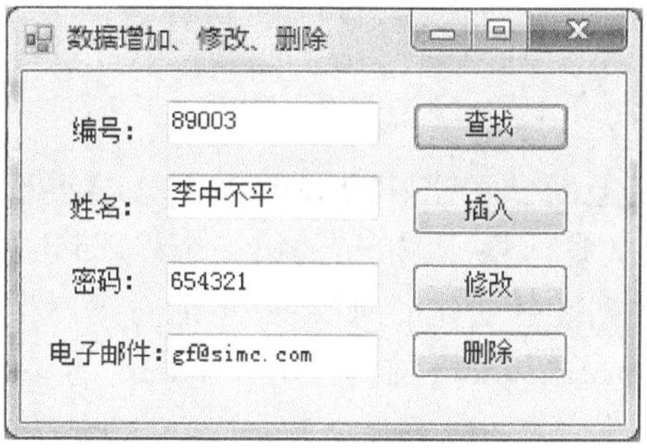

图 9.7.2 插入、修改、删除数据运行效果图

上面例中几个按钮响应的事件方法都有一些代码是相同的，可以把这些代码专门写成一个方法，供它们调用，甚至可以建立一个专门进行数据库相关操作的类，在类中把数据连接及操作写成相应的方法，这样效率会更高。

9.7.3 DataAdapter 对象、CommandBuilder 对象及 DataSet 对象

使用 Command 对象和 DataReader 对象完成几乎所有的数据库功能，这些方法是程序设计中经常使用的方法，但是这些方法需要手工编写大量的代码，因此 ADO.NET 提供了更方便的对象及方法来支持可视化的开发，这就是 DataAdapter 和 DataSet 对象。

数据集DataSet可以认为是内存中的数据库。它在程序中对数据的支持功能是十分强大的。DataSet一旦形成，就能在程序中替代数据库的位置，为程序提供数据服务。

DataSet的数据结构可以在Visual Studio .NET环境中通过向导完成，也可以通过代码来增加表、增加表的列和约束以及增加表与表的关系。数据集中的数据则可以来自数据源，也可以通过代码直接向表中增加数据行。从这一点上来看，DataSet类似于一个在客户机内存中的数据库，可以在这个数据库中增加删除表，定义表结构和关系，增加删除表中的行。DataSet类不考虑其中的表结构和数据是来自数据库、XML文件还是程序代码。建立一个数据集DataSet对象的指令如下：

```
DataSet ds= new DataSet();
```

其中ds为用户自己定义的对象名。

DataAdapter(数据适配器)是一个与DataSet对象配合使用的对象，它是Connection对象和数据集之间DataSet的桥梁。DataAdapter对象表示一组数据命令和一个数据库连接，用于填充DataSet和更新数据源。作为DataSet和数据源之间的桥接器，DataAdapter对象通过Fill方法来向DataSet对象填充数据，还可以通过Update向数据库更新DataSet中的变化。使用Access等数据库时，建立一个DataAdapter对象常用的代码是：

```
OleDbDataAdapter oleada=new OleDbDataAdapter(select 指令,连接对象);
```

通过上面命令后，DataAdapter对象便获得了所需数据，这些数据必须通过DataSet对象存放在内存，才能进一步使用。

DataAdapter对象通过Fill方法向DataSet对象填充数据，使用格式如下：

```
Oleada.Fill(ds, "表名");
```

其中Oleada,ds分别是上面已经建好的DataAdapter对象、DataSet对象，而表名则是用户自己给的变量名，如果缺省，则默认为ds的第一个表，即ds.Table[0]；

DataAdapter对象在数据发生变化的时候，并不能自动产生数据库系统所需要的SQL语句，如果不使用CommandBuilder而使用Update方法，这是不会成功的。而CommandBuilder对象能为单个表的数据改变自动产生SQL语句。

使用CommandBuilder与DataAdapter结合使用，可以方便地去数据库进行更新。只要指定Select语句就可以自动生成Insert,Update,Delete语句，但要注意一点。Select语句中返回的列要包括主键列，否则将无法产生Update和Delete语句。相应的操作将无法执行。在使用Access等数据库时，建立一个CommandBuilder对象常用的代码是：

```
OleDbCommandBuilder olebuid=new OleDbCommandBuilder(Oleada);
```

其中olebuid为用户自己定义的OleDbCommandBuilder对象名，而Oleada则是上面已经建立的DataAdapter对象。

最后，通过DataAdapter对象Oleada的更新方法把修改(包括插入、修改、删除)过的数据写回到数据库相应的表中，使用的格式为：Oleada. Update(数据集表)；

9.7.4 DataGridView 控件

通过 DataGridView 控件，可以显示和编辑数据集中的数据，而这些数据可以取自多种不同类型的数据源。DataGridView 控件具有很高的的可配置性和可扩展性，提供了大量的属性、方法和事件，可以用来对该控件的外观和行为进行自定义。当需要在 Windows 应用程序中显示表格式数据时，可以优先考虑该控件，DataGridView 最主要的属性是 DataSource，例如指定控件 dataGridView1 的数据源为上面所叙述的数据集对象 ds 的第一个表，程序代码为：

```
dataGridView1. DataSource=ds. Table[0];
```

下面通过一个例，结合上面的 DataAdapter 对象、CommandBuilder 对象、DataSet 对象综合操作数据库，达到数据的添加、修改、删除的目的。

例 9.4 使用 DataAdapter 对象、CommandBuilder 对象、DataSet 对象及 DataGridView 控件对数据库表进行数据录入，修改，删除等操作。要求窗体启动后，就通过 DataGridView 对象显示数据库表的内容，可以直接在 DataGridView 表中进行数据操作，点击更新按钮后，修改过的数据就被保留到数据库中。

设计步骤：

(1) 建立一个 Access 数据库，保存在 e 盘的 sqldata 文件夹下，文件名为 user. mdb，并在该数据库中建立 userinfo 表，指定 userid 为主码，输入一些记录。

(2) 启动 C#. NET，建立一个 Windows 应用程序，该应用程序自动建立了一个 Form1 窗体。

(3) 在窗体上放置一个标签，两个按钮，一个 DataGridView 对象。

(4) 双击按钮，进入代码编辑窗口，首先在程序前面增加下面一行，以便引入 OleDb 命名空间：

```
using System. Data. OleDb;
```

并在类 Form1 下面，即 class Form1 下面大括号下面添加相关对象声明：

```
private OleDbConnection conn;// 定义连接对象
private OleDbDataAdapter oleAda;// 定义数据适配器对象
private OleDbCommandBuilder oleBd;// 定义 CommandBuilder 对象
private DataSet ds;// 定义数据集对象
```

(5) 在窗体加载事件对应的方法输入如下代码：

```
private void Form1_Load(object sender, EventArgs e)
  {
      string connString = "Provider=Microsoft. Jet. OLEDB. 4. 0;Data Source=e:\\
sqldata\\user. mdb";
```

```
    string sqlString ="SELECT * FROM userinfo";
    conn = new OleDbConnection(connString);
    conn.Open();              // 打开连接
    oleAda=new  OleDbDataAdapter(sqlString, conn);
    oleBd=new OleDbCommandBuilder(oleAda);
    ds=new DataSet();
    oleAda.Fill(ds,"mytab");//填充数据集 ds
    dataGridView1.DataSource = ds.Tables["mytab"];
                            //指定 dataGridView1 的数据源
}
```

(6) 在删除行按钮事件对应的方法输入如下代码：

```
private void button2_Click(object sender, EventArgs e)
{   //移除 dataGridView1 中选定行
    dataGridView1.Rows.Remove(dataGridView1.CurrentRow);
    MessageBox.Show("删除该行后,点击更新确定按钮数据才能修改成功!");
}
```

(7) 在更新按钮事件对应的方法输入如下代码：

```
private void button1_Click(object sender, EventArgs e)//更新数据
 {
   oleAda.Update(ds.Tables["mytab"]);//更新数据源
    MessageBox.Show("更新数据成功!");
 }
```

运行效果如图 9.7.3 所示：

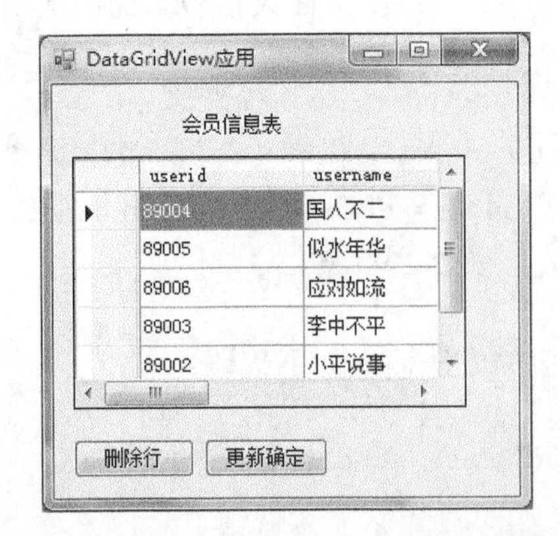

图 9.7.3　通过 dataGridView 控件处理数据

运行后，可以直接对 dataGridView 表中的数据进行修改，还可以在后面空白行插入新

记录，如果要删除行记录时，先选中某一行，然后按删除行按钮，所有的操作都必须点击更新确定按钮，才能把修改过的数据真正保存到数据表中。

9.8 习题

1. 什么是数据库？目前流行的数据库是什么类型的数据库？
2. 什么是 SQL 语言？
3. 写出利用 ADO. NET 控件编写应用程序的步骤。
4. 如何利用 OleDbConnection 对象连接 ACCESS 数据库？
5. 如何创建 OleDbCommand 对象？
6. DataReader 对象如何通过 OleDbCommand 对象获取数据？如何显示 DataReader 对象获取的数据？
7. OleDbDataAdapter 对象如何与 DataGridView 控件结合起来，进行数据库的查询、修改、删除等工作？
8. 用 Access 建立一个学生数据库 STUDENT，要求该数据库中有三个表，分别学生表(Student)，课程表(course)，选课表(S_course)，其中学生表(Student)中有学号，姓名，性别，入学日期，家庭住址，联系电话等字段，课程表(course)中有课程号，课程名，学分，选修课号等字段，在选课表(S_course)表中有学号，课程号，成绩字段。
9. 在上面 Access 数据库的基础上，使用向导方式，用 ADO. NET 控件编写一个学生信息管理程序。
10. 使用编程方式，用 C#. NET 建立一个简单信息管理系统(如学生信息管理系统)，要求能查询记录，输入记录，修改记录，删除记录等操作。

10

多媒体应用程序开发

多媒体技术(Multimedia Technology)是指能够综合处理文本、图形、声音、动画和视频等多种媒体数据的技术,它使计算机具有综合处理文本、图形、声音、动画和视频的能力,具有很强的交互性,极大地改善了人机对话的界面,改变了计算机的使用方式,从而使计算机进入了人类的各个领域,给人们的工作、生活、学习和娱乐带来了巨大的变化。

10.1 多媒体概念

媒体(Media)又称为介质,是存储、传播、表现信息的载体,是承载信息的有形物体。从信息的角度上讲,媒体主要指下列几种:感觉媒体,如声音、图像、图形、动画和文本等;存储媒体,如磁盘、光盘等;传输媒体,如同轴电缆、双绞线、光纤等;表示媒体,如字符编码和声音编码等;显示媒体,如显示器、音箱、打印机等输出媒体,以及键盘、鼠标等输入媒体。

而"多媒体"一词译自英文"Multimedia",具有两重含义,一是指存储信息的实体,如磁盘、光盘、磁带、半导体存储器等,二是指传递信息的载体,如数字、文字、声音、图形等。简言之,多媒体技术就是具有集成性、实时性和交互性的计算机综合处理声音、文字、图形图像、视频等信息的技术。一般的多媒体系统由多媒体硬件系统、多媒体操作系统、媒体处理系统工具和用户应用软件等四个部分的内容组成。

多媒体技术具有以下特点:

(1) 集成性:多媒体技术必须将多种媒体集成为一个整体。

(2) 实时性:是指对具有时间要求的媒体(如声音、动画和视频等),可以及时地进行加工处理、存储、压缩、解压缩和播放等操作。多媒体技术必须支持多种媒体的实时处理。

(3) 交互性:是指人们可以参与到各种媒体的加工、处理、存储、输出等过程当中,能够灵活、有效地控制和应用各种媒体信息,即以人机交互这种较为自然的方式处理多媒体事物。

(4) 计算机化:必须利用计算机作为处理媒体信息的工具。

(5) 数字化:必须以数字技术为核心。

多媒体技术不仅充分利用了计算机,并采用更贴近人类习惯的信息交流方式,进一步开拓了信息空间,使之多维化。现在多媒体技术已日趋成熟,它将会给人们的生活带来极大的方便,下面分别介绍C#.NET中常用的几个多媒体控件。

10.2 Animation 控件

Animation 控件可以显示无声的音频视频动画(avi 文件),该控件中只能使用无声的 avi 动画,这些动画主要用于程序在某些执行时间较长的场景,如下载/删除一个比较大的程序,我们等待要一定的时间,此时播放一些无声电影会减少乏味,例如我们在 Windows 系统中清空回收站时,可以看到该控件的一个例子:一张揉成一团的纸从回收站中被抛出后消失。

Animation 控件不是标准控件,在标准工具箱中无法找到,所以在使用该控件之前必须把它加载到工具箱中,这可以从菜单的"工具"→"添加工具箱",从打开选择工具箱对话框中,选择"COM 组件",找到"microsoft windows common control - 26.0"项,选中该项后,它会显示在工具箱中。

Animation 控件运行需要一个配套的.avi 文件,它的主要属性是 AutoPlay 属性,该属性决定该控件是否可以自动播放加载的文件,如设其自动播放的语句为:

```
axAnimation1.AutoPlay = true;
```

Animation 控件主要的方法是 Open 与 Close 方法,分别用于打开媒体文件和关闭当前正播放的媒体文件。

在程序运行时,Animation 控件是不可见的,Animation 控件使用了一个独立的进程。因此,应用程序不会中断,它会继续在自己的进程中运行。

例 10.1 创建一个无声动画播放程序,使其展示文件复制的动画效果。

可以从网上下载一个 FILECOPY.avi 文件,将其拷贝到该项目所在的文件夹下的 bin\debug 文件夹下,然后设置 Windows 应用界面,拖入一个 Animation 控件到窗体上,窗体界面设置如图 10.2.1 所示。

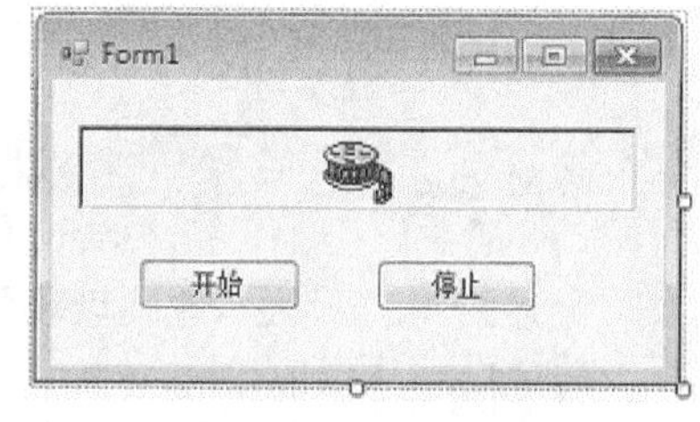

图 10.2.1 设计视图

点击"开始"按钮的代码如下:

```
private void button1_Click(object sender, EventArgs e)
{
    axAnimation1.Open("FILECOPY.avi");
    axAnimation1.Play();
}
```

"停止"按钮代码如下:

```
private void button2_Click(object sender, EventArgs e)
{
    axAnimation1.Stop();
}
```

运行效果如图 10.2.2 所示：

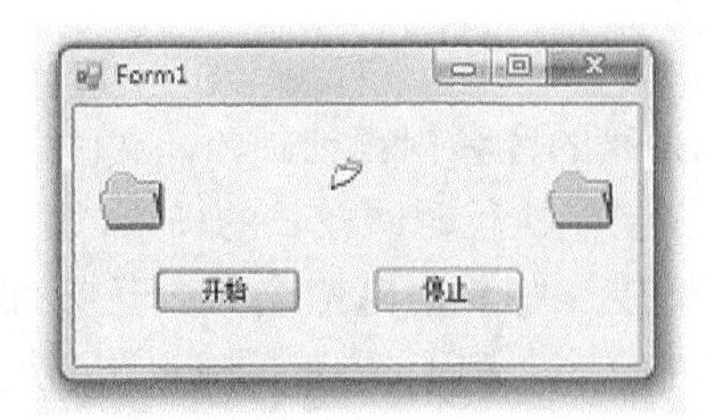

图 10.2.2 运行效果图

10.3 Windows Media Player 控件

Windows Media Player 控件是 Windows 本身自带的播放器，可以播放各种音频及视频文件。但 Media Player 控件也不是标准控件，在标准工具箱中也无法找到，因此在使用该控件之前必须把它加载到工具箱中，同样从菜单的"工具"→"添加工具箱"，在打开选择工具箱对话框的对话框中选择"COM 组件"，找到"Windows Media Player"选项，选中该项后，点击确定，则该控件就自动添加到工具箱中。

可以通过设置控件的 URL 属性值来获取媒体播放文件。URL 属性是字符串类型，用于存储播放文件的名称与路径，媒体文件可以是网络上的文件，也可以是本地文件，Windows Media Player 控件从 URL 属性中获取播放文件，假设有一个 Windows Media Player 的控件对象 axMedia，则设置 URL 的语句如下：

```
axMedia.URL="f:\C#\MP3_WMV\贝多芬一致爱丽丝.mp3";
```

上述语句表示从本地硬盘获取播放文件。

Windows Media Player 控件常用的方法如下：

```
axWindowsMediaPlayer1.Ctlcontrols.play();//播放
axWindowsMediaPlayer1.Ctlcontrols.pause();//暂停
axWindowsMediaPlayer1.Ctlcontrols.stop(); //停止
```

其中 axWindowsMediaPlayer1 为 Windows Media Player 控件对象，该控件自带有播放控制条，可以控制音量大小，还可以控制暂停、停止、播放、上一首、下一首等功能，如果不想用自带的控制条，使用自己的方式控制播放状态，可以将其屏蔽，使用的语句为：

```
axWindowsMediaPlayer1.uiMode = "none";
```

Windows Media Player 控件其他一些属性如下：

```
URL:String; 指定媒体位置，本机或网络地址。
uiMode:String; 播放器界面模式，可为 Full, Mini, None, Invisible。
```

playState:integer；播放状态，1=停止，2=暂停，3=播放，6=正在缓冲，9=正在连接，10=准备就绪。

enableContextMenu:Boolean；启用/禁用右键菜单。

fullScreen:boolean；是否全屏显示。

例 10.2 建立一个多媒体播放器，通过打开文件对话框播放打开的媒体文件，可以对播放的文件进行暂停、停止、播放等功能。

分析：从工具箱上拖动该 Windows Media Player 的控件放到窗体上，系统自动会命名该控件为 AxWindowsMediaPlayer1，并适当调整其大小，另外，拖入几个按钮控件到窗体上，并拖入一个打开文件对话框到窗体上，界面设置如图 10.3.1 所示。

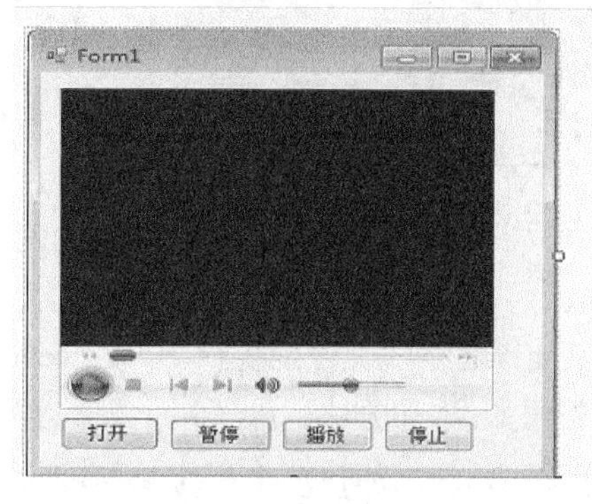

图 10.3.1 多媒体播放器界面设置

程序代码如下：

```
private void Form1_Load(object sender, EventArgs e)
        {
            axWindowsMediaPlayer1.uiMode = "none";//禁用自带的控制条
        }
private void button1_Click(object sender, EventArgs e)//打开播放文件
        {    string  Mfname="";
            openFileDialog1.Filter = "mp3 文件|*.mp3|avi 文件|*.avi ";
            if (openFileDialog1.ShowDialog() == DialogResult.OK)
                Mfname = openFileDialog1.FileName;
            axWindowsMediaPlayer1.URL = Mfname;
        }
private void button2_Click(object sender, EventArgs e)//暂停
        {
            axWindowsMediaPlayer1.Ctlcontrols.pause();
        }
private void button3_Click(object sender, EventArgs e)//播放
        {
            axWindowsMediaPlayer1.Ctlcontrols.play();
        }
private void button4_Click(object sender, EventArgs e)//停止
        {
            axWindowsMediaPlayer1.Ctlcontrols.stop();
        }
```

图 10.3.2 多媒体播放器运行界面

程序运行后，点击打开按钮，会弹出一个打开文件对话框，可以从中选择“.mp3 文件”、“.avi”文件等，选择指定的媒体文件后，点击确定，程序会自动播放相关文件，运行界面如图 10.3.2 所示。

10.4 ShockwaveFlash 控件

目前，Flash 动画非常流行，主要原因是视频媒体文件经过压缩成为 Flash 文件后，文件容量变得非常小，占用的网络资源不多，因而网上播放的很多电影也是 Flash 格式文件，在 C#.NET 的 Windows 应用程序中，也提供了播放 Flash 格式文件的控件 ShockwaveFlash。同样，该控件在标准的工具箱上没有，必须得另外添加，添加方法了除了用上面的方法外，也可以用下面方法进行：鼠标指向工具箱后，点击右键，在弹出的快捷菜单中选“添加/删除项”→“ Com 组件”，找到“Shockwave Flash Object”选项后把前面的复选框打上钩。

1）shockwave flash object 控件常用属性

Movie：设置要播放的 Flash 动画文件名。

Loop：是否循环播放。默认为 true。

Playing：播放状态。

Quality：播放时的显示质量。可设为 0～3 中的一个，其中 0 为低分辨率，1 为高分辨率，2 为自动降低分辨率，3 为自动升高分辨率。

ScaleMode：动画的缩放模式。可设置 0～2 中的一个，其中 0 保持 Flash 动画的全屏，1 为无边界，2 为自动适应控件大小，默认值为 0。

2）shockwave flash object 的常用方法

Back()：向后播放。

Forward()：向前播放。

CurrentFrame()：获得正在播放的当前帧。

GotoFrame()：跳到指定帧。带一个参数，是指定的帧数。

IsPlaying()：检测是否在播放。

Play()：播放动画。

Rewind()：将动画反绕回第一帧。

Stop()：停止动画的播放。

Zoom()：缩放动画。

例 10.3 建立一个播放 Flash 文件的播放器，通过打开文件对话框播放打开的媒体文件，播放时可以暂停、停止、继续播放等功能。

分析：从工具箱上拖动 Flash 控件放到窗体上，自动会命名为 axShockwaveFlash1，并适当调整其大小，另外，拖入几个按钮控件到窗体上，拖入一个打开文件对话框到窗体上，设置控件的相关属性，界面设置如图 10.4.1 所示：

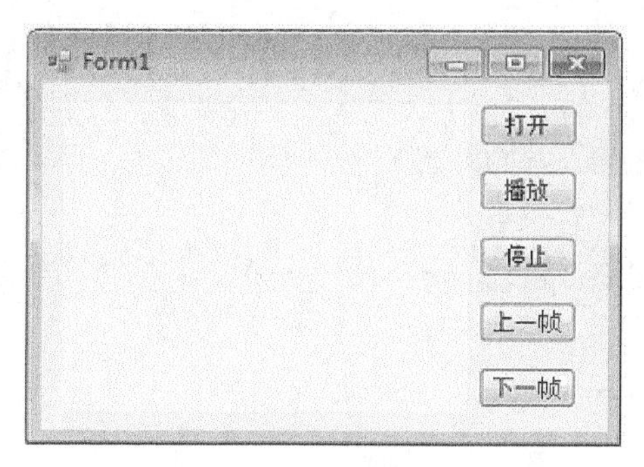

图 10.4.1 Flash 播放器界面设置

程序代码如下：

```
private void Form1_Load(object sender, EventArgs e)//初始化
{
    openFileDialog1. Filter = "FLASH 文件| *. swf"; //设置打开对话框的过滤器
    openFileDialog1 . InitialDirectory = Application. StartupPath;
                //设置打开对话框的起始路径
    openFileDialog1. Title = "打开 Flash 文件";//设置打开对话框的标题
}
private void button1_Click(object sender, EventArgs e)//打开
{
    if (openFileDialog1. ShowDialog() == DialogResult. OK)
    {//弹出打开对话框供用户选择文件
        axShockwaveFlash1. Stop();//停止播放
        axShockwaveFlash1. Playing = false;//设置属性
        axShockwaveFlash1. Movie = openFileDialog1. FileName;
                //设置要播放的 Flash 动画文件名
    }
 }
private void button2_Click(object sender, EventArgs e)//播放
{
  axShockwaveFlash1. Playing = true;//允许播放
   axShockwaveFlash1. Play();//播放
}
private void button3_Click(object sender, EventArgs e)//停止
{
   axShockwaveFlash1. Playing = false;//不允许播放
```

```
    axShockwaveFlash1.Stop();//停止播放
  }
private void button4_Click(object sender, EventArgs e)//上一帧
 {
      axShockwaveFlash1.Back();//回到上一帧
  }
private void button5_Click(object sender, EventArgs e)//下一帧
  {
    axShockwaveFlash1.Forward();//跳到下一帧
  }
```

运行结果如图 10.4.2 所示：

图 10.4.2 Flash 播放器运行界面

10.5 WebBrowser 控件

随着互联网的广泛使用，各种浏览网页的软件很多，C#.NET 也提供了一个 Web 浏览器控件 WebBrowser，它具有 IE 浏览器的功能，可以在连接因特网的情况下，访问网页，该控件甚至还可以播放 GIF 动画以及 Flash 动画。

1) WebBrowser 控件的常用方法

```
Navigate(string urlString):打开浏览网站，选中 urlString 表示的网址；
GoBack():后退；
GoForward():前进；
Refresh():刷新；
Stop():停止；
GoHome():浏览主页。
```

2) WebBrowser 控件的常用属性

```
Document:获取当前正在浏览的文档；
```

```
DocumentTitle：获取当前正在浏览的网页标题；
StatusText：获取当前状态栏的文本；
ReadyState：获取浏览的状态。
```

Url：获取或设置当前正在浏览的网址的 Uri；例如下面语句是用 webBrowser1 控件打开百度网并保留网址到文本框 textBox1 中：

```
Uri uri=new Uri("http://www.baidu.com.cn");
webBrowser1.Url = uri;
textBox1.Text = Convert.ToString(webBrowser1.Url);
```

例 10.4 建立一个能够浏览互联网上网站以及能够播放 gif、flash 文件的应用程序，并且页面的大小随窗体大小改变而改变。

分析：从工具箱上拖入一个组合框、一个按钮到窗体上，再拖入一个 WebBrowser 控件到窗体上，适当调整其长度宽度，设置各控件的相关属性，界面设置如图 10.5.1 所示：

图 10.5.1 Flash 播放器界面设置

程序代码如下：

```
private void button1_Click(object sender, EventArgs e)//打开浏览网站
  {
          string Urlname;
          Urlname = comboBox1.Text;
          webBrowser1.Navigate(Urlname);
  }
private void Form1_SizeChanged(object sender, EventArgs e)
  {       //浏览器大小随窗体大小改变而改变
          webBrowser1.Width = this.Width;
          webBrowser1.Height = this.Height;
   }
```

运行后，从组合框输入网址：http://www.sina.com.cn，点击浏览的按钮，运行结果如图 10.5.2 所示：

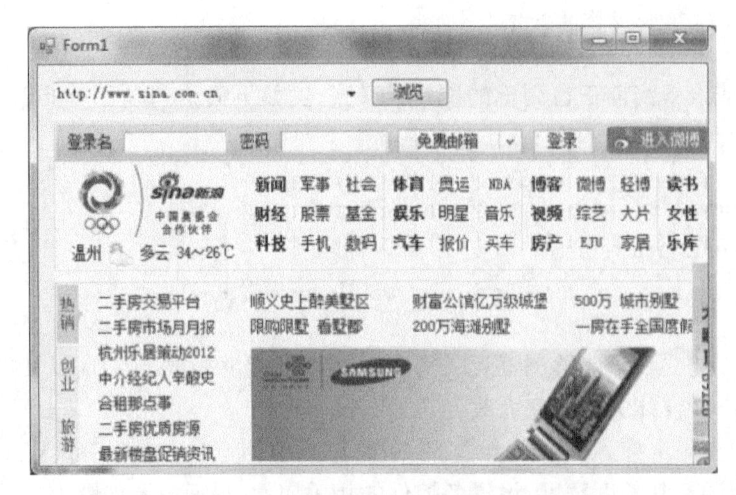

图 10.5.2　WebBrowser 控件运行效果

10.6　习题

1. 什么是媒体?

2. 什么是多媒体技术? 它有什么特点?

3. Animation 控件主要用在什么场合?

4. Windows Media Player 控件常用的属性与方法是什么?

5. ShockwaveFlash 控件常用的属性与方法是什么?

6. WebBrowser 控件主要用到的方法是什么? 要使 WebBrowser 控件自动随窗体的大小改变而改变，应该如何设置?

7. 标准工具栏上没有多媒体控件时应如何添加?

8. 设计一个能够播放 mp3 以及 avi 文件的播放器。

9. 设计一个能播放 flash 文件的播放器。

10. 自己设计一个类似 IE 浏览器能浏览网页文件的软件。

11

Web 应用程序开发

C#.NET 不仅能够开发控制台应用程序、Windows 应用程序,还可以开发 Web 应用程序。如果说 Windows 应用程序只能运行在 Windows 操作系统上的话,那么 Web 应用程序则打开了跨平台开发之门,Web 窗体显示在 Internet Explorer 或 Netscape Navigator 等这样的浏览器应用程序中,最普遍的访问方式是通过网络完成的。

Web 应用程序,是一种以网页形式为界面的应用程序,Web 应用程序可以利用网络的强大功能为用户提供服务。ASP.NET 为这种类型应用程序的开发提供了一个强大的平台。还有一种可以为 Web 应用程序提供服务的网络应用,叫 XML WebService,也叫 Web 服务,它虽然不是以可视化的界面出现在用户面前,但可以为用户的客户端应用程序或 Web 应用程序提供网络服务。

11.1 ASP.NET 简介

大多数 Windows 应用程序都是独立的应用程序,而 Web 应用程序需要服务器和客户机。Web 服务器把网页发送给客户机,并在浏览器应用程序中显示网页。其原理如图 11.1.1 所示:

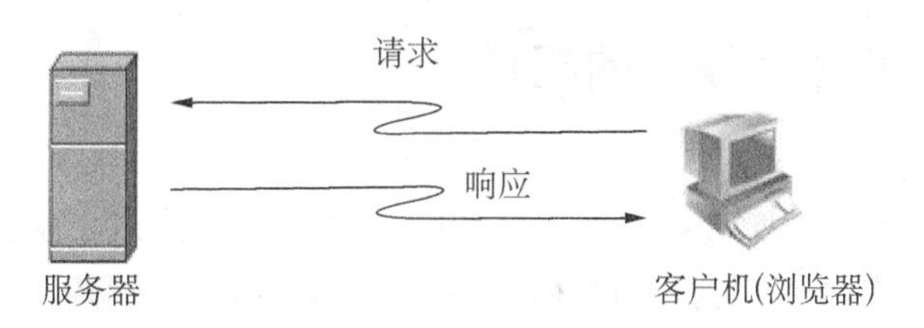

图 11.1.1 服务器与客户端之间的信息传递

下面简单介绍一些在 ASP.NET 开发中用到的基本知识:

1) Web 服务器

要开发 Web 应用程序,必须使用远程 Web 服务器,或者使本机成为 Web 服务器,在 Web 服务器上存放用户要访问的资源。

2) Web 客户机

即一般上网的电脑,在电脑上安装如 IE 浏览器这样的软件,即可以显示服务器上用超文本标记语言(HTML)编写的网页。

3) Web页

即Web服务器网站上存放的一个一个的页面文件,用户请求Web页时,浏览器(客户端)会向服务器发送一个请求。服务器接到请求后,会把Web服务器上的页面文件转换成HTML文件,或由服务器上的程序动态生成显示页面所必需的HTML代码,然后发送到客户端,最后由浏览器软件负责解析并显示在客户机上,就是我们看到的网页。动态生成HTML页面的一种Microsoft技术是Active Server Pages(ASP)。

4) Web页与Windows窗体

网页和Windows窗体之间是有区别的。Windows窗体把Windows应用程序窗口用作程序的主要用户界面,网站则通过支持程序代码的网页负责为用户提供信息。

与Windows窗体一样,网页可以包括文本、图形图像、按钮、列表框,以及其他用于提供信息、处理用户输入或者显示输出的对象。要创建ASP.NET网站,必须使用Visual Web Developer工具箱中的控件,每一个Visual Web Developer控件都有其特有的方法、属性和事件。这些控件和Windows窗体控件之间有许多类似之处,也有很多重要的差异。

ASP.NET是一种Web开发环境,它可以编译包括Visual C#.NET在内的任何一种.NET语言编写的应用程序,为Web窗体和Web服务提供与Windows应用程序一样的调试支持,使Web开发变得更为容易。

ASP.NET是建立在微软新一代.NET平台架构上,利用普通语言运行时(Common Language Runtime)在服务器后端为用户提供建立强大的企业级Web应用服务的编程框架。

目前在Microsoft Visual Studio 2008环境下进行ASP.NET的开发语言有C#.NET与VB.NET。ASP.NET主要包括WebForm和WebService两种编程模型。前者为用户提供建立功能强大、外观丰富的基于表单(Form)的可编程Web页面,后者通过对HTTP、XML、SOAP、WSDL等Internet标准的支持,提供在异构网络环境下获取远程服务,连接远程设备,交互远程应用的编程界面。

11.2 ASP.NET应用程序的组成

早期网站是静态网站,由若干个网页组成,存放于Web服务器中,每个网页使用HTML标记语言写成。HTML标记是用特殊的ASCⅡ字符来定义网页中的对象以及对象的属性。用户访问服务器网站时,通过客户机中的浏览器都可以解释这些ASCⅡ标记,将用HTML语言标记的网页在客户机中的屏幕显示。

HTML标记格式为:

```
〈标记名称〉被控制的文字〈/标记名称〉。
```

其中,〈标记名称〉为开始标记,〈/标记名称〉为结束标记,一般用来定义被控制的文字的格式或字体等。例如,下列标记使被控制的文字中间对齐:〈center〉ASP页面〈/center〉。静态网页文件的最基本HTML标记结构如下:

```
<html>
    <head>
      <title>显示在浏览器标题栏中的文字</title>
  </head>
  <body>这里的位置显示网页的内容</body>
</html>
```

上面标记中，<html>表示网页文件的开始，</html>表示网页文件的结束，网页的所有内容都应在这两个标记之间。<head>…</head>之间可以设定网页的一些信息，例如<title>…</title>之间的文字显示在浏览器的标题栏中。在<head>之间还可以用<script>…</script>标记使用脚本语言定义变量、方法等。<body>…</body>之间是网页在浏览器中显示的内容。HTML标记可以嵌套，但标记的嵌套不能是交错的。

随着网络的飞速发展，静态网已经渐渐不能适应社会发展的需要，于是动态网页应运而生，从开始的asp，jsp到现在的asp. net，动态网页的技术越来越成熟。

ASP. NET使用方法与Windows应用程序一样，使用窗体（表单）来创建用户界面，只是ASP. NET使用Web窗体，它使用了一个新技术，即用户界面文件(. aspx)与动态程序功能代码文件(. aspx. cs)，前者负责描述页面的外观，使用与html文件格式相类似的代码，而后者采用与C#. NET应用程序格式相似的代码，用于实现程序的功能。这样网页的外观与编程逻辑分开，有利于网站美工人员与网络编程人员的合理分工，更利于代码的维护及代码的重用。

下面是一个Web站点中的一个页面的aspx文件内容和aspx. cs文件内容。

Default. aspx文件内容：

```
<%@ Page Language="C#" AutoEventWireup="true"  CodeFile="Default.aspx.cs" 
Inherits="_Default" %>
<! DOCTYPE html PUBLIC "-//W3C//DTD XHTML 1.0 Transitional//EN" 
"http://www.w3.org/TR/xhtml1/DTD/xhtml1-transitional.dtd">
<html xmlns="http://www.w3.org/1999/xhtml">
<head runat="server">
    <title></title>
</head>
<body>
    <form id="form1" runat="server">
    <div>
        <asp:Label ID="Label1" runat="server" Text="转到"></asp:Label>
        <asp:LinkButton ID="LinkButton1" runat="server" 
onclick="LinkButton1_Click">新浪</asp:LinkButton>
    </div>
    </form>
```

```
</body>
</html>
Default.aspx.cs 文件内容
using System;
using System.Collections.Generic;
using System.Linq;
using System.Web;
using System.Web.UI;
using System.Web.UI.WebControls;
public partial class _Default : System.Web.UI.Page
{
    protected void Page_Load(object sender, EventArgs e)
    {
    }
    protected void LinkButton1_Click(object sender, EventArgs e)
    {
        Response.Redirect("http://www.sina.com");
    }
}
```

用VS2008创建一个网站,是指在Web服务器的宿主目录下建立一个子目录或虚拟目录,该目录下可以有一个以上的子目录或文件,网站的网页以及其他相关文件都放到这个目录中。当客户访问这个网页时,能动态生成显示当前的网页返回给客户,一个网站可能有多个Web应用程序(服务器端动态网页),这和Windows应用程序项目概念类似,因此网站也叫Web应用程序项目,有时也简称为Web应用程序,它必须在IIS(Internet Information Services互联网信息服务)下才能运行。在VS2003中,为了运行ASP.NET网站,必须在操作系统下安装IIS。在VS2005以后的版本中均自身带有一个IIS,使用本地文件系统模拟网站,在调试完毕全部正确无误后,再使用IIS建立真正的站点,这样给编程人员带来了极大方便。

下面以一个实例说明ASP.NET应用程序的组成。

例11.1 用VS2008建立一个用户登录的站点。具体步骤如下:

(1) 单击VS2008菜单的"文件(F)|新建网站(W)…"菜单项,打开"新建网站"对话框(图11.2.1),在对话框中,选中"ASP.NET网站",在"位置(L)"编辑框中,如选"HTTP",则必须在IIS的宿主目录建立网站。这里选择"文件系统",则可以在任意位置创建网站,并使用VS2008自带Web服务器。在"语言(G)"编辑框选择C#.NET语言。单击"浏览"按钮,选择存放网站的位置,并填入网站名称,这个名称为目录名,将被看作VS2008自带Web服务器宿主目录下的虚拟目录名。

(2) 单击确定按钮,创建了一个以用户命名的文件夹作为网站文件夹,其中包括一个App_Data文件夹(用来存放数据库文件)等文件夹,另外还有系统自动产生的两个文件,其中Default.aspx是网页文件,Default.aspx.cs文件是网页文件Default.aspx中使用的代码

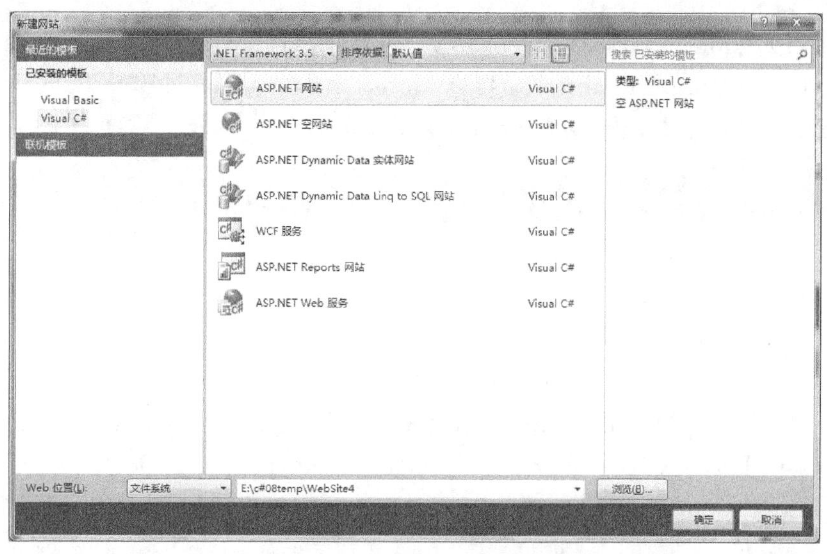

图 11.2.1　新建网站对话框

文件。单击网页编辑窗口左下侧的"设计"标签，编辑窗口转换为可视化设计模式，可看到一个空白窗体，用户可以在窗体中放入 Web 服务器控件。

(3) 进入设计界面后，从工具箱上拖入两个标签和一个文本框、一个按钮到窗体上，并设置相关属性，设计后的界面如图 11.2.2 所示：

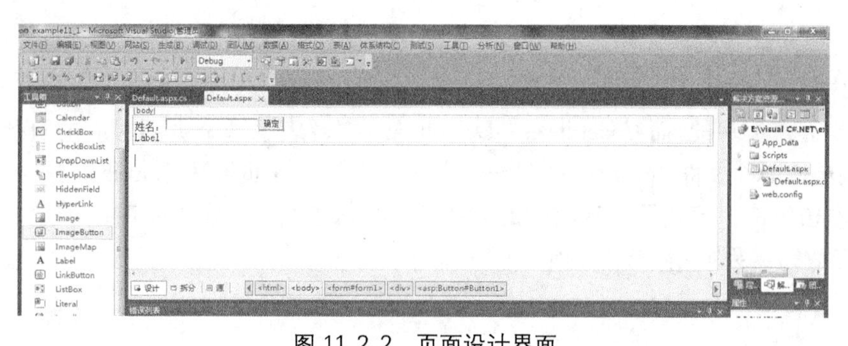

图 11.2.2　页面设计界面

(4) 双击界面上"确定"按钮，进入编程窗口，输入如下代码：

```
protected void Button1_Click(object sender, EventArgs e)
{
    Label2.Text = TextBox1.Text + "欢迎你!";
}
```

(5) 再在工具栏下面的选项卡当中选择 Default.aspx，回到界面设计状态，右点击设计窗体下面的选项卡"源"，可以观察并编辑页面界面设置代码，具体代码如下：

```
<%@ Page Language="C#" AutoEventWireup="true"  CodeFile="Default.aspx.cs"
Inherits="_Default" %>
```

```
<! DOCTYPE html PUBLIC "-//W3C//DTD XHTML 1.0 Transitional//EN"
"http://www.w3.org/TR/xhtml1/DTD/xhtml1-transitional.dtd">
<html xmlns="http://www.w3.org/1999/xhtml">
<head runat="server">
    <title></title>
</head>
<body>
    <form id="form1" runat="server">
    <div>
        <asp:Label ID="Label1" runat="server" Text="姓名:"></asp:Label>
        <asp:TextBox ID="TextBox1" runat="server"></asp:TextBox>
        <asp:Button ID="Button1" runat="server" onclick="Button1_Click" Text="
确定" />
        <br />
        <asp:Label ID="Label2" runat="server" Text="Label"></asp:Label>
    </div>
    </form>
</body>
</html>
```

代码中的第一行中@Page是一个页面指令,在这里Language="C#"指明了当前页面的后台代码是C#语言编写的,而CodeFile=" Default.aspx.cs"表示这个页面对应的页代码文件是Default.aspx.cs这个文件,Inherits="_Default "表示当前aspx页继承自_Default这个类。

(6) 右击解决方案资源管理器中的Default.aspx文件,在弹出的菜单中选"在浏览器中查看(B)"运行,结果如图11.2.3所示:

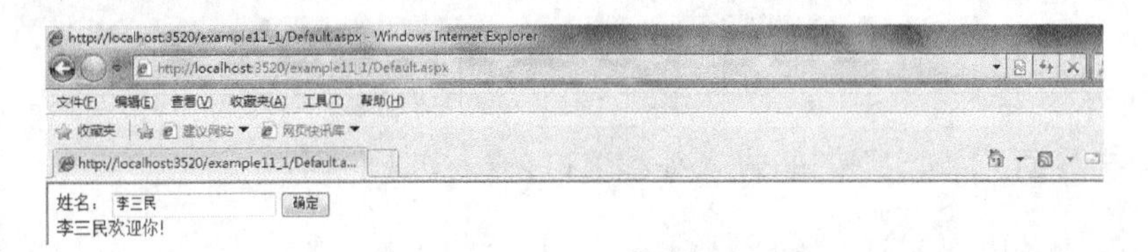

图11.2.3 运行效果图

11.3 ASP.NET常用服务器控件

服务器控件是一种在服务器端完成的控件,服务器端在处理完控件动作后,生成标准的HTML文件发送给客户端(浏览器端)。

在创建一个简单的HTML页面并将其保存到本地文件系统中时,双击该文件就可以在浏览器中查看它。如果只是搭建一个静态的HTML站点并希望测试输出,这样做是可以的,但是在开发网站时,无法要求用户先下载网页然后再查看,因为这样会花费大量的时间,这就是为什么网站在部署之后，必须上载到Web服务器的原因。

既然站点部署到Web服务器上，就可以从其他机器访问这个站点，浏览各个HTML页面，然而，如果服务器上安装了所需的软件，那么就可以提供更多的功能，而不仅仅是静态HTML页面。在请求HTML页面时，服务器找到对应的文件并将其发送给用户；而在请求ASP.NET页面时（扩展名为.aspx的页面），服务器将在文件系统中找到并读取对应的页面，然后执行某些处理，再将结果页面发送给用户。

ASP.NET常用服务器控件主要用于页面布局，并与客户端进行数据交互，主要分为下面几类：标准，数据，验证，导航，登陆，Webparts（网页组件），AJAX Extension，Dynamic（动态）Data，Reporting（报表），HTML，General（常规，综合的）等。本节主要讲述标准类控件，标准类控件与Windows应用程序标准类控件基本类似，下面是一些标准类控件。

1）Label控件

主要用于显示文字信息，标签控件显示的文字不能直接进行修改，要修改的话只能在设计阶段进行。

Label控件常用属性：
Id：控件名称；
Text：要显示的文字信息；
ToolTip：鼠标放在控件上时显示的提示信息；
Visible：运行时是否可见。

2）TextBox控件

既可以用来显示文字，又能够在文字框中输入文字。

TextBox控件常用属性：
AutoPostBack：文本修改后是否自动回发到服务器；
MaxLength：可输入的最大字符数；
TextMode：行为模式，有SingleLine，MultiLine，Password三个选项。

3）Button控件

主要用于提交页面相关内容到服务器，常用于与服务器交互。

Button控件常用属性：
CausesValidation：是否启动验证；
点击Button按钮控件时会触发click事件，同时产生一个方法与之响应。

4）CheckBox控件

用于创建复选框。

CheckBox控件常用属性：
Text：显示在复选框旁的文本；
Checked：复选框的选择状态，true为选中，false为未选中。

5) RadioButton控件

用于创建单选按钮。

RadioButton控件常用属性:

Text:显示在单选按钮旁的文本;

GroupName:属于同一组的单选按钮,即GroupName相同的单选按钮,只能有一个处于选中状态;

Checked:单选按钮的选择状态,true为选中,false为未选中。

6) CheckBoxList控件

用于创建一组复选框。

CheckBoxList控件常用属性:

Items:复选框列表中复选框集合;

Selected:Items集合元素属性,对应复选框选择状态。

7) ListBox列表框

主要用于在多个项目栏中选择一个或多个栏目。

ListBox控件常用属性:

BackColor属性:用于显示ListBox控件中的文本和图形的背景颜色,默认为白色(white)。

BorderStyle属性:控制在列表框ListBox周围绘制的边框的类型,其枚举值为下面三个:BorderStyle. None——无边框;BorderStyle. FixedSingle——单行边框;BorderStyle. Fixed3D——三维边框;默认值为BorderStyle. Fixed3D。

Font、ForeColor属性:前者用于调整列表框中文本的字体,后者用于调整文本框中文本或者图形的前景色。

MultiColumn属性:指示列表框中的项是否以水平的方式在列表框中显示,默认为false,此时所有的项都只显示为一列,当列表框无法显示全部的项的时候,将会出现一个垂直的滚动条;如果MultiColumn属性为true,则列表框以多列的形式来显示所有的项,如果一列无法全部显示完,则在水平位置重新显示一列,直到显示完毕为止,此时将会出现一个水平滚动条。

ColumnWidth属性:指示"多列列表框"中各列的宽度。当MultiColumn属性为true时才起作用,其默认值为0,即将默认宽度分配给每列。可以使用此属性确保多列ListBox中的每列都可正确显示其项,我们可以通过代码来自己设置列表框ColumnWidth属性的值,以确保能以最优的宽度来显示列表。

SelectionMode属性:指示列表框式单项选择、多项选择还是不可选择,其枚举值有下面四个:MultiExtended——可以选择多项,并且用户可使用SHIFT键、CTRL键和箭头键来进行选择;MultiSimple——可以选择多项;None——无法选择项;One——只能选择一项;默认值为One。

SelectedItems、SelectedItem、SelectedIndex属性:这三个属性都与选择列表框中的项有关。SelectedItems属性返回的是ListBox当前选定的项的集合;SelectedItem属性返回的是ListBox中选定的第一项,也是SelectedItems集合中的第一项;SelectedIndex属性返回的是SelectedItem在列表框中的索引,其值是一个整数,如果列表框未选定任何项,则它的值为

-1,我们在程序中通过改变它的值来更改选定项。

Items 属性:返回的是列表框的所有项的集合。

8) RadioButtonList 控件

用于创建一组单选按钮。

常用属性:SelectedItem,单选按钮集合中选择状态为选中的单选按钮。

9) ImageButton 控件

以图片形式显示,ImageUrl 属性指定图片路径。

10) HyperLink 控件

超链接控件,其中由 NavigateUrl 属性定位到指定的 Url。

11) Dropdown List 控件

下拉菜单。

12) LinkButton 控件

在页面上显示为一个超链接。

例 11.2 设计一个模拟网上用户注册的界面,通过网上填入用户的相关信息,点击注册按钮后,完成注册,在标签上显示相关注册信息。

设计步骤如下:

(1) 启动 VS2008 后,单击菜单的"文件(F)|新建网站(W)…"菜单项,打开"新建网站"对话框(图 11.2.1),在对话框中,选中"ASP.NET网站",在"位置(L)"编辑框中,如选"HTTP",则必须在 IIS 的宿主目录建立网站。这里选择"文件系统",则可以在任意位置创建网站,使用 VS2008 自带 Web 服务器。在"语言(G)"编辑框选择 C#语言。单击"浏览"按钮,再选择存放网站的位置,并填入网站名称,确定后进入网站并自动生成一个网页文件 Default.aspx。

(2) 在 Default.aspx 页面上布置 Web 服务器控件,并设置相关控件的属性,布置好的页面如图 11.3.1 所示。

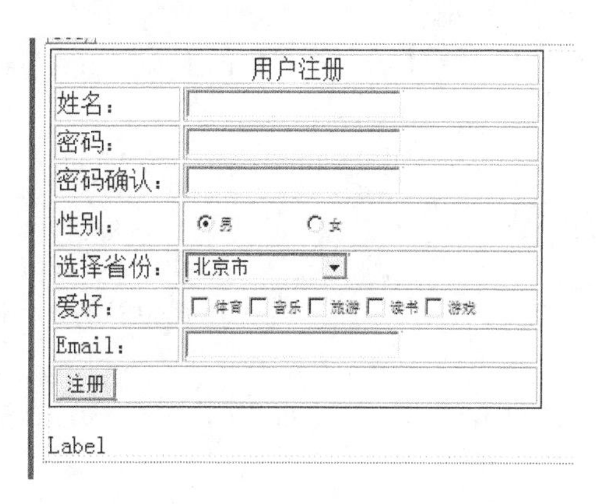

图 11.3.1 注册界面图

Default.aspx 页面文件相关的代码如下:

```
<%@ Page Language="C#" AutoEventWireup="true" CodeFile="Default.aspx.
cs" Inherits="_Default" %>
<! DOCTYPE html PUBLIC "-//W3C//DTD XHTML 1.0 Transitional//EN"
"http://www.w3.org/TR/xhtml1/DTD/xhtml1-transitional.dtd">
<html xmlns="http://www.w3.org/1999/xhtml">
<head runat="server">
    <title>用户注册</title>
    <style type="text/css">
        .style1
        {
            width: 37%;
```

```
            }
            .style2
            {
            }
            .style3
            {
                width: 280px;
            }
            .style4
            {
            }
            .style5
            {
                width: 92px;
            }
        </style>
    </head>
    <body>
        <form id="form1" runat="server">
        <div >
            <table border="1" class="style1" style="border-color:Blue;">
                <tr>
                    <td align="center" class="style2" colspan="2">
                        用户注册</td>
                </tr>
                <tr>
                    <td class="style5">
                        姓名:</td>
                    <td class="style3">
                        <asp:TextBox id="txbName" runat="server"></asp:TextBox>
                    </td>
                </tr>
                <tr>
                     <td class="style5">
                         密码:</td>
                     <td class="style3">
                <asp:TextBox                    id="txbPwd"                    runat=
"server" TextMode="Password"></asp:TextBox>
                     </td>
```

```
                </tr>
                <tr>
                    <td class="style5">
                        密码确认:</td>
                    <td class="style3">
                        <asp:TextBox id="txbConfirm" runat
="server" TextMode="Password"></asp:TextBox>
                    </td>
                </tr>
                <tr>
                    <td class="style5">
                        性别:</td>
                    <td class="style3">
        <asp:RadioButtonList id="rblSex" runat="server"
RepeatDirection="Horizontal" Font-Size="Smaller" Width="152px">
        <asp:ListItem Value="男" Selected="True">男</asp:ListItem>
        <asp:ListItem Value="女">女</asp:ListItem>
    </asp:RadioButtonList>
                    </td>
                </tr>
                <tr>
                    <td class="style5">
                        选择省份:</td>
                    <td class="style3">
                        <asp:DropDownList id="ddlProvince" runat=
"server" Width="112px">
                            <asp:ListItem Value="北京市">北京市</asp:ListItem>
                            <asp:ListItem Value="上海市">上海市</asp:ListItem>
                            <asp:ListItem Value="天津市">天津市</asp:ListItem>
                            <asp:ListItem Value="重庆市">重庆市</asp:ListItem>
                            <asp:ListItem Value="山东省">山东省</asp:ListItem>
                            <asp:ListItem Value="辽宁省">辽宁省</asp:ListItem>
                            </asp:DropDownList>
                    </td>
                </tr>
                <tr>
                    <td class="style5">
                        爱好:</td>
```

```
                    <td class="style3">
                    <asp:CheckBoxList id="cblFavor" runat=
"server" RepeatDirection="Horizontal" Font-Size="Smaller" RepeatLayout="Flow">
                    <asp:ListItem Value="体育">体育</asp:ListItem>
                    <asp:ListItem Value="音乐">音乐</asp:ListItem>
                    <asp:ListItem Value="旅游">旅游</asp:ListItem>
                    <asp:ListItem Value="读书">读书</asp:ListItem>
                    <asp:ListItem Value="游戏">游戏</asp:ListItem>
                    </asp:CheckBoxList>
                    </td>
                </tr>
                <tr>
                    <td class="style5">
                        Email:</td>
                    <td class="style3">
                    <asp:TextBox id="txbEmail" runat="server"></asp:TextBox>
                    </td>
                </tr>
                <tr>
                    <td class="style4" colspan="2">
                        <asp:Button ID="Button1" runat
="server" onclick="Button1_Click" Text="注册" />
                    </td>
                </tr>
            </table>
            <br />
            <asp:Label ID="Label1" runat="server" Text="Label"></asp:Label>
            </div>
            </form>
    </body>
    </html>
```

对应的Default.aspx.cs文件相关代码如下：

```
    using System;
    using System.Collections.Generic;
    using System.Linq;
    using System.Web;
    using System.Web.UI;
    using System.Web.UI.WebControls;
```

```
public partial class _Default : System. Web. UI. Page
{
    protected void Page_Load(object sender, EventArgs e)
    {
    }
    protected void Button1_Click(object sender, EventArgs e)//注册按钮
    {
        Label1. Text = "您的姓名为:" + txbName. Text + "〈br〉";
        Label1. Text += "您的密码为:" + txbPwd. Text + "〈br〉";
        Label1. Text += "您的 Email 为:" + txbEmail. Text + "〈br〉";
        Label1. Text += "您的性别为:" + rblSex. SelectedItem. Text + "〈br〉";
        Label1. Text += "您的籍贯是:" + ddlProvince. SelectedItem. Text +
"〈br〉";
        Label1. Text += "您的爱好有:";
         foreach (ListItem i in cblFavor. Items)
         {
             if (i. Selected)
                          Label1. Text += i. Text + ";";
         }
    }
}
```

运行效果如图 11. 3. 2 所示。

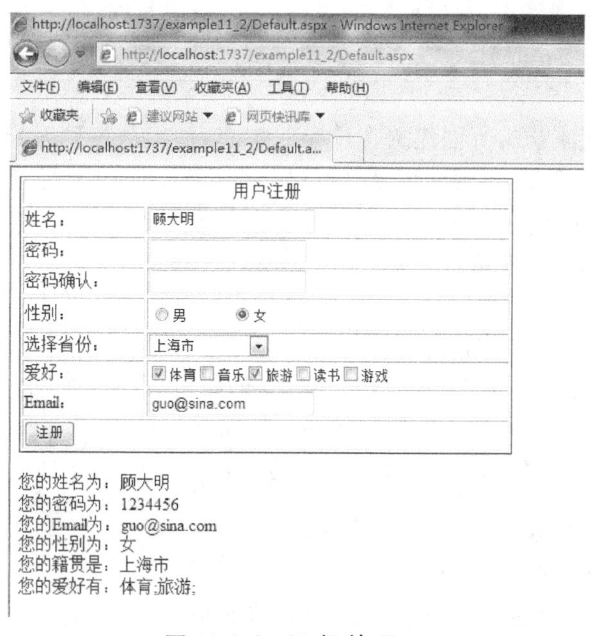

图 11.3.2 运行效果图

11.4 ASP.NET常用内置对象

ASP.NET提供的内置对象有Page、Request、Response、Application、Session、Server、Mail和Cookies。这些对象使用户更容易收集通过浏览器请求发送的信息、响应浏览器以及存储用户信息，以实现其他特定的状态管理和页面信息的传递。通过调用这些内置对象的方法，可以使开发人员更加自由灵活地编写程序。

11.4.1 Page对象

Page对象是由System.Web.UI命名空间中的Page类来实现的，Page类与扩展名为.aspx的文件相关联，这些文件在运行时被编译为Page对象，并缓存在服务器内存中。

Page对象提供的常用属性、方法及事件如表11.1所示：

表11.1 Page对象的常用属性、方法及事件表

名称	功能说明
IsPostBack属性	获取一个值，该值表示该页是否正为响应客户端回发而加载
IsValid属性	获取一个值，该值表示页面是否通过验证
Application属性	为当前Web请求获取Application对象
Request属性	获取请求的页的HttpRequest对象
Response属性	获取与Page关联的HttpResponse对象。该对象使服务器得以将HTTP响应数据发送到客户端，并包含有关该响应的信息
Session属性	获取ASP.NET提供的当前Session对象
Server属性	获取Server对象，它是HttpServerUtility类的实例
DataBind方法	将数据源绑定到被调用的服务器控件及其所有子控件
Init事件	当服务器控件初始化时发生
Load事件	当服务器控件加载到Page对象中时发生
Unload事件	当服务器控件从内存中卸载时发生

11.4.2 Response对象

Response对象用来访问所创建的客户端的响应，输出信息到客户端，它提供了标识服务器和性能的HTTP变量，重定向浏览器到另一个URL或向浏览器输出Cookie文件，同时它也提供了一系列用于创建输出页面的方法，它常用方法如下：

(1) Response.Write(变量数据或字符串)。

用于向客户端发送字符串信息，如：Response.Write("欢迎学习ASP.NET")。

(2) Response.Redirect(网址或文件名)。

用于将客户端浏览器重定向到另外的URL，即跳转到另一个网页，也用于打开指定的文件。例如：Response.Redirect("http://www.163.net/")。

另外，Response对象常用的还有如下一些方法：

```
Response.End()方法：终止当前页的运行；
Response.Clear()方法：清除缓存；
Response.Flush()方法：强制输出缓存的所有数据。
```

11.4.3 Request 对象

Request 对象主要是让服务器取得客户端浏览器的一些数据，包括从 HTML 表单用 Post 或者 Get 方法传递的参数、Cookie 和用户认证。因为 Request 对象是 Page 对象的成员之一，所以在程序中不需要做任何的声明即可直接使用。

（1）使用 Request. Form 属性获取数据。

通过该属性，读取〈Form〉〈/Form〉之间的表单数据. 注意：提交方式要设置为“Post”，与 Get 方法相比较，使用 Post 方法可以将大量数据发送到服务器端。

（2）利用 Request. QueryString 属性获取数据。

Request 对象的 QueryString 属性可以获取 HTTP 查询字符串变量集合。通过该属性，例如可以读取地址信息 http://localhost/aaa. aspx? uid=tom&pwd=abc，其中 uid，pwd 为变量名，而 tom，abc 则是已经有具体值的量。注意：提交方式要设置为“Get”。

例 11.3 在 Web 应用程序开发中，QueryString 常用来获取 URL 查询字符串中变量的值。服务器网站上有两个网页 Default. aspx 和 result. aspx，要求启动页面 Default. aspx 后，填入相关数据，提交后把提交的数据送到 result. aspx 页面显示。

设计步骤如下：

（1）启动 VS2008 后，单击菜单的“文件(F)|新建网站(W)…”菜单项，打开“新建网站”对话框(图 11.2.1)，选择存放网站的位置，并填入网站名称，确定后进入网站并自动生成一个网页文件 Default. aspx。

（2）在解决方案资源管理器中右击鼠标，在弹出的菜单中选中“添加新项”，在弹出的对话框中选择 Web 窗体，并填入页面名“result”，确定后，便在该网站下添加了一个新页面 result. aspx。

在 Default. aspx 页面上布置 Web 服务器控件，并设置相关控件的属性，布置好的页面包括一个标签，一个文本框，一个提交按钮，具体的页面代码如下：

```
〈%@ Page Language="C#" AutoEventWireup="true"  CodeFile="Default.aspx.cs"
Inherits="_Default" %〉
〈! DOCTYPE html PUBLIC "-//W3C//DTD XHTML 1.0 Transitional//EN"
"http://www.w3.org/TR/xhtml1/DTD/xhtml1-transitional.dtd"〉
〈html xmlns="http://www.w3.org/1999/xhtml"〉
〈head runat="server"〉
〈title〉使用 POST 传送数据〈/title〉
〈/head〉
〈body〉
〈form method="post" action="result.aspx"〉
请输入您的名字:〈input type="text" name="mingzi"/〉〈br/〉
    〈input type="submit" value="提交"/〉
〈/form〉
```

```
</body>
</html>
在 result.aspx.cs 中编写的代码如下：
using System;
using System.Collections.Generic;
using System.Linq;
using System.Web;
using System.Web.UI;
using System.Web.UI.WebControls;
public partial class result : System.Web.UI.Page
{
    protected void Page_Load(object sender, EventArgs e)
    {
        string strmessage = "欢迎您,您的名字为:";
                                //定义字符串变量并赋初值
        strmessage += Request.Form["mingzi"];//把表单数据串接到变量
        Response.Write(strmessage);//输出变量
    }
}
```

运行结果如图 11.4.1 及图 11.4.2 所示：

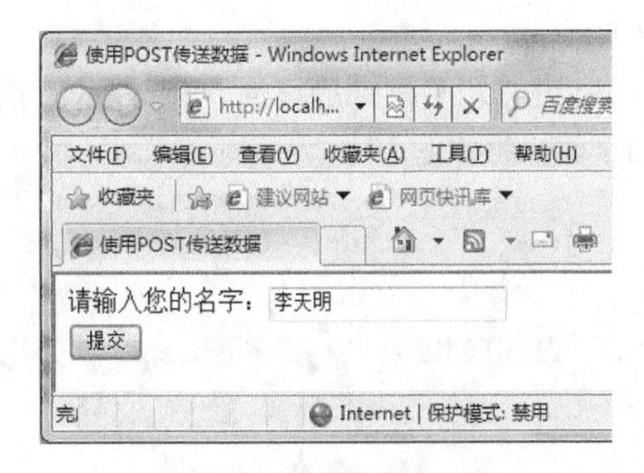

图 11.4.1 数据提交页面

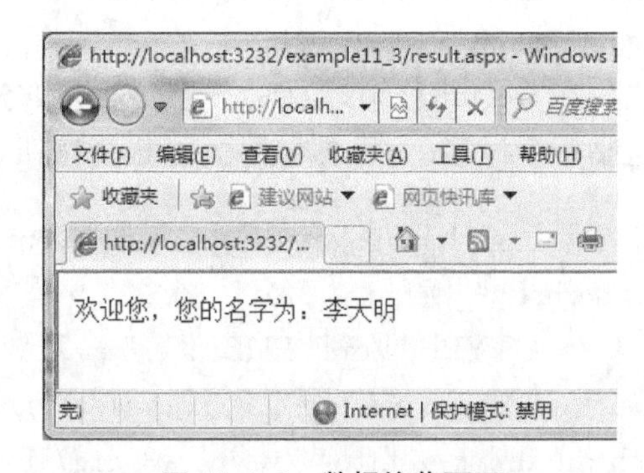

图 11.4.2 数据接收页面

可以利用 QueryString 集合来获取客户端通过 Get 方法传送的表单数据，如果把 Default.aspx 中表单的 method 属性值由 Post 改为 Get，则在 result.aspx 中就需要通过 Request.QueryString ["mingzi"]来获取输入的名字。因为 Get 方法传送数据有一定的限制并且不安全，所以表单一般不使用 Get 方法，例：

```
private void Page_Load(object sender, System.EventArgs e)
{
```

```
if(Request.QueryString["mingzi"].ToString()! ="")
Response.Write("欢迎您,您的名字为:"+Request.QueryString["mingzi"].ToString());
}
```

还可以用 Request.ServerVariables("环境变量名称") 来获取环境变量的值。

11.4.4 Application 对象和 Session 对象

1) Application 对象

Application 对象在实际网络开发中的用途就是记录整个网络的信息,如上线人数、在线名单、意见调查和网上选举等。在一个网站中多个用户同时在线时共享信息,并在服务器运行期间持久的保存数据。而且 Application 对象还有控制访问应用层数据的方法和可用于在应用程序启动和停止时触发过程的事件。

使用 Application 对象保存及获取信息。

保存 Application 对象的信息格式为:

```
Application["键名"] = 值;或 Application.Add("键名",值);
```

获取 Application 对象的信息格式为:

```
变量名 = Application["键名"];
或:变量名 = Application.Get("键名");
```

清除 Application 对象信息格式为:

```
Application.Clear();
```

有可能存在多个用户同时存取同一个 Application 对象的情况,这样就有可能出现多个用户修改同一个 Application 命名对象,会造成数据不一致的问题。

解决方法,对 Application 对象进行加锁和解锁,一次只允许一个线程访问应用程序状态变量。

```
锁定 Aplication 对象格式为:Application.Lock();
解锁 Aplication 对象格式为:Application.Unlock();
```

2) Session 对象

Session 即会话,是指一个用户(浏览器)在一段时间内对某一个站点的一次访问。Session 对象在.NET 中对应 HttpSessionState 类,表示"会话状态",可以保存与当前用户会话相关的信息。

Session 对象用于存储从一个用户开始访问某个特定的 aspx 的页面起,到用户离开整个网站为止,特定的用户会话所需要的信息。用户在应用程序的页面切换时,Session 对象的变量不会被清除。

对于一个Web应用程序而言，所有用户访问到的Application对象的内容是完全一样的；而不同用户会话访问到的Session对象的内容则各不相同。Session可以保存变量，该变量只能供一个用户使用，也就是说，每一个网页浏览者都有自己的Session对象变量，即Session对象具有唯一性。

(1) 将新的项添加到会话状态中，格式为：

```
Session ["键名"] = 值;或者  Session.Add( "键名" , 值);
```

(2) 按名称获取会话状态中的值，语法格式为：

```
变量 = Session ["键名"];
```

(3) 删除会话状态集合中的项，格式为：

```
Session.Remove("键名");
```

(4) 清除会话状态中的所有值，格式为：

```
Session.RemoveAll();或者 Session.Clear();
```

(5) 取消当前会话，格式为：

```
Session.Abandon();
```

(6) 设置会话状态的超时期限，以分钟为单位。语法格式为：

```
Session.TimeOut = 数值;
```

11.4.5 Server对象

Server对象提供对服务器上的方法和属性进行的访问，Server对象的主要属性有：

(1) MachineName：获取服务器的计算机名称。

(2) ScriptTimeout：获取和设置请求超时(以秒计)。

Server对象常用的方法如表11.2所示：

表11.2 Server对象的方法

方法	说　明
CreateObject	创建COM对象的一个服务器实例
CreateObjectFromClsid	创建COM对象的服务器实例，该对象由对象的类标识符(CLSID)标识
Execute	使用另一页执行当前请求
Transfer	终止当前页的执行，并为当前请求开始执行新页
HtmlDecode	对已被编码以消除无效HTML字符的字符串进行解码
HtmlEncode	对要在浏览器中显示的字符串进行编码

（续表）

方法	说　明
MapPath	返回与 Web 服务器上的指定虚拟路径相对应的物理文件路径
UrlDecode	对字符串进行解码，该字符串为了进行 HTTP 传输而进行编码并在 URL 中发送到服务器
UrlEncode	编码字符串，以便通过 URL 从 Web 服务器到客户端进行可靠的 HTTP 传输

例 11.4　返回服务器计算机名称

通过 Server 对象的 MachineName 属性来获取服务器计算机的名称，示例如下：

```
void Page_Load(object sender, System. EventArgs e)
{
    String ThisMachine;
    ThisMachine = Server. MachineName;
    Response. Write(ThisMachine);
}
```

设置客户端请求的超时期限，用如下语句：

```
Server. ScriptTimeout = 60;
```

便将客户端请求超时期限设置为 60 秒，如果 60 秒内没有任何操作，服务器将断开与客户端的连接。

当想在网页上显示 HTML 标签时，若在网页中直接输出则会被浏览器解译为 HTML 的内容，所以要通过 Server 对象的 HtmlEncode 方法将它编码再输出；若要将编码后的结果译码还原，则使用 HtmlDecode 方法。

下列程序代码范例使用 HtmlEncode 方法将"〈B〉HTML 内容〈/B〉"编码后输出至浏览器，再利用 HtmlDecode 方法将把编码后的结果译码还原。

例 11.5　利用 HtmlEncode 和 HtmlDecode 方法对网页内容编码

```
void Page_Load(object sender, System. EventArgs e)
{
    String strHtmlContent;
        strHtmlContent=Server. HtmlEncode("〈B〉HTML 内容〈/B〉");
        Response. Write(strHtmlContent);
        Response. Write("〈P〉");
        strHtmlContent = Server. HtmlDecode(strHtmlContent);
        Response. Write(strHtmlContent);
}
```

就像 HtmlEncode 方法使客户可以将字符串翻译成可接受的 HTML 格式一样，Server 对象的 URLEncode 方法可以根据 URL 规则对字符串进行正确编码。当字符串数据以 URL 的形式传递到服务器时，在字符串中不允许出现空格，也不允许出现特殊字符。为此，如果希望在发送字符串之前进行 URL 编码，则可以使用 Server. URLEncode 方法，该函数已被重载，语法如下：

对字符串进行 URL 编码，并返回已编码的字符串格式如下：

```
public string UrlEncode(string);
```

URL 对字符串进行编码，并将结果输出发送到 TextWriter 输出流格式如下：

```
public void UrlEncode(string, TextWriter);
```

例如〈%Response. Write(Server. URLEncode("http://www. microsoft. com"))%〉

运行时就可产生如下输出：http %3A%2F%2Fwww%2Emicrosoft%2Ecom

MapPath 方法：可以将指定的相对或虚拟路径映射到服务器上相应的物理目录上，语法如下：

```
public string MapPath(string path);
```

参数 Path 表示指定要映射物理目录的相对或虚拟路径。若 Path 以一个正斜杠(/)或反斜杠(\)开始，则 MapPath 方法返回路径时将 Path 视为完整的虚拟路径。若 Path 不是以斜杠开始，则 MapPath 方法返回同页面文件中已有的路径相对的路径。这里需要注意的是，MapPath 方法不检查返回的路径是否正确或在服务器上是否存在。

对于下列示例，文件 data. txt 和包含下列脚本的 test. aspx 文件都位于目录 E:\webtemp 文件夹下，并且已经设置该目录为虚拟目录。示例使用服务器变量 PATH_INFO 映射当前文件的物理路径。

例 11.6 建立虚拟路径与服务器物理目录间映射

```
void Page_Load(object sender, EventArgs e)
 {
     string st1=Server. MapPath(Request. ServerVariables["PATH_INFO"]);
     string st2=Server. MapPath("Default. aspx");
     string st3=Server. MapPath("App_Data/data. txt");
     string FilePath = Server. MapPath(". ") ;
     Response. Write(st1 + "<br/> " + st2 + "<br/> " + st3 + "<br/> ");
     Response. Write(FilePath);
 }
```

运行的结果如图 11.4.3 所示：

```
E:\webtemp\Default.aspx
E:\webtemp\Default.aspx
E:\webtemp\App_Data\data.txt
E:\webtemp
```

图 11.4.3 MapPath 方法映射路径

另外,Server对象的MapPath方法将虚拟路径或相对于当前页的相对路径转化为Web服务器上的物理文件路径。

11.5 Web服务的创建和使用

Web服务是一种新的Web应用程序分支,它们是自包含、自描述、模块化的应用,可以发布、定位、通过Web调用。Web服务可以执行从简单的请求到复杂商务处理的任何功能。一旦部署以后,其他Web服务应用程序可以发现并调用它部署的服务。Web服务可以把业务逻辑划分一个一个的组件,然后在整个因特网的范围上执行其功能。所以,它是构造分布式、模块化应用程序的最新技术发展趋势。

下面通过一个美元到人民币转换介绍Web服务的例子来说明如何使用Web服务。

例11.7 建立一个美元到人民币转换的Web服务。

1) 建立Web服务

(1) 打开VS2008,新建一个项目,在左边的面板中选择"Visual C#项目",选择Web,再右边的面板中选择"ASP. NET Web服务应用程序",并命名为"WebService1",如图11.5.1所示。

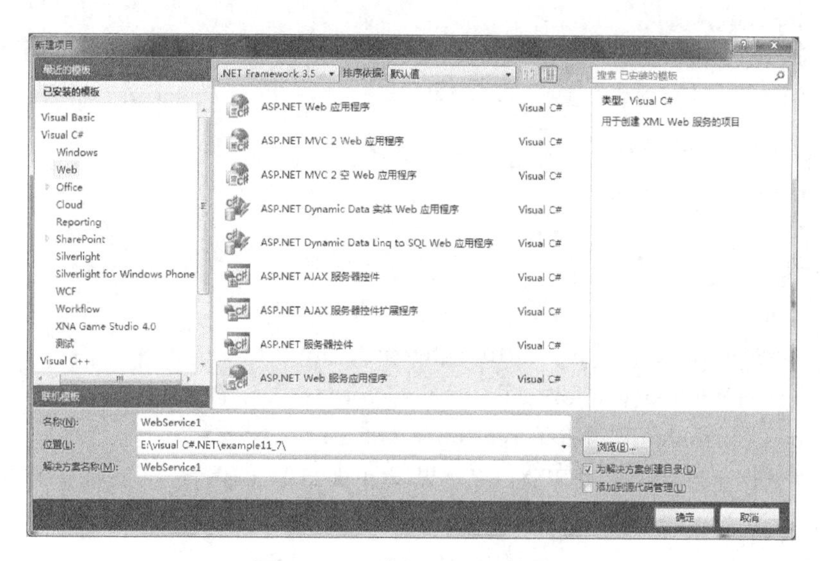

图11.5.1 建立Web服务项目

(2) 按下"确定"按钮后,VS. NET就开始帮你新建该项目,并打开代码编辑框,如图11.5.2所示。

在上面的代码编辑框中,有一个标记行[WebMethod],在Web服务中可以有若干个这样的标记,每一个标记下面对应一个方法,首先把原有的public string HelloWorld()方法代码删除,替换成我们的方法,代码如下:

```
using System;
using System.Collections.Generic;
```

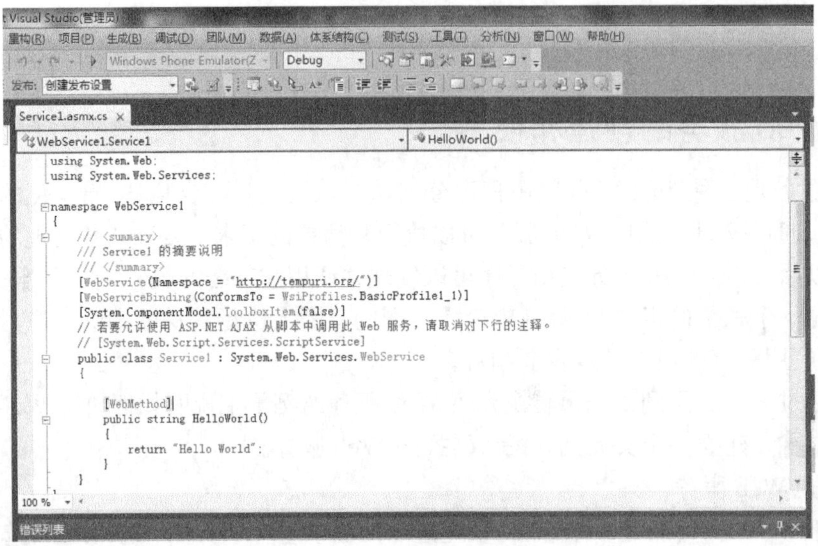

图 11.5.2 Web服务代码界面

```
using System.Linq;
using System.Web;
using System.Web.Services;
namespace WebService1
{
    //〈summary〉
    // Service1 的摘要说明
    //〈/summary〉
    [WebService(Namespace = "http://tempuri.org/")]
    [WebServiceBinding(ConformsTo = WsiProfiles.BasicProfile1_1)]
    [System.ComponentModel.ToolboxItem(false)]
    // 若要允许使用 ASP.NET AJAX 从脚本中调用此 Web 服务,请取消对下行的注释
    // [System.Web.Script.Services.ScriptService]
    public class Service1 : System.Web.Services.WebService
    {
        [WebMethod]
        public double DollarToRmb(double Dollar)
        {
            return (Dollar * 8.15);
        }
    }
}
```

在上述方法 DollarToRmb()中,返回的是一个 double 类型的值——Dollar * 8.15,现实的汇率是不固定的,而且每天都要变动,所以要根据当天实际的汇率来计算,那么我们就要连接到数据库获得最新的信息了。

同时,还需要注意,在该 Web 服务的代码中我们用到了 using System. Web、using System. Web. Services 等命名空间,作为 Web 服务开发,这些命名空间是显然不能缺的,没有了这些,就不能调用. Net 框架为我们提供的开发 Web 服务所必需的方法和函数等。

到此为止,Web 服务的代码编写已经完毕,然后把代码文件存放在某个虚拟目录下(通常是 C:\Inetpub\wwwroot\WebService1)即可。把文件保存为 Service1. asmx。文件扩展名为. asmx 是. NET Web 服务的标记。保存文件之后, Web 服务就准备为其他程序提供使用了。

2) 测试 Web 服务

写好测试 Web 服务程序后,可以直接点击运行按钮进行调试,也可以在浏览器地址栏中输入服务路径,包括 asmx 文件的名字。如果我们把服务放在了 C:\Inetpub\wwwroot\WebService1 目录下,那么就可以在浏览器地址栏上键入 http://localhost/WebService1/Service1. asmx 进行运行。

在调用服务时会显示一幅包含大量信息的网页,当我们直接通过浏览器调用 Web 服务时,框架就会为我们产生一个网页并通过它显示 Web 服务的信息,同时列出所有可用的方法,图 11.5.3 即是测试 Web 服务的网页。

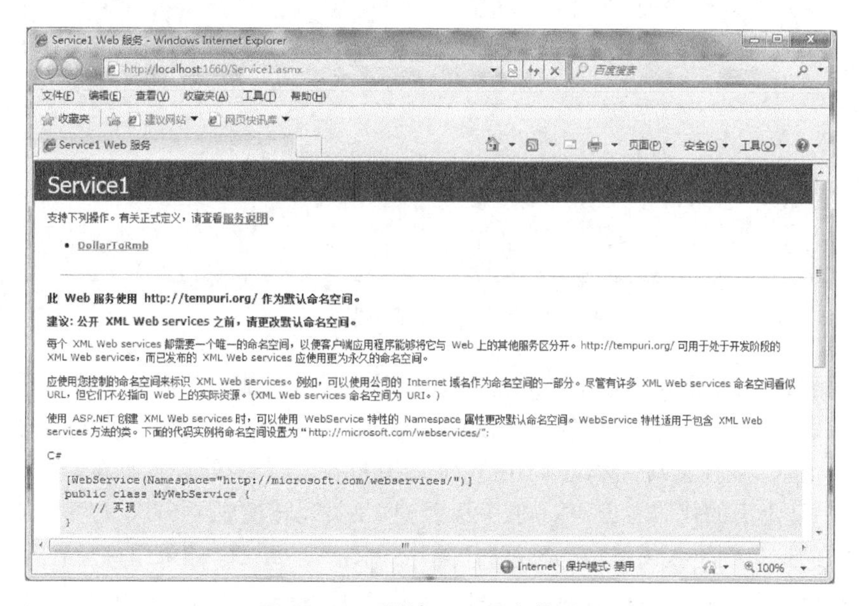

图 11.5.3 测试 Web 服务的网页

在这个例子仅有一个方法(DollarConvertToRmb)。点击这个方法按钮会出现如图 11.5.4 所示的测试页,其中包括对应方法接受的每个参数的文本框。

在文本框中输入"12"并按下"调用"按钮。单击"调用"按钮会打开一个新的浏览器窗口,显示了一些 XML 代码。这些 XML 代码是由该 Web 服务返回的,其中包括了服务的结果。返回的 XML 代码如图 11.5.5 所示:

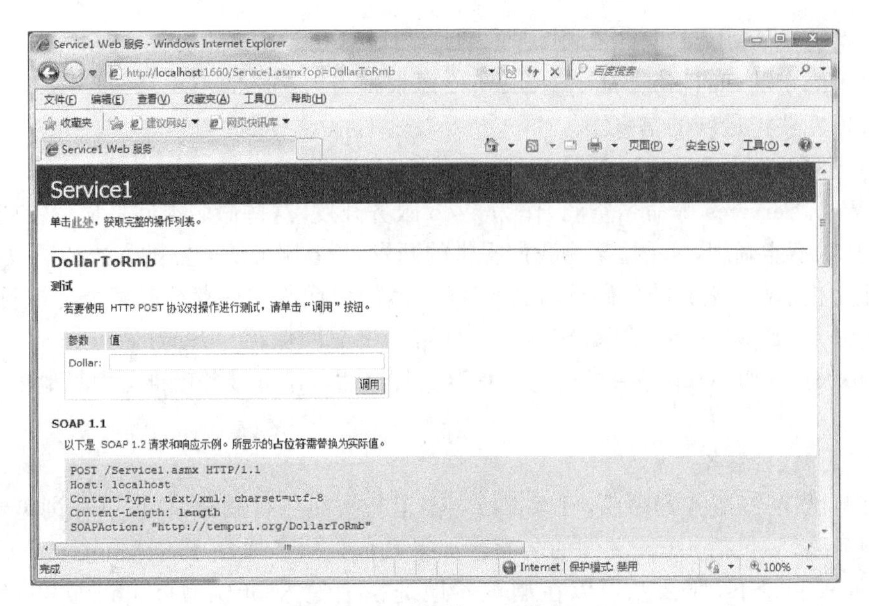

图 11.5.4 测试 Web 服务

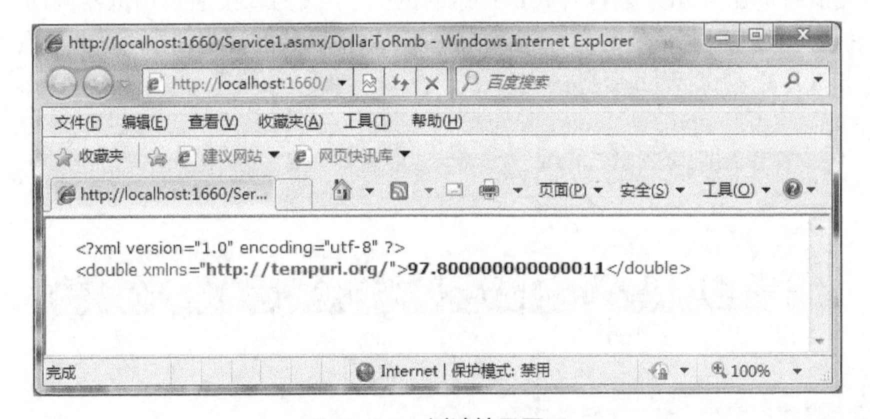

图 11.5.5 测试结果页面

从上面测试看出，测试返回的结果是一些 XML 代码，可能用户界面显得不那么友好，但是这些结果确实不一定非要采取对用户友好的格式，因为用户通常不会从浏览器直接调用 Web 服务。相反，往往从应用程序调用 Web 服务同时适当地处理返回的 XML 代码。不过，也很容易从上面的代码看出 Web 服务已经把 12 美元转换成了 97.8 人民币了。

上面举的这个例子很简单，它完成的任务是：创建一个组件，如果组件放在 Web 服务器上就可以被世界上任何地方的任何人访问。客户不必装载 COM 或 DCOM；甚至也不必拥有 Windows 客户程序。任何能创建 HTTP 连接的客户程序都能调用 Web 服务并且收到结果。这种功能开辟了创建分布式应用程序、实现平台之间互操作的全新领域。同时，我们也不难发现用 VS.NET 开发 Web 服务是一件相当容易的事。有兴趣的读者可以试着开发出功能更强大的 Web 服务并将它赋予实际应用之中。

3）调用 Web 服务

以客户机（浏览器）调用 Web 服务为例进行说明，步骤如下：

(1) 新建一个名为 Web 的项目。在 Visual Studio 2008 开发环境中，选择“文件”→“新建”→“网站”选项，弹出“新建网站”对话框，该对话框中选择“ASP. NET 网站”选项，并将其名称命名为“MyWeb”，点击确定。

(2) 新建项目的默认主页为 Default. aspx，同时设计该页面如图 11. 5. 6 所示：

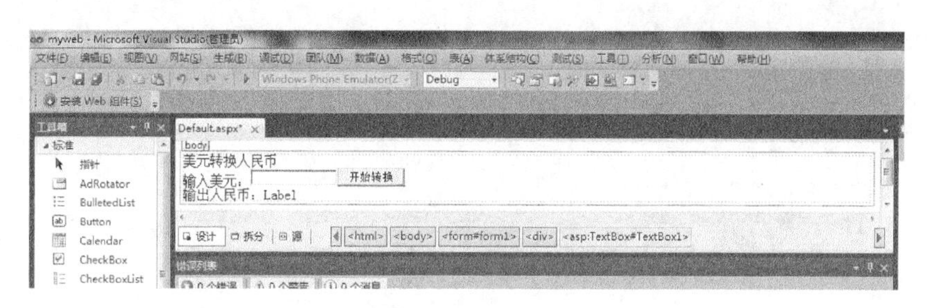

图 11.5.6 设计 Web 页面

(3) 引用 Web 服务。在“解决方案资源管理器”窗口中，选中当前项目，单击鼠标右键，在弹出的快捷菜单中选择“添加服务引用(Web 引用)”选项，弹出“添加 Web 引用”对话框，该对话框中，用户可查找本地计算机上的 Web 服务，也可以查找网络上的 Web 服务，如图 11. 5. 7 所示。

图 11.5.7 添加 Web 服务

由于本实例是调用的 Web 服务，因此在弹出的对话框中点击“高级(V)”按钮，在随后弹出的对话框中再点击“添加 Web 引用(W)”按钮，弹出添加 Web 引用对话框，在地址栏输入

Web 服务的地址“http://localhost:1660/Service1.asmx”，此地址是之前测试 Web 服务运行时的地址，再单击地址栏右边的转到“→”按钮，出现 Web 服务页面。

(4) 在 Web 引用名文本框中输入“localhost”，此名字是引用 Web 的空间名，在下一步要用到它，如图 11.5.8 所示，然后单击“添加引用”按钮，把引用添加到项目中。

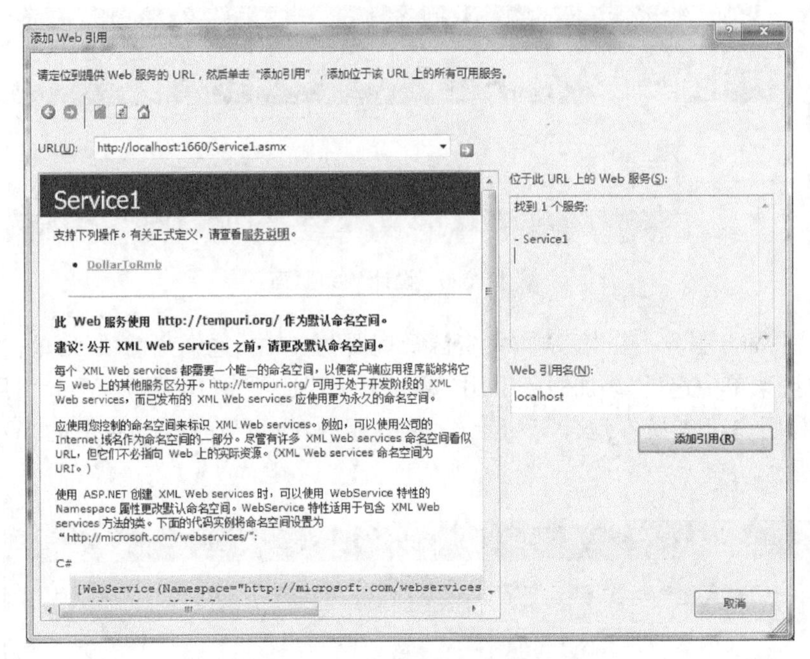

图 11.5.8 “添加 Web 引用”对话框

这时在“解决方案资源管理器”窗口中，将会显示刚才添加的 Web 服务，如图 11.5.9 所示：

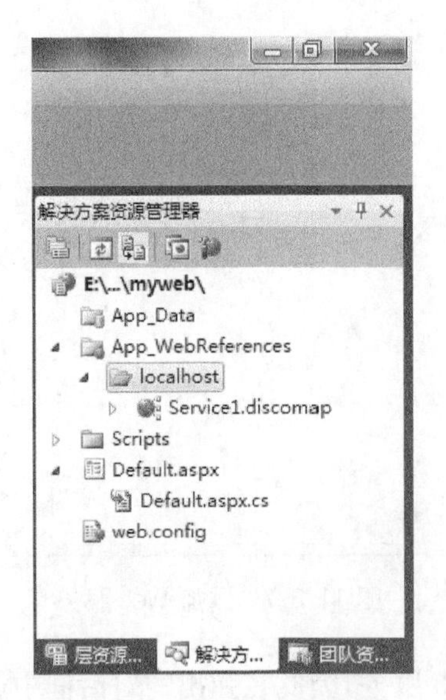

图 11.5.9 Web 服务页面

(5) 编写 web 页面代码。

在页面 Default. aspx 的设计视图中，按钮 Button1 单击事件调用的方法代码编写如下：

```
protected void Button1_Click(object sender, EventArgs e)
  {
     localhost. Service1 my = new localhost. Service1();
     double rmb=double. Parse(TextBox1. Text);
     Label1. Text= my. DollarToRmb(rmb). ToString();
  }
```

示例运行结果如图 11. 5. 10 所示。

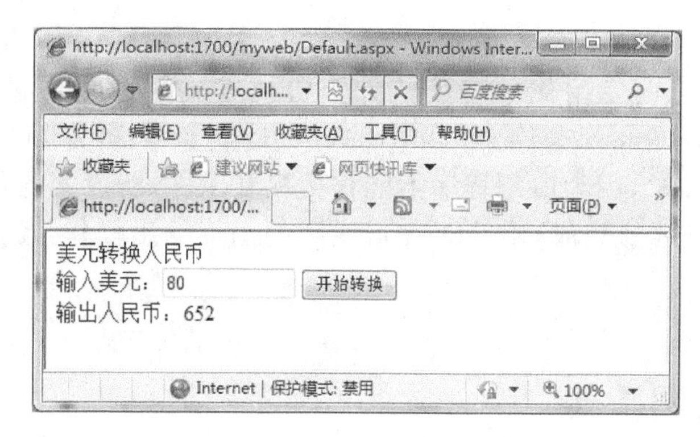

图 11. 5. 10 调用 Web 服务效果

11.6 习题

1. 什么是动态网页？ASP. NET 动态网页有什么优点？

2. ASP. NET 常用服务器控件有哪些？

3. ASP. NET 常用内置对象有哪些？

4. Response 对象主要有哪些作用？如何使用？

5. Request 对象如何获取客户端的信息？

6. Application 对象与 Session 对象有什么区别？

7. Server 对象常用的方法有哪些？

8. 用 HTML 标记编写一个含有表格及链接的网页。

9. 设计一个至少有两个页面的网站，一个页面负责发送学生信息，一个页面用于接收学生信息。

10. 设计一个简易的聊天室网站。

12

C#.NET 图形编程

计算机绘图是当前使用比较广泛的计算机技术，Windows 早期版本中绘图使用 GDI 图像设备接口(Graphics Device Interface)，是属于绘图方面的 API(Application Programming Interface)，因为应用程序不能直接控制硬件，所以当我们要进行绘图的动作时，必须通过 GDI 才能完成，由 GDI 完成实际的图形输出操作，使用 GDI+技术可简单多了。

12.1 GDI+绘图基础

GDI+是.NET Framework 的绘图技术，可将应用程序和绘图硬件分离，让我们能够编写与设备无关的应用程序。它可以让我们不必注意特定显示设备的详细数据，便可在屏幕或打印机上显示信息，通过调用 GDI+类所提供的方法，使用这些方法适当地调用特定的设备驱动程序，从而完成绘图工作。

在程序中使用 GDI+需要添加相应的命名空间，主要的命名空间有下面两个：

System.Drawing：基本的 GDI+功能的定义，它提供了 Graphics 类，这个类提供了最重要的绘图与填充方法，还封装了矩形、点、画笔和钢笔等 GDI 图元类。

System.Drawing.Drawing2D：提供了高级二维和矢量图形应用程序的功能。

System.Drawing.Imaging：提供基本图像处理功能。

一般采用计算机绘图必须要有一个坐标系参照以及一些绘图工具。

1) 坐标系统

窗体、控件或者打印机都包含坐标，这里是二维图形绘制，即具有 X 和 Y 坐标，默认情况，X 坐标代表从绘图区左边边缘(Left)到右边某一点的距离，Y 坐标代表从绘图区上边边缘(Top)到下边某一点的距离。

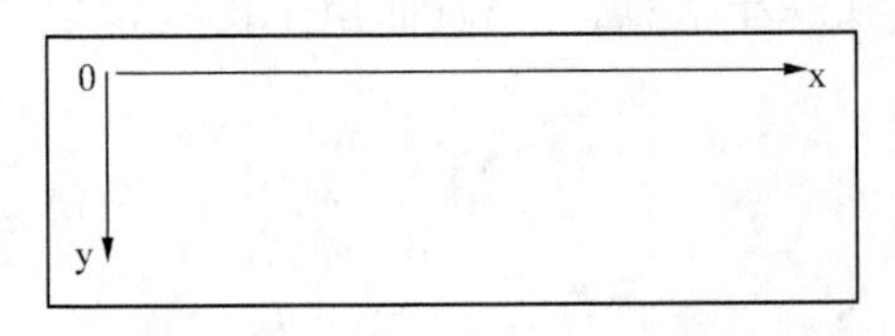

图 12.1.1 绘图的坐标系

坐标原点：在窗体或控件的左上角，坐标为(0, 0)；

正方向：X 轴正方向为水平向右，Y 轴正方向为垂直向下；如图 12.1.1 所示。

单位：在设置时，一般以像素为单位，像素（Pixel）是由 Picture（图像）和 Element（元素）这两个单词的字母所组成的，是用来计算数码影像的一种单位，把影像放大数倍，会发现这些连续色调其实是由许多色彩相近的小方点所组成，这些小方点就是构成影像的最小单位像素（Pixel），图形的质量由像素决定，像素越大，分辨率也越高。

2）绘图工具

要在 C#.NET 中绘图，首先要有绘图的画布，画布可以是窗体、打印机、位图。还要有画笔，画笔可以是钢笔、笔刷等。还要有一个画图的过程即方法调用，画布通过一些方法在一定的坐标内绘图。

12.2 Graphics 对象

Graphics 对象即画布对象，是所有的画图类中的核心类，要绘制图形，必须先创建画布对象，才能在其上面绘画，创建 Graphics 对象的方法有三种：

(1) 利用窗体或控件的 Paint 事件的参数 PaintEventArgs 创建 Graphics 对象（在窗体加载时就得到的）。

```
private void Form1_Paint(object sender,PaintEventArgs e )
    {
        Graphics    g=e.Graphics;
    }
```

(2) 使用窗体或控件的 CreateGraphics 方法

```
Graphics g;
g=this.CreateGraphics();
```

(3) 使用 Graphics 类的 FromImage()方法，从已知的图形对象创建

```
Bitmap b=new Bitmap("Mybmp.bmp");
Graphics g=Graphics.FromImage(b);
```

注意：因为 Graphics 类的构造函数是私有的，不能直接实例化，即不能使用类似语句 Graphics g=new Graphics()来构造一个画布对象。

Graphics 对象具备一些常用的方法，主要如下：

① Clear()方法：清除画布对象，如 g.Clear(Color.Red)则将画布对象 g 清理为红色。

② Refresh()方法：将画布清理为原控件的底色，例如 PictureBox1.Refresh()将图形对象 PictureBox1 清除为原底色。

③ Dispose()方法：释放绘图对象，如释放绘图画布对象 g，用语句 g.Dispose()；

12.3 Pen 及 Brush 对象

1) 画笔 Pen

画笔 Pen 主要用于在画布上绘制线条、勾勒形状轮廓或呈现其他几何表示形式。画笔通常具有宽度、样式和颜色三种属性，建立画笔对象一般有三种构造方法：

(1) 创建某一颜色的 Pen 对象，格式为：

```
public Pen(Color. color);
如 Pen pen1=new Pen(Color. Green);
```

(2) 创建一个颜色和相应宽度的 Pen 对象，格式为：

```
public Pen(Color,float);
如 Pen p=new (Color. Blue,2);
```

(3) 创建一个刷子样式并具有相应宽度的 Pen 对象，格式为：

```
public Pen(Brush,float);
```

其中 Brush 为画刷对象，详细的例子后面内容会给出。

Pen 对象建好后，可以根据需要修改画笔的属性，画笔常用属性如下：

① Alignment 属性：用来获取或设置此 Pen 对象的对齐方式。

② Color 属性：用来获取或设置此 Pen 对象的颜色。

③ Width 属性：用来获取或设置此 Pen 对象的宽度。

④ DashStyle 属性：用来获取或设置通过此 Pen 对象绘制的虚线的样式。

⑤ DashCap 属性：用来指定虚线两端风格，是一个 DashCap 枚举型的值。

⑥ StartCap 属性：用来获取或设置通过此 Pen 对象绘制的直线起点的帽样式。

⑦ EndCap 属性：用来获取或设置通过此 Pen 对象绘制的直线终点的帽样式。

⑧ PenType 属性：用来获取用此 Pen 对象绘制的直线的样式。

2) 画刷 Brush

画刷 Brush 主要用于填充图形形状(如矩形、椭圆、饼形、多边形和封闭路径)内部的对象。因为 Brush 是抽象类，不能直接被实例化，一般使用它的派生类，派生类主要有：

(1) SolidBrush 单色画刷。

SolidBrush 类用来定义单一颜色的 Brush，使用方法如下：

```
public SolidBrush(Color. Color);
```

例如：

```
SolidBrush MyBrush=new SolidBrush(Color. Blue);
```

该语句创建了一个名为 MyBrush 的蓝色画刷。

(2) HatchBrush 网格画刷。

HatchBrush 画刷用来定义阴影画刷,可以定义前景色和背景色以及阴影风格,使用方法如下:

```
public HatchBrush(HatchStyle, FColor, BColor);
```

HatchBrush 画刷的三个参数意义分别如下:

```
BColor 属性:获取此 HatchBrush 对象的背景色。
FColor 属性:获取此 HatchBrush 对象的前景色。
HatchStyle 属性:获取此 HatchBrush 对象的阴影样式。
```

例如,有下列语句:

```
HatchBrush Hb=new HatchBrush(HatchStyle.Cross, Color.Blue,Color.Red);
```

该语句创建一个名为 Hb 的画刷对象,该画刷的前景色为蓝色,背景色为红色,填充样式为十字交叉。

(3) TextureBrush 纹理画刷。

TextureBrush 可以用.jpg、.bmp、.png 等格式的图像来填充图形,因此该画刷必须要事先准备好一张图片,格式为:

```
TextureBrush Tbh=new TextureBrush(new Bitmap("图形名"));
```

例:TextureBrush Tbh=new TextureBrush(new Bitmap("e:\\mypicture\\b1.jpg"));

(4) LinearGradientBrush 渐变画刷。

LinearGradientBrush 是渐变画刷的一种,主要用来产生线性渐变效果,常用的格式如下:

LinearGradientBrush lgb = new LinearGradientBrush(起点,终点,前景色,背景色),例:

```
Point p1=new Point(0,20);
Point p2=new Point(20,0);
LinearGradientBrush lgb
= new LinearGradientBrush(p1,p2,Color.Blue,Color.Red);
```

则上面语句产生了一个从(0,20)开始到(20,0)结束且颜色从蓝变到红的渐变画刷,以供后面的图形填充用。

另外,还可以用画刷在画布上画图和写艺术字,如下列语句:

```
SolidBrush sb = new SolidBrush(Color.Red);
Font f = new Font("宋体", 10, FontStyle.Bold);
g.DrawString("GDI+绘图", f, sb, 50, 35);
```

12.4 常用图形的绘制方法

1) 画直线

可以在画布上利用画笔画直线，主要采用下面两种格式进行：

```
[格式 1]:public void DrawLine(Pen pen, int x1, int y1, int x2, int y2);
```

其中 pen 为画笔对象，x1,y1 为直线的起点坐标，x2,y2 为直线的终点坐标。

例：

```
private void Form1_Paint(object sender, PaintEventArgs e )
  {
       Graphics   g=e.Graphics;
       Pen redPen = new Pen(Color.Red, 3);//创建一个红色，宽为 3 像素的钢笔
       g.DrawLine(redPen,10,10,100,100);
  }
[格式 2]:public void DrawLine(Pen pen,Point pt1,Point pt2);
```

其中 pen 为画笔对象，pt1 为直线的起点坐标点，pt2 为直线的终点坐标点。坐标点对象的构造函数为 Point pt=new Point(x,y)；其中 x,y 为坐标上 x,y 的值。

例：

```
private void Form1_Paint(object sender, PaintEventArgs e )
  {
       Graphics   g=e.Graphics;
       Pen redPen = new Pen(Color.Red, 3);//创建一个红色，宽为 3 像素的钢笔
       Point p1=new Point(0,20);
       Point p2=new Point(20,0);
       g.DrawLine(redPen,p1,p2);
  }
```

例 12.1 使用绘制线段函数在窗体上画一条正弦曲线。

主要代码如下：

```
private void Form1_Paint(object sender,PaintEventArgs e)
{   Graphics g=this.CreateGraphics();   //得到窗体使用的 Graphics 类对象
    Pen pen1=new Pen(Color.Red);   //建立画笔
    float y=50,y1,x1,x2;
    for(int x=0;x<720;x++)                //画 2 个周期的正弦曲线
    {
```

```
        x1=(float)x;
        x2=(float)(x+1);
        y1=(float)(50+50 * Math.Sin((3.14159/180.0) * (x+1)));
        g.DrawLine(pen1,x1,y,x2,y1);
        y=y1;
    }
}
```

运行后，在窗体中可以看到一条红色正弦曲线，如图 12.4.1 所示：

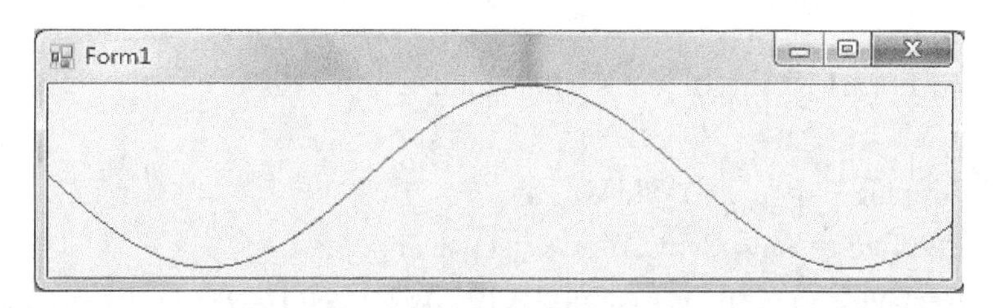

图 12.4.1　用绘制线段函数画正弦曲线

我们注意到，在上例代码中，代码行：

```
y1=(float)(50+50 * Math.Sin((3.14159/180.0) * (x+1)));
```

y 值不仅乘了 50，而且还加了 50，这样做的目的是为了让整个图形适当平移以及放大一定的倍数，以便使得图形逼真，因为以像素为单位进行绘图，图形会很小也不直观。

2) 画椭圆

可以有两种方法在画布上用画笔进行画椭圆：

```
[格式 1]:public void DrawEllipse(Pen pen,int x,int y,int width, int height);
```

式中的参数为：pen 为画笔，x，y 为椭圆所在矩形左上角的坐标，width，height 为椭圆所在矩形的宽度和高度。

例：画一个椭圆，椭圆位于左上角坐标为(10,10)，宽为 100，高为 100 的矩形之内，代码如下：

```
private void Form1_Paint(object sender,PaintEventArgs e )
{
        Graphics    g=e.Graphics;
        Pen redPen=new Pen(Color.Red,3);//创建一个红色，宽为 3 像素的钢笔
        g.DrawEllipse(redPen, 10, 10, 100, 100);
}
```

也可以事先创建一个矩形对象，然后在矩形对象内画椭圆，生成矩形对象的格式为：

```
Rectangle rct=new Rectangle(int x,int y,int width, int height);
```

上式中，x，y为矩形左上角的坐标，width，height为矩形的宽度和高度。

画椭圆的另一格式为：

```
[格式 2]:public void DrawEllipse( Pen pen, Rectangle rect);
```

其中pen为画笔对象，rect为矩形对象。

例：

```
private void Form1_Paint(object sender,PaintEventArgs e )
   {
         Graphics   g=e. Graphics;
         Pen Pen1=new Pen(Color. Green,3);
         Rectangle rct=new Rectangle(10, 10, 100, 100);
         g. DrawEllipse( redPen, rct);
   }
```

3）绘制圆弧

利用Graphics的DrawArc方法可以绘制圆弧，绘制方法也有两种：

[格式1]：

```
public void   DrawArc(Pen pen,Rectangle rect,float startAngle,float sweepAngle);
```

其中pen为画笔，rect为椭圆所在的矩形，startAng为起始角，sweepAngle为圆弧角度。

例如：

```
Pen Pen1=new Pen(Color. Green,3);
Rectangle rt=new Rectangle(0,0,100,80);
Graphics g = this. CreateGraphics();
g. DrawArc(pen1, 0, 0, 100, 80, 0, 100);
[格式 2]:public void DrawArc(Pen pen,int x,int y,int width,int height,int startAngle,
int sweepAngle);
```

4）画扇形图

使用Graphics对象的DrawPie方法可以绘制扇形图，所谓扇形图其实就是把一段圆弧的两个端点与圆心相连，DrawPie方法的格式与DrawArc方法基本一致，格式为：

```
public void   DrawPie(Pen pen,Rectangle rect,float startAngle,float sweepAngle);
```

例 12.2 在窗体内分别画圆弧和扇形，代码如下：

```
private void Form1_Paint(object sender, PaintEventArgs e)
  {
          Graphics g = this.CreateGraphics();
          Pen pen1 = new Pen(Color.Red);
          g.DrawArc(pen1, 0, 0, 100, 80, 0, 100);
          Pen p = new Pen(Color.Blue, 4);
          Rectangle rec = new Rectangle(20, 20, 200, 200);
          g.DrawPie(p, rec, 45, 60);
  }
```

运行结果如图 12.4.2 所示：

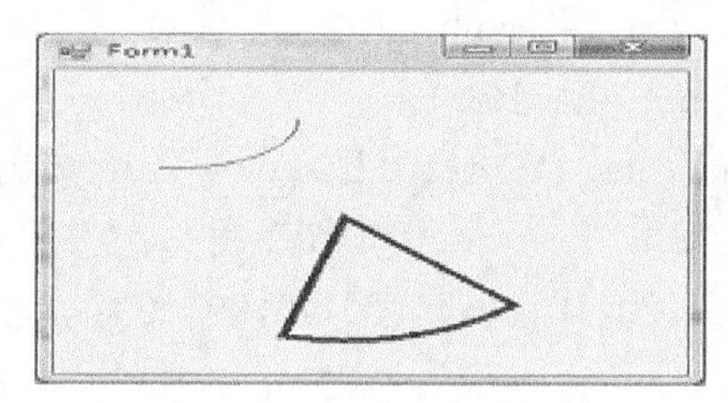

图 12.4.2 画圆弧和扇形图

5）画矩形

使用 Graphics 对象的 DrawRectangle 方法可以绘制矩形，绘制方法也有两种：

[格式 1]：

```
public void DrawRectangle( Pen pen, Rectangle rect);
```

式中 pen 为画笔对象，rect 为矩形对象，其中矩形对象的格式为：

```
Rectangle rct=new Rectangle(int x,int y,int width, int height);
[格式 2]:public void DrawRectangle(Pen pen,int x,int y,int width,int height);
```

下面代码是在窗体上画两个矩形：

```
private void Form1_Paint(object sender,PaintEventArgs e)
{
  Graphics g=this.CreateGraphics();
  Pen pen1=new Pen(Color.Red);
  g.DrawRectangle(pen1,10,10,200,100);
  Rectangle rect=new Rectangle(20,20,100,100);
  g.DrawRectangle(pen1,rect);
}
```

6）画 Bezier 曲线

Bezier 曲线是多点相连的曲线，绘制 Bezier 曲线也有两种方法：

[格式 1]:public void DrawBezier(Pen pen,Point pt1,Point pt2,Point pt3,Point pt4);

式中 pen 为画笔，pt1，pt2，pt3，pt4 为 4 个点。

[格式 2]:public void DrawBezier(Pen pen,float x1,float y1,float x2,float y2,float x3,float y3,float x4,float y4);

例 12.3　在窗体上画 Bezier 曲线，代码如下：

```
protected void Form1_Click(object sender, System.EventArgs e)
{
        Graphics g = this.CreateGraphics();
        Pen pen1=new Pen(Color.Red);
        g.DrawBezier(pen1,new Point(10,10),new Point(50,100),
            new Point(80,60),new Point(140,20) );//按 Point 结构画贝塞尔曲线
        g.DrawBezier(pen1,20,10,60,40,80,45,90,10);//按顺序点画贝塞尔曲线
}
```

程序的执行结果如图 12.4.3 所示。

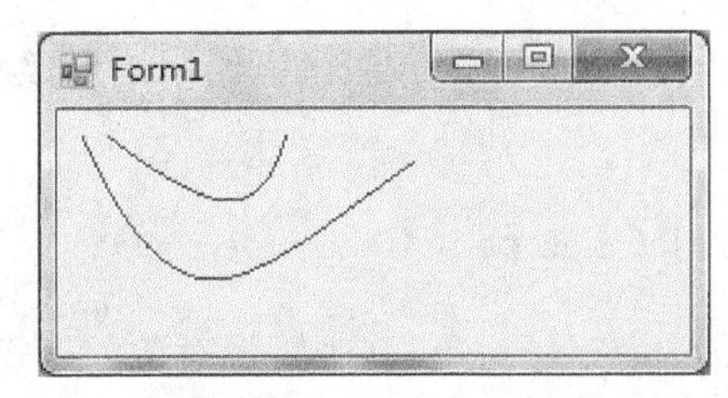

图 12.4.3　Bezier 曲线

7）画多边形

可以在画布上用画笔通过多个点绘制多边形，绘制多边形也有两种方法：

[格式 1]:public void DrawPolygon(Pen pen,　Point[] points);

上式中 pen 为画笔，points 为点组成的数组名。

[格式 2]:public void DrawPolygon(Pen pen, PointF[] points);

例 12.4　在窗体上画多边形，代码如下：

```
private void button1_Click(object sender, EventArgs e)
{
```

```
    Pen blackPen = new Pen(Color.Blue, 5);//生成画笔;
    Graphics g = this.CreateGraphics();//生成图形对象
    Point point1 = new Point(50, 50);//生成5个点
    Point point2 = new Point(70, 25);
    Point point3 = new Point(100, 30);
    Point point4 = new Point(120, 85);
    Point point5 = new Point(80, 100);
    Point[] curvePoints = { point1, point2, point3, point4, point5 };
                                    //定义Point结构的数组
    g.DrawPolygon(blackPen, curvePoints);//绘制多边形
}
```

程序的执行结果如图 12.4.4 所示。

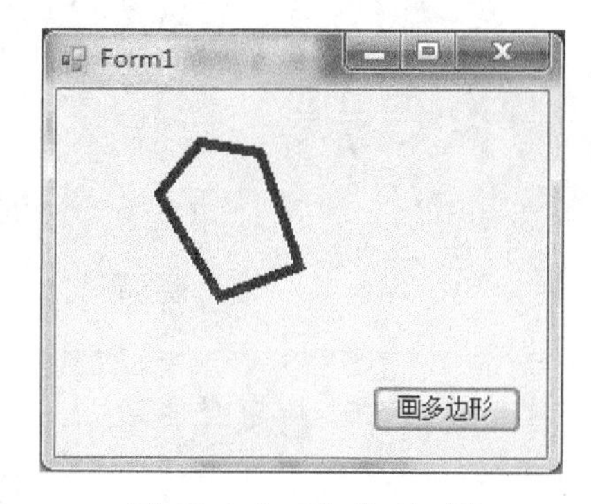

图 12.4.4　画 多 边 形

8) 绘制闭合曲线

画布使用 DrawClosedCurve 方法可以绘制闭合曲线,绘制闭合曲线也有两种方法:

```
[格式 1]:public void DrawClosedCurve(Pen pen,Point[] points);
```

上式中参数 pen 为画笔,points 为绘制闭合曲线的样点,为数组名。

```
[格式 2]:public void DrawClosedCurve(Pen pen,Point[] points,float tension,
FillMode fillmode);
```

例 12.5　在窗体上画闭合曲线,代码如下:

```
private void button1_Click(object sender, EventArgs e)
{
    Pen blackPen = new Pen(Color.Blue, 3);//生成画笔;
    Graphics g = this.CreateGraphics();//生成图形对象
```

```
Point point1 = new Point(50, 50);//生成 5 个点
Point point2 = new Point(70, 25); Point point3 = new Point(100, 30);
Point point4 = new Point(120, 85); Point point5 = new Point(80, 100);
Point[] curvePoints = { point1, point2, point3, point4, point5 };
                    //定义 Point 结构的数组
g.DrawClosedCurve(blackPen,
  curvePoints,0.9F,System.Drawing.Drawing2D.FillMode.Alternate);
                          //绘制闭合曲线
}
```

程序的执行结果如图 12.4.5 所示。

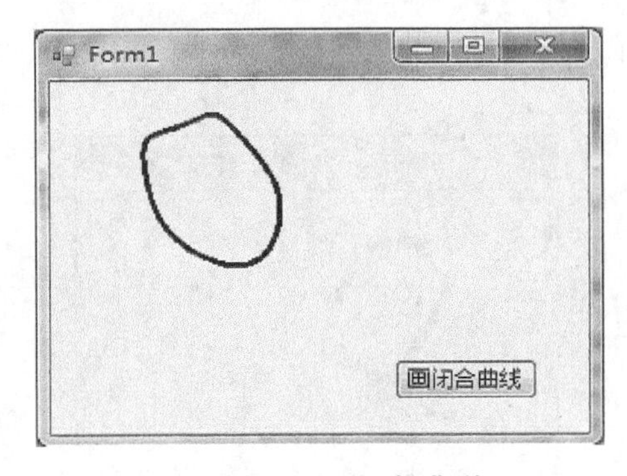

图 12.4.5 画闭合曲线

9) 绘制非闭合曲线

```
[格式]:public void DrawCurve( Pen pen,Point[] points);
```

上式中参数 pen 为画笔,points 为绘制非闭合曲线的样点,为数组名。

10) 绘制填充椭圆

用画刷填充椭圆有两种格式:

```
[格式 1]:public void FillEllipse(Brush brush, Rectangle rect);
```

上式中参数 brush 为画刷,rect 为矩形。

```
[格式 2]:public void DrawEllipse(Brush brush,int x,int y,int width, int height);
```

11) 填充矩形

```
[格式 1]: public void FillRectangle( Brush brush, Rectangle rect);
```

上式中参数 brush 为画刷,rect 为矩形。

[格式 2]:public void FillRectangle(Brush brush,int x,int y,int width,int height);

例 12.6 在窗体上用画刷分别填充椭圆和矩形,代码如下:

```
private void button1_Click(object sender, EventArgs e)
{
    Graphics g = this.CreateGraphics();//生成图形对象
    SolidBrush BlueBrush = new SolidBrush(Color.BlueViolet);//生成填充用的画刷
    int x = 10;//定义外接矩形的左上角坐标和高度及宽度
    int y =10; int width = 100; int height = 100;
    Rectangle rect = new Rectangle(x, y, width, height);//定义矩形
    g.FillEllipse(BlueBrush, rect);//填充椭圆

    SolidBrush BlueBrush1 = new SolidBrush(Color.Blue);//生成填充用的画刷
    x = 120;//定义外接矩形的左上角坐标和高度及宽度
    y = 10;
    width =100;
    height = 100;
    Rectangle rect1 = new Rectangle(x, y, width, height);//定义矩形
    g.FillRectangle(BlueBrush, rect1);//填充矩形
}
```

程序的执行结果如图 12.4.6 所示。

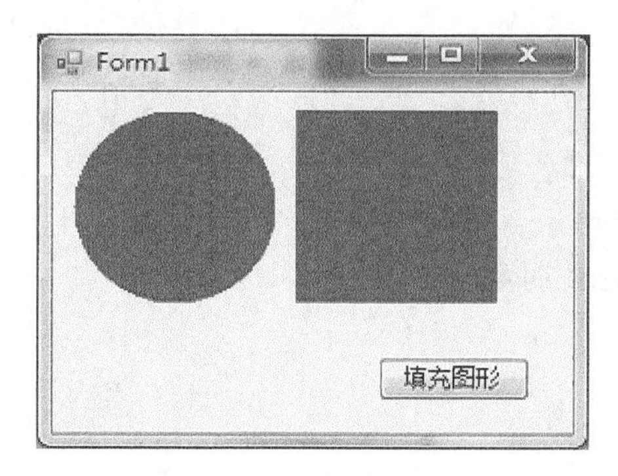

图 12.4.6 填充图形

12) 填充饼图

填充饼图也有两种方法:

[格式 1]:public void FillPie(Brush brush,Rectangle rect,float startAngle,float sweepAngle)

上式中参数 brush 为画刷,rect 为矩形,startAngle 为起始角,sweepAngle 为角度。

［格式 2］：public void FillPie(Brush brush, int x, int y, int width, int height, int startAngle, int sweepAngle);

例 12.7　在窗体上用画刷填充饼图，代码如下：

```
private void button1_Click(object sender, EventArgs e)
{
    Graphics g = this.CreateGraphics();//生成图形对象
    SolidBrush BlueBrush = new SolidBrush(Color.Blue);//生成填充用的画刷
    g.FillPie(BlueBrush, 10, 10, 80, 40, 90, 270);//填充饼形图
    Rectangle rect = new Rectangle(85, 1, 165, 40);//生成矩形
    g.FillPie(BlueBrush, rect, 10, 90);//填充饼形图
}
```

程序的执行结果如图 12.4.7 所示。

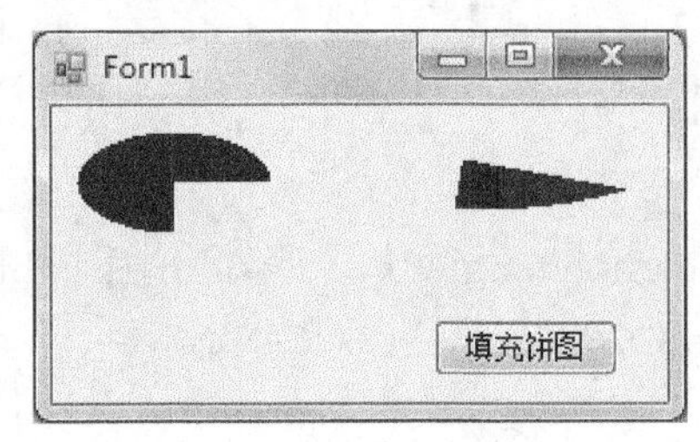

图 12.4.7　填 充 饼 图

12.5　习题

1. 用 C#.NET 绘图需要准备哪些工具？

2. 如何构造画布对象 Graphics 对象？

3. 如何创建画笔对象和画刷对象？

4. 画椭圆的方法有哪些？

5. 画矩形用哪两种方法？

6. 如何填充一个椭圆？

7. 在屏幕上绘制一条余弦曲线。

8. 在屏幕上绘制一条正叶曲线，其中正叶曲线的表达式为下列式子：

$$\begin{cases} r = a\cos(n\theta) \\ x = r\cos(\theta) \\ y = r\sin(\theta) \end{cases}$$

其中 $a > 0, n = 1,2,3,\cdots$。

9. 画一个封闭的五边形和填充的正方形。

10. 画一个渐变的椭圆锥体。

13

文　件

在前面章节内容中，除了数据库文件外，编程所处理的数据都是在程序运行时由键盘输入，运行得到的结果数据都是从屏幕输出，这些数据随着程序运行完毕而消失，下一次运行时又重新开始，这得花费不少时间。对数据量比较大且需要保存运行结果的程序来说，这样做非常不方便，因此必须想办法把相关的数据保存起来，即运行的结果保存到相应的文件中，需要的时候再从文件中自动读入内存，这就必须用到文件的相关知识。

13.1 文件的相关概念

文件是计算机管理数据的基本单位，同时也是应用程序保存和读取数据的一个重要场所。文件是指在各种存储介质上(如硬盘、可移动磁盘、CD等)永久存储的数据的有序集合，它是进行数据读写操作的基本对象。

每个文件至少包含了两大部分:文件名和文件中的数据。

文件名是文件的标识，像人名一样，如born.cs这个文件名称是born，后面的.cs是文件的后缀名即扩展名，一般的操作系统是通过文件的后缀名来区分文件的类型的，如扩展名为“.doc”是Word文件，扩展名为“.c”是C语言源程序文件，扩展名为“.cs”是C#源程序文件等。

数据即文件的内容，按照数据存储方式C#文件分为顺序读写文件和随机读写文件。顺序读写文件的特点是每次“打开”文件，进行读写操作只能从头到尾的顺序处理。随机读写文件特点可以指定从文件中任意地方开始读写操作，即操作文件的位置是可以指定的。

根据数据的组织形式，C#文件系统把文件分为ASCII码文件和二进制文件。ASCII码文件又称为文本文件，它的每一个字节存放一个ASCII码，代表一个字符；二进制文件则把内存中的数据按其在内存中的存储形式按原样输出到磁盘上，即它的每一个字节存放一个二进制数据。例如，数12345，用文本文件存储时占5个字节，而使用二进制文件存储时则只占2个字节。

在C#中，System.IO命名空间中提供了多种类，用于进行文件和数据流的读写操作。要使用这些类，需要在程序的开头包含语句:using System.IO;

编程语言读写文件的方法已经过了很多变革。早期的语言，如Basic语言，使用I/O语句。后来的高级语言，例如C语言，使用标准的I/O库(stdio.h)。在C++和Java，引入了抽象的概念:流。流的概念不仅可用于文件系统，也可用于网络。C#语言也采用了流的概念，但是使用起来要比C++、JAVA语言简单了很多。

文件(File)和流(Stream)是既有区别又有联系的两个概念。流是字节序列的抽象概念，例如文件、输入/输出设备、内部进程通信管道等。流提供一种向后备存储器写入字节和从后备存储器读取字节的方式。除了与磁盘文件直接相关的文件流以外，流还有多种类型。

文件是用路径来定位的，描述路径有3种方式：绝对路径、当前工作盘的相对路径、相对路径。以d:\dir1\dir2为例(假定当前工作目录为d:\dir1)，d:\dir1\dir2为绝对路径，\dir1\dir2为当前工作盘的相对路径，dir2为相对路径，都表示d:\dir1\dir2。在C#中"\"是转义字符，要表示它的话需要使用"\\"，因此用字符串表示路径d:\dir1\dir2应写为"d:\\dir1\\dir2"。由于这种写法不方便，C#语言提供了简化写法，只要在字符串前加上@即可直接使用"\"。所以在C#中用字符串@"d:\dir1\dir2"表示也是正确的，@表示其后字符串不包括转义字符。

13.2 文件夹管理

文件夹也称为目录，在C#.NET中，可用命名空间system.IO中的Directory类来进行管理，Directory类用来创建、复制、删除、移动文件夹。Directory类是一个静态类，即该类中的方法不需要生成该类的实例，直接用类名来调用这些方法即可。另外C#还有一个DirectoryInfo类也用于文件夹管理，不过，该类需要建立对象才能使用这些方法，这里主要介绍Directory类的使用方法。

类Directory类常用的操作方法如下：

1) 判断目录是否存在

Directory.Exists(目录名)

2) 创建目录

Directory.CreateDirectory(目录名)

例13.1 检查D盘上是否存在文件夹"Myfile"，如是果有，报告已经存在该目录，如果没有，则建立一个。

首先，应该在程序开头增加命名空间：using System.IO;

相关代码如下：

```
class Program
    {
        static void Main(string[] args)
          {
            string strFromPath = "d:\\Myfile";
            if (! Directory.Exists(strFromPath))
            {
              Directory.CreateDirectory(strFromPath);
            }
            else
```

```
            {
              Console.WriteLine("该文件夹已经存在!");
            }
            Console.ReadKey();
        }
    }
```

3) 删除目录

删除文件夹有两种格式,其中下面格式是删除某个文件夹下所有文件夹及文件:

```
Directory.Delete(string dir1,true/false);
```

其中参数 dir1 是指定的文件夹名,true/false 表明是否要求删除该文件夹下所有文件/文件夹,值为 true 表示是,false 为否,此时必须小心,因为被删除的文件夹下可能有很多有用的文件。例:

```
System.IO.Directory .Delete ("d:\dbs",true);
```

删除文件夹的另外一种格式为:

```
Directory.Delete(string dir1);
```

其中是参数 dir1 是指定要被删除的文件夹,该方法要求该文件夹(目录)下没有任何文件或文件夹,即该文件夹是空文件夹。

例:System.IO.Directory .Delete ("d:\dbs");

4) 移动目录:Directory.Move(源目录,目标目录)

该方法将文件或目录及其子目录移到新位置,如果目标目录已经存在,或者路径格式不对,将引发异常。注意,只能在同一个逻辑盘下进行目录转移。如果试图将 c 盘下的目录转移到 d 盘,将发生错误。

例 13.2 在 D 盘创建两个文件夹 file1,file2,然后把文件夹 file2 移到 file1 文件夹下。

代码如下:

```
using System.IO;
static void Main(string[] args)
  {
      string file1 = @"d:\file1";
      string file2 = @"d:\file2";
      Directory.CreateDirectory(file1);
      Directory.CreateDirectory(file2);
      Directory.Move(file2, file1 + @"\file2");
      Console.ReadKey();
  }
```

5）获取所有子目录名

Directory. GetDirectories(目录名)

该方法获取一个文件夹下所有的子文件夹名，组成一个字符串数组。

例 13.3 要求取得D盘下tomcat7文件夹下的所有子文件夹名并输出。代码如下：

```
using System. IO;
namespace example13_3
{
    class Program
    {
        static void Main(string[] args)
        {
            string[] dirs = Directory. GetDirectories(@"d:\tomcat7");
            foreach (string dir in dirs)
            {
                Console. WriteLine(dir. ToString());
            }
            Console. ReadKey();
        }
    }
}
```

运行结果如图13.2.1所示。

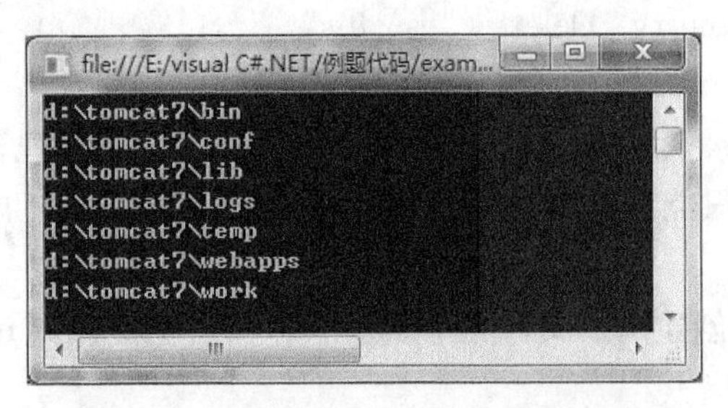

图13.2.1 列出文件夹下所有子文件夹名

6）获取所有文件名

Directory. GetFiles(目录名)

该方法获取一个文件夹下所有的文件名，组成一个字符串数组，如取得D盘下Myfile1文件夹下的所有文件名并输出，代码如下：

```
string[] files = Directory. GetFiles(@"d:\Myfile1");
foreach (string file in files)
{
  Console. WriteLine(file. ToString());
}
```

例 13.4　获取 D 盘下 tomcat7 目录下的所有文件夹、所有文件。

代码如下：

```
static void Main(string[] args)
    {
        string[] dirs = Directory.GetFileSystemEntries(@"d:\tomcat7");
         Console.WriteLine("dirs......");
         foreach (string dir in dirs)
         {
             if (Directory.Exists(dir))
             {
               //目录列表
               Console.WriteLine(dir.ToString());
             }
         }
         Console.WriteLine("files......");
         foreach (string dir in dirs)
         {
             if (File.Exists(dir))
             {
               //文件列表
               Console.WriteLine(dir.ToString());
             }
         }
         Console.ReadKey();
    }
```

运行结果如图 13.2.2 所示：

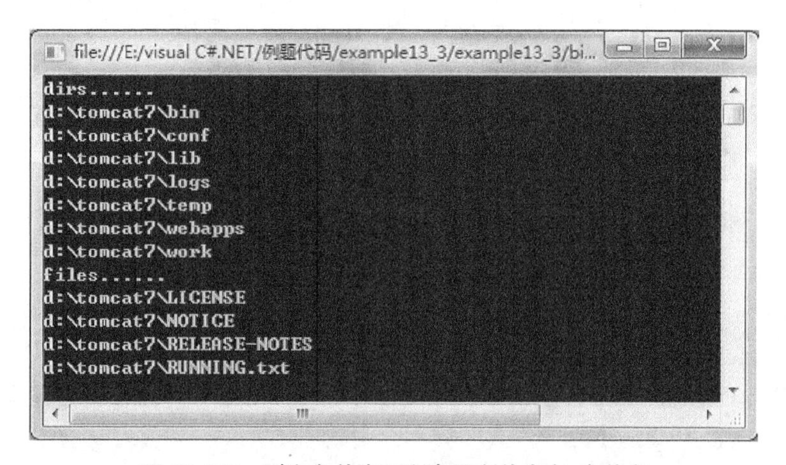

图 13.2.2　列出文件夹下所有子文件夹名、文件名

13.3 File类

C#语言中通过File和FileInfo类来创建、复制、删除、移动和打开文件。同样，File也是一个静态类，可以直接通过类名调用这些方法完成上述功能。FileInfo类使用方法和File类基本相同，但FileInfo类能建立对象。

在使用这两个类时需要引用System.IO命名空间。

这里主要介绍File类的使用方法，File类常用的方法如下。

1) 判断文件是否存在

判断文件是否存在的方法声明如下：

```
public static bool Exists(string path);
```

该方法判断参数指定的文件是否存在，参数path指定文件名及路径。如果文件存在，返回true，如果文件不存在，或者访问者不具有访问此文件的权限，则返回false。下面的代码段判断是否存在c:\Example\e1.txt文件：

```
if(File.Exists(@"c:\Example\e1.txt"))
{
Console.WriteLine("文件存在!");
}
```

2) 删除文件

删除文件用下面方法：

```
public static void Delete(string path);
```

该方法删除参数指定的文件，参数path指定要删除的文件名包括路径。下面的程序是删除用户指定文件。

```
using System;
using System.IO;
class DeleteFile
{
  static void Main()
  {
   Console.WriteLine("请键入要删除的文件的路径:");
   string path=Console.ReadLine();                //从键盘读入路径，输入回车结束
   if(File.Exists(@path))                         //@表示其后字符串不包括转义字符
    File.Delete(@path);
```

```
    else
      Console.WriteLine("文件不存在!");
  }
}
```

3）复制文件

复制文件的方法如下：

```
public static void Copy(string sFName,string dFName,bool overW);
```

该方法将参数 sFName 指定文件拷贝到指定的目录文件中，并修改文件名为参数 dFName 指定的文件名，如果 OverW 为 true，而且文件名为 dFName 的文件已存在的话，原文件将会被复制过去的文件所覆盖。

例 13.5 要求编写复制文件程序，程序运行后，从键盘上输入源文件所在的目录及文件名，然后再输入目标文件的目录及文件名，最后进行文件复制工作，如果目标文件已经存在，则输出错误信息。

程序代码如下：

```
using System;
using System.IO;
class CopyFile
{
  static void Main(string[] args)
  {
    Console.WriteLine("请键入要拷贝的源文件的路径:");
    string path = Console.ReadLine();        //从键盘读入路径，输入回车结束
    Console.WriteLine("请键入要拷贝的目的文件的路径(包括文件名):");
    string path1 = Console.ReadLine();        //从键盘读入路径，输入回车结束
    if (File.Exists(@path))                  //@表示其后字符串不包括转义字符
     {
       if (! File.Exists(@path1))             //如果不存在目标文件，拷贝
         File.Copy(@path, @path1, true);
       else
          Console.WriteLine(@path1 + "目标文件存在或目的路径非法!");
     }
    else
      Console.WriteLine(@path + "源文件不存在!");
    Console.ReadKey();
  }
}
```

4）移动文件

移动文件用下面方法：

```
public static void Move(string sFName,string dFName);
```

该方法将参数 sFName 指定文件移动到参数 dFName 指定的目录，修改文件名为参数 dFName 指定的文件名，如果目标文件已经存在，或者路径格式不对，将引发异常。注意，该语句只能在同一个逻辑盘下进行文件转移。如果试图将 c 盘下的文件转移到 d 盘，将发生错误。例下面的代码可以将 c:\Example 下的 e1. txt 文件移动到 c 盘根目录下。

```
File.Move(@"c:\Example\BackUp.txt",@"c:\BackUp.txt");
```

注意 FileInfo 类方法 MoveTo 则可以将一个逻辑盘的文件移到另一个逻辑盘，例子如下：

```
using System;
using System.IO;
class MoveFile
{   static void Main()
   {
    Console.WriteLine("请键入要移动的源文件的路径:");
    string path=Console.ReadLine();              //从键盘读入路径，输入回车结束
    Console.WriteLine("请键入要移动的目的文件的路径(包括文件名):");
    string path1=Console.ReadLine();          //从键盘读入路径，输入回车结束
   if(File.Exists(@path))                          //@表示其后字符串不包括转义字符
   {
     if(! File.Exists(@path1))
     {
       FileInfo fi=new FileInfo(@path);            //使用 FileInfo 必须建立对象
       fi.MoveTo(@path1);
       //File.Move(@path,@path1);       //如在同一磁盘可使用此句替换前 2 句
     }
   else
     Console.WriteLine("目的文件存在或路径非法!");
   }
 else
  Console.WriteLine("源文件不存在!");
 }
}
```

5）设置文件属性

设置文件属性用下面方法：

```
public static void SetAttributes(string path,FileAttributes fileAbs);
```

参数 path 指定要修改属性的文件路径；参数 fileAbs 指定要修改的文件属性，可以是如下数值：Archive（存档）、Compressed（压缩文件）、Directory（目录文件）、Encrypted（加密）、Hidden（隐藏）、Normal（普通文件）、ReadOnly（只读文件）、System（系统文件）、Temporary（临时文件）。下面代码设置文件 c:\e1.txt 的属性为只读、隐藏。

```
File.SetAttributes(@"c:\e1.txt",FileAttributes.ReadOnly|FileAttributes.Hidden);
```

6）获取文件的属性

获取文件属性用下面方法：

```
public static FileAttributes GetAttributes(string path);
```

方法返回参数指定的文件的 FileAttributes，如果未找到路径或文件，则返回－1。

例 13.6　获取指定文件夹下文件的相关属性。代码如下：

```
using System;
using System.IO;
class GetFileAttributes
{
  static void Main(string[] args)
  {
  Console.WriteLine("请键入要得到属性的文件路径：");
  string path=Console.ReadLine();              //从键盘读入路径,输入回车结束
  if(File.Exists(@path))                       //@表示其后字符串不包括转义字符
  {
   FileAttributes attributes=File.GetAttributes(@path);
   if((attributes&FileAttributes.Hidden)==FileAttributes.Hidden)
    Console.WriteLine("隐藏文件");
  else
   Console.WriteLine("不是隐藏文件");
  FileInfo fileInfo=new FileInfo(@path);       //得到文件其他信息
  Console.WriteLine(fileInfo.FullName+"文件长度="+
      fileInfo.Length+",\n 建立时间="+fileInfo.CreationTime);
 //也可用如下语句得到文件其他信息
  Console.WriteLine("\n 建立时间="+File.GetCreationTime(@path)
  +"\n 最后修改时间="+File.GetLastWriteTime(@path)+
   "\n 访问时间="+File.GetLastAccessTime(@path));
  }
```

```
        else
         Console.WriteLine("文件不存在!");
        Console.ReadKey();
    }
}
```

运行结果如图13.3.1所示。

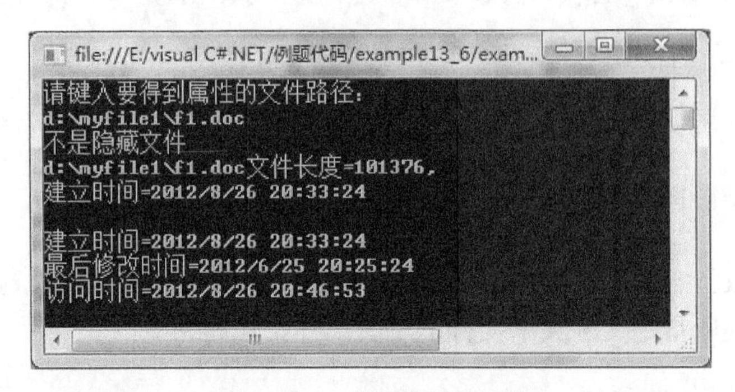

图13.3.1 文件的相关属性

13.4 用FileStream读写文件

前面讲过,文件是指在各种存储介质上永久存储的数据的集合,它是进行数据读写操作的基本对象。而流是字节序列的抽象概念,例如文件、输入/输出设备、内部进程通信管道等。流提供一种向后备存储器写入字节和从后备存储器读取字节的方式。除了与磁盘文件直接相关的文件流以外,流还有多种类型。

在System.IO命名空间中提供了多种类,用于进行文件和数据流的读写操作。一般来说,对流的操作有三类:读取,写入,定位,要使用这些类,需要在程序的开头包含语句:

```
using System.IO;
```

FileStream类的对象表示在磁盘或网络路径上指向文件的流。这个类提供了在文件中读写字节的方法,但经常使用StreamReader或StreamWriter执行这些功能,这是因为FileStream类操作的是字节和字节数组,而Stream类操作的是字符数据。字符数据易于使用,但是有些操作,比如随机文件访问(访问文件中间某点的数据),就必须由FileStream对象执行。

1) 打开与关闭文件

使用FileStream类的构造函数可以建立文件流对象,用来打开和关闭文件,使用格式如下:

```
public FileStream(string path,FileMode mode,FileAccess access);
```

其中相关参数的含义如下：

参数 path 是要打开文件的相对路径或绝对路径；

参数 mode 可以是如下模式：

FileMode. Append，打开文件并将读写位置移到文件尾，文件不存在则创建新文件，只能同 FileAccess. Write 一起使用；

FileMode. Create，创建新文件，如果文件已存在，文件内容将被删除；

FileMode. CreateNew，创建新文件，如果文件已存在，则引发异常；

FileMode. Open，打开现有文件，如果文件不存在，则引发异常；

FileMode. OpenOrCreate，如果文件存在，打开文件，否则，创建新文件；

FileMode. Truncate，打开现有文件，并将文件所有内容删除。

参数 access 可以是下列方式之一：

FileAccess. Read(只读方式打开文件)；

FileAccess. Write(只写方式打开文件)；

FileAccess. ReadWrite(读写方式打开文件)。也可以没有第三个参数，默认为 FileAccess. ReadWrite。

2) 将内容写入文件

FileStream 类将数组中多个字节写入流，方法如下：

```
void Write(byte[] array,int offset,int count);
```

其中参数 array 是要写入的数组，要写入流的第 1 个字节是 array[offset]，参数 count 为要写入的字节数。写字节数组数据到文件的程序如下，该程序将建立文件 d:\g1. dat。

```
using System;
using System.IO;                              //使用文件必须引入的命名空间
class WriteFile
{
static void Main()
  {
  byte[] data=new byte[10];              //建立字节数组
  for(int i=0;i<10;i++)                  //为数组赋值
       data[i]=(byte)i;
  FileStream fs=new FileStream("d:\\g1.dat",FileMode.Create);//建立流对象
  fs.Write(data,0,10);                   //写 data 字节数组中的所有数据到文件
  fs.Close();     //不再使用的流对象，必须关闭
  }
}
```

3) 从文件中读出内容

从文件中读出内容的方法如下：

```
int Read(byte[] array,int offset,int count);
```

上式表示从文件流中读数据写入字节数组 array 中，读入的第 1 个字节写入 array[offset]，count 为要读入的字节数。返回值为所读字节数，由于可能已读到文件尾部，其值可能小于 count，甚至为 0。下面例子是将上面写到文件中的内容读出，为了方便，我们用 Windows 应用程序。

例 13.7 设计一个 Windows 应用程序，通过窗体上两个按钮分别写入数据和读出数据。

设计如下：

(1) 建立一个 Windows 应用程序，设计的窗体如图 13.4.1 所示：

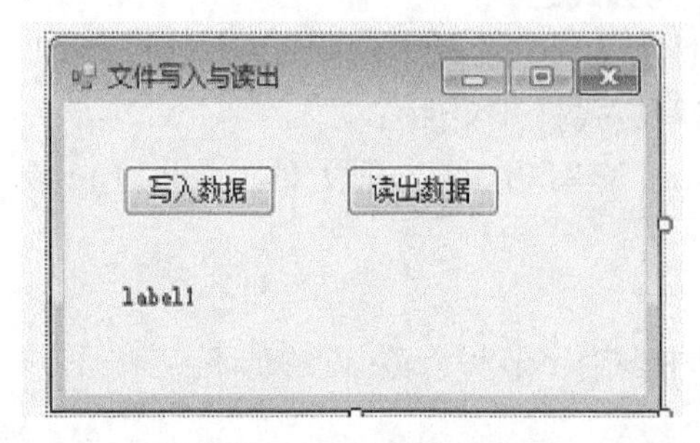

图 13.4.1 文件读写设计界面

(2) 进入编程窗口，在代码行前面添加一行：

```
using System.IO;                    //使用文件必须引入的命名空间
```

(3) 写入数据按钮代码如下：

```
private void button1_Click(object sender, EventArgs e)//写入数据
   {
   byte[] data=new byte[10];           //建立字节数组
   for(int i=0;i<10;i++)                //为数组赋值
     data[i]=(byte)i;
   FileStream fs=new FileStream("d:\\mf1.dat",FileMode.Create);
                                       //建立流对象
   fs.Write(data,0,10);                     //写 data 字节数组中的所有数据到文件
   fs.Close();                    //不再使用的流对象,必须关闭
   }
```

(4) 读出数据按钮代码如下：

```
private void button2_Click(object sender, EventArgs e)//读出数据
   {
```

```
    FileStream fs = new FileStream("d:\\mf1.dat", FileMode.Open);
    byte[] data = new byte[fs.Length];
    long n = fs.Read(data, 0, (int)fs.Length);      //n为所读字节数
    fs.Close();
    label1.Text="文件的内容如下:\n";
    foreach (byte m in data)
        label1.Text=  label1.Text+" "+ m.ToString();
}
```

程序运行后，从文件读出的数据及窗体界面如图 13.4.2 所示：

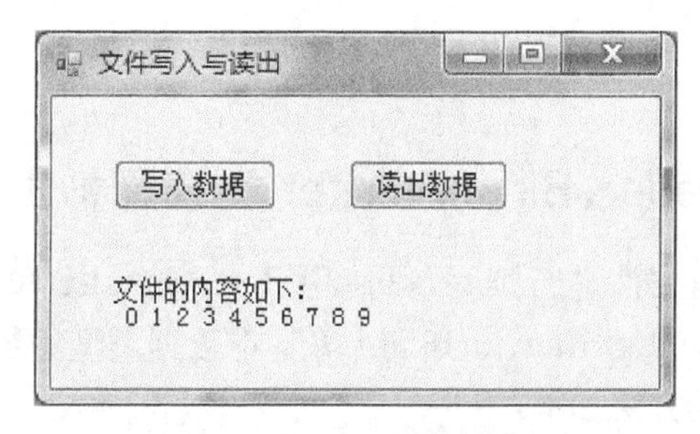

图 13.4.2 读出数据界面

在上例中，写入及读出数据都是以二进制方式进行的，因此一般的记事本等软件无法查看文件的具体内容。

4) 文件定位

文件定位即读或写数据的起始点，使用方法格式如下：

```
    long Seek(long offset,SeekOrigin origin);
```

该方法移动文件读写位置到参数 origin 指定位置加上参数 offset 指定偏移量处，参数 origin 可以是 SeekOrigin.Begin、SeekOrigin.End、SeekOrigin.Current，分别表示开始位置、结束位置、当前读写位置。例子如下：

```
using System;
using System.IO;              //使用文件必须引入的命名空间
class FileStreamProperty
{
  static void Main()
    {  FileStream fs=new FileStream("d:\\g1.bin",FileMode.Open);
                                    //无第3个参数
       fs.Seek(-4,SeekOrigin.End);
                                         //文件读写位置移到从文件尾部向前4个字节
```

```
        Console.WriteLine("读写位置:{0},能定位:{1}",fs.Position,fs.CanSeek);
        Console.WriteLine("能读:{0},能写:{1}",fs.CanRead,fs.CanWrite);
        fs.Close();
    }
}
```

注意例中建立流对象 fs 的构造函数没有说明打开文件是读还是写,此时按读写方式打开。程序运行结果如下:

```
读写位置:6,能定位:true
能读:true, 能写:true
```

13.5 用 BinaryReader、BinaryWriter 类读写数据

为了更好地对二进制文件进行读写,可使用 BinaryReader 和 BinaryWriter 类,这两个类可以从文件直接读写 bool、String、int16、int 等基本数据类型的数据。

常用 BinaryWriter 类方法如下:

(1) 构造函数 BinaryWriter(Stream input):参数 input 为 FileStream 类对象。

(2) 方法 viod Write(数据类型 Value):写入参数 Value 指定的数据类型的一个数据,数据类型可以是基本数据类型,例如,int、bool、float 等。写 int 类型数据程序如下:

```
using System;
using System.IO;                          //使用文件必须引入的命名空间
class WriteFile
{   static void Main()
    {   FileStream fs=new FileStream("d:\\g1.dat",FileMode.Create);
        BinaryWriter w=new BinaryWriter(fs);
        for(int i=0;i<10;i++)
            w.Write(i);                   //写入 int 类型数据
        w.Close();
    }
}
```

BinaryReader 类常用方法如下:

(1) 构造函数 BinaryReader(Stream input):参数 input 为 FileStream 类对象。

(2) 方法 ReadBoolean、ReadByte、ReadChar:返回一个指定类型数据,方法没有参数。

(3) 方法 byte[] ReadBytes(int count):返回字节数组中是按参数指定数量读出的字节。

下面的例是把上一个例中的文件数据读出。

```
using System;
using System.IO;                    //使用文件必须引入的命名空间
class ReadFile
{   static void Main()
    {   int[] data=new int[10];
        FileStream fs=new FileStream("d:\\g1.dat",FileMode.Open);
        BinaryReader r=new BinaryReader(fs);
        for(int i=0;i<10;i++)
            data[i]=r.ReadInt32();
        r.Close();
        Console.WriteLine("文件的内容如下:");
        foreach(int m in data)
            Console.Write("{0},",m);
    }
}
```

13.6 用 StreamReader 和 StreamWriter 类读写字符串

前面讲过,Stream 类操作的是字符数据,而字符数据更易于使用,读写字符串可以用 StreamReader 和 StreamWriter 类,用这两个类读写的数据文件是文本文件,因而可以被记事本等软件读写。

StreamWriter 类常用方法如下:

(1) 构造函数 StreamWriter(string path,bool append):其中参数 path 是要写的文件的路径,如果该文件存在,并且 append 为 false,则该文件被改写。如果该文件存在,并且 append 为 true,则数据被追加到该文件中。该文件不存在,将创建新文件。

(2) 方法 void Writer(string value):将字符串写入流。

(3) 方法 void Writer(char value):将字符写入流。

下面代码为写字符串类型数据:

```
using System;
using System.IO;
class WriteFile
{   static void Main()
    {   StreamWriter w=new StreamWriter("d:\\myf2.txt",false);
        w.Write(100);
        w.Write("100 个");
        w.Write("End of file");
        w.Close();
    }
}
```

StreamReader类常用方法如下：

(1) 构造函数StreamReader(string path)：参数path是要读文件的路径。

(2) 方法int Read()：从流中读取一个字符，并使读字符位置移动到下一个字符。返回代表读出字符ASCII字符值的int类型整数，如果没有字符可以读出，返回－1。如果有一个StreamReader对象sr，用sr读取一个字符的用法如下：char c=(char)sr.Read()。

(3) 方法string ReadLine()：从流中读取一行字符并将数据作为字符串返回，返回的字符串不包含回车或换行符。

例13.8 建立Windows应用程序，用于写入与读取文本文件。

设计界面及运行结果与例13.7类似，代码如下：

```
using System;
using System.Collections.Generic;
using System.ComponentModel;
using System.Data;
using System.Drawing;
using System.Linq;
using System.Text;
using System.Windows.Forms;
using System.IO;
namespace example13_8
{
 public partial class Form1 : Form
 {
     public Form1()
     {
         InitializeComponent();
     }
    private void button1_Click(object sender, EventArgs e)//写入操作
    {
        StreamWriter w = new StreamWriter("d:\\myf2.txt", false);
        w.Write(100);                    //100首先转换为字符串,再写入。
        w.Write("\r\n100个");            //字符串之间用换行符用"\r\n"分隔
        w.Write("\r\nEnd of file");
        w.Write("\r\n这是一个文本文件!");
        w.Close();
    }
    private void button2_Click(object sender, EventArgs e)//读取操作
    {
        StreamReader fileStream = new StreamReader("d:\\myf2.txt");
```

```
        fileStream.BaseStream.Seek(0, SeekOrigin.Begin);
                                        //文件指针指向文件开始处
        label1.Text = "";
        while (fileStream.Peek() > -1)
        {
            label1.Text = label1.Text + fileStream.ReadLine()+"\n";
        }
        // label1.Text = fileStream.ReadToEnd();用该语句一次把所有内容读出
          fileStream.Close();
      }
    }
}
```

13.7 习题

1. 什么是文件？文件分为哪几类？

2. 描述文本文件与二进制文件的区别。

3. 什么是流？文件与流有什么关系？

4. 对文件夹进行管理用什么类？主要的方法有哪些？

5. File 类可以完成哪些文件操作？如何使用？

6. 文件的属性有哪些？如何获得文件的属性？

7. 对流的操作有哪几种？

8. 编程比较两个文件是否相同，如果相同，输出 0，不同则输出-1。

9. 从文件 exam.txt 文件中逐个取出字符，遇到符号"#"后停止，然后进行加密，加密后放回原文件中，加密方法是每个字符的 ASCII 码加 1。

10. 建立一个二进制文件 exam.dat，并连续存放 10 个整数，然后再读取该文件，把其中的奇数编号的整数取出来输出。

14

实验设计

可视化程序设计(C#.NET)课程是一门实践性非常强的一门课程，尤其是在Windows应用程序编程方面，必须通过上机调试才能加深理解和巩固书本上所学的知识，通过实验来提高编程能力以及分析问题和解决问题的能力。

14.1 实验目的与要求

1) 实验目的

C#实验是对学生的一种全面综合训练，是与课堂听课、自学和练习相辅相成的必不可少的一个教学环节。针对C#.NET课程的特点，实验分为验证性实验、设计性实验、综合实验。其中验证性实验要求学生能理解程序，掌握程序流程，明白程序结果；设计性实验与综合实验让学生利用所学的知识开发一个小型项目，要求学生能独立分析问题，设计算法，实现程序的各项功能，得到正确的执行结果，从实验过程学会调试程序，并对设计过程进行系统的总结，以此来提高学生分析问题、解决问题的应用能力。

通过C#.NET课程的实践与操作，加深理论课程中对可视化设计、面向对象概念与基本算法的理解。实验着眼于原理与应用的结合，使学生学会如何把书上学到的知识用于解决实际问题，培养学生在软件编程方面的动手能力；另一方面，能使书上的知识变“活”，起到深化理解和灵活掌握教学内容的目的。

2) 实验要求

要求学生通过C#.NET实验，学会C#语言设计控制台应用程序，用.NET框架类库设计Windows应用程序，学会数据库应用程序设计，GDI+图形设计与多媒体应用设计，掌握面向对象技术以及Web服务的技术；掌握开发现代应用软件的基本技术和方法。

C#.NET实验课程属非独立课程，必须与课堂讲授内容基本同步；实验课程中验证性、设计性、综合性所占的比例为3∶2∶1左右，开设实验方式是每个学生一台微机，练习相关内容的程序编写与调试，指导教师1～2人。

由于每个实验涉及的内容较多，实验前要求学生一定要先了解实验目的、内容、实验要求以及注意事项；实验过程中要求学生仔细观察程序运行过程并做好记录。学生应独立完成所布置实验内容。本课程考核采用期末考试与平时考核、实验报告相结合的方式评定学生成绩,实验成绩占总评成绩的10%至30%。

该课程教学与实验总课时数为72学时,其中理论教学与实验教学各占一半,但考虑到实际情况,每学期都有一些节假日,因此设立了15个实验,每次实验2课时,共30课时。

14.2 实验计划

序号	实验名称	时数	实验类型
实验1	Visual C# .NET基础及窗体设计	2	验证性
实验2	基本数据类型	2	验证性
实验3	运算符与表达式	2	验证性
实验4	选择结构应用	2	验证性
实验5	复选框、组合框、Switch语句等使用	2	设计性
实验6	循环结构应用	2	验证性
实验7	餐厅点菜系统	2	综合性
实验8	面向对象程序设计	2	验证性
实验9	Windows应用程序设计	2	验证性
实验10	Windows应用程序设计2	2	设计性
实验11	Windows高级界面设计	2	设计性
实验12	对话框及图形绘制	2	验证性
实验13	数据库操作	2	设计性
实验14	多媒体应用程序设计	2	综合性
实验15	Web应用程序设计	2	设计性

实验1 Visual C#.NET及窗体设计

[实验目的]

了解.NET的基本操作,学会使用该开发环境;了解如何创建一个C# Windows和控制台程序,并运行它;通过编写C#和运行程序,初步了解C#语言和.NET开发环境的特点。

[实验内容]

(1) 要求建立一个Windows应用程序项目,程序执行时将显示一个用户登录窗体,要求您输入您的姓名,密码,如果输入的用户名为admin,密码为:666666,按确定按钮后,则注册成功,否则不能注册。最后保存退出。运行时如图14.2.1所示。

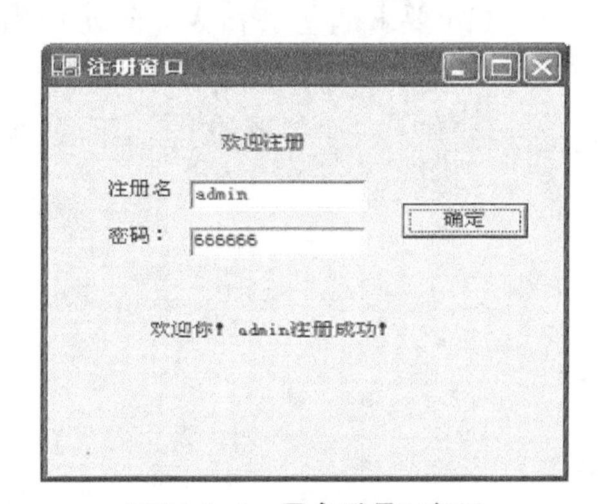

图14.2.1 用户登录运行图

(2) 建立一个C#控制台应用程序,要求输入两个数,求出它们的和并把结果输出到屏幕。最后保存退出。运行时如图14.2.2所示。

(3) 编写一个Windows应用程序,要求运行后一幅图从左往右边移动,移动到了右边消失后,又从左边开始出现,运行时如图14.2.3所示。

图 14.2.2　两个数之和运行图

图 14.2.3　图 形 移 动 图

实验2　基本数据类型

[**实验目的**]

学会进一步使用C♯.NET开发环境;熟练创建及运行Windows应用程序和控制台应用程序,通过编写C♯和运行程序,掌握C♯语言的各种基本数据类型和表达式,以及图形框应用。

[**实验内容**]

(1) 要求建立一个Windows应用程序项目,要求:

① 输入一个圆的半径,求出圆的周长,面积。

② 输入一个梯形的上底,下底,高,输出梯形的面积。运行时如图14.2.4所示:

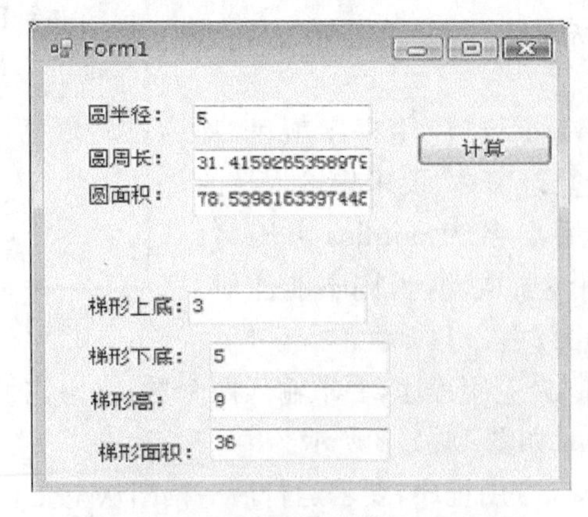

图 14.2.4　求圆面积、梯形面积界面

(2) 建立一个 C# 控制台应用程序，要求运行时分别输入整数 a,b,c 的值，输出下列表达式的值：a−b/c<d，!(b%a<=d)，(c>0)||d<0，a−b>=c&&(b−a)>=d，运行结果如图 14.2.5 所示。

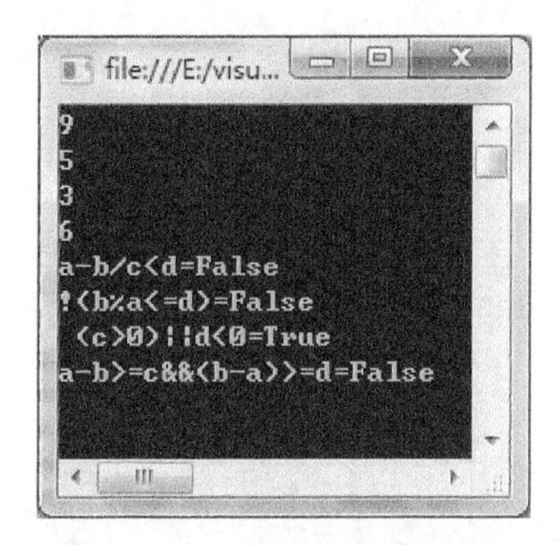

图 14.2.5 逻辑表达式判断图

图 14.2.6 图形变化图

(3) 建立 Windows 应用程序，要求运行启动时，窗体中间显示一幅图，单击窗体，图形变成另一幅图，双击窗体，图形又变成为另一幅图，同时显示一行欢迎文字，运行效果如图 14.2.6 所示。

实验 3 运算符与表达式

[实验目的]

熟练掌握 C# 基本数据类型使用，掌握各种运算符使用；掌握文本框使用，掌握 if 语句使用。

[实验内容]

(1) 经常出国旅行的驴友都知道，需要时时了解当地的气温状况，但不少国家采用了不同的温度计量单位：有些使用华氏温度标准(F)，有些使用摄氏温度(C)。现在，请你根据温度转换公式设计一个温度转换程序，可以进行温度转换。如果输入摄氏温度，显示转换的华氏温度；如果输入华氏温度，显示转换的摄氏温度，应用程序名为 test3_1。温度转换的公式为：$F=9/5\times C+32$；$C=5/9\times(F-32)$；式中 F—华氏温度，C—摄氏温度。现要求建立一个 Windows 应用程序项目进行编程显示转换结果。运行时示例如图 14.2.7 所示：

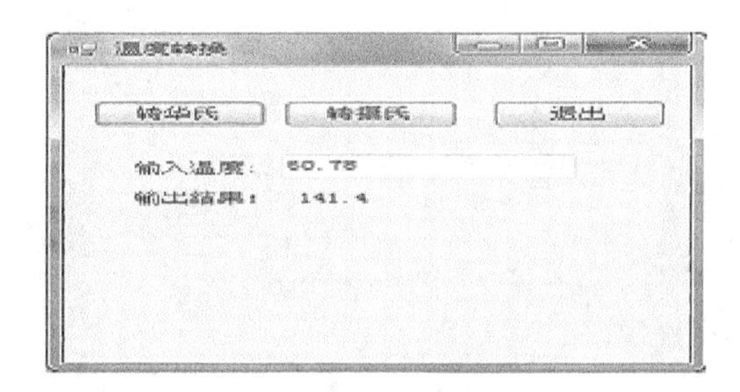

图 14.2.7 温度转换图

(2) 工厂每月发工资，都会碰到换零钱的问题，可会计们非常头疼，不知要找多少零钱才合适，请设计 Windows 应用程序项目，把一个人的工资换成不同数额票面的数量。运行时如图 14.2.8 所示。

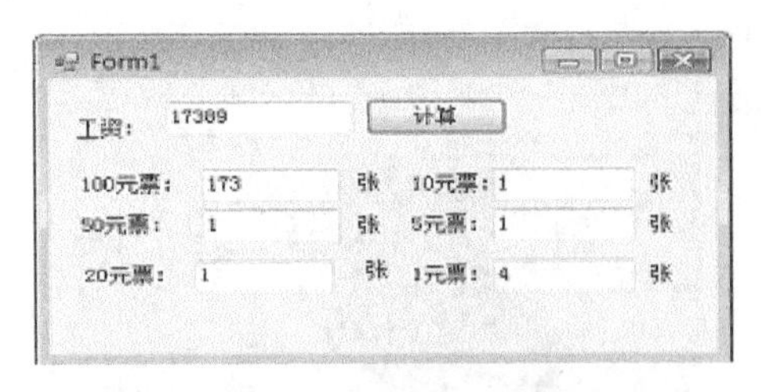

图 14.2.8　不同数额票面值转换图

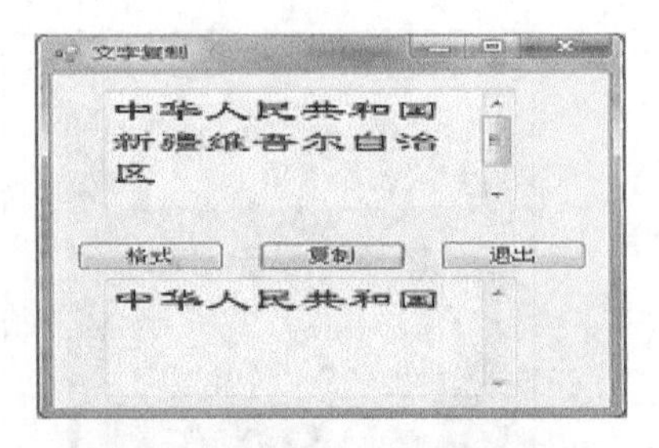

图 14.2.9　文字字体设置及复制图

(3) 写一个 Windows 应用程序，进行文字格式设置及复制工作，要求点击格式按钮时文本框 1 的字体为隶书，18 号。点击复制按钮时，把文本框 1 选定的文字连同格式复制到文本 2 框中。点击退出按钮时，整个程序结束。运行结果如图 14.2.9 所示。

实验 4　选择结构应用

[实验目的]

掌握赋值语句及 if 语句使用，掌握按钮控件 button、图片框 PictureBox 控件、图片列表控件 ImageList 控件的使用。

[实验内容]

(1) 在学校，经常会评优秀学生或三好学生，现请你设计一个 Windows 应用程序，要求输入一个同学的姓名，语文成绩，数学成绩，按确定按钮后，判断该学生是否为优秀生。优秀生条件是每门课程为 90 分以上或平均分 93 分以上，运行结果如图 14.2.10 所示：

(2) 建立一个 Windows 应用程序，计算下面分段函数的值，运行结果如图 14.2.10 所示：

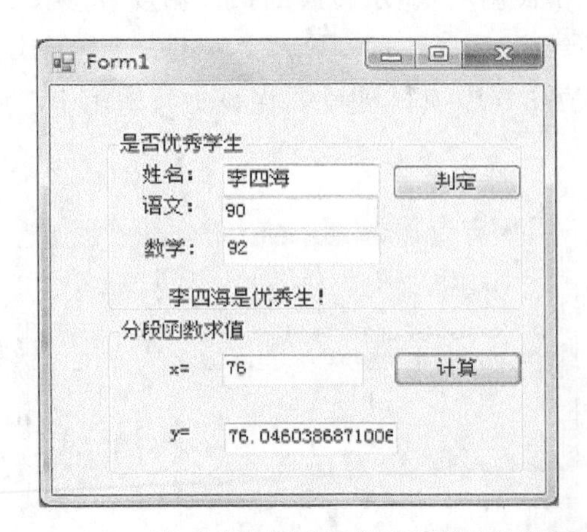

图 14.2.10　优秀学生评选及分段函数求值结果图

$$y=\begin{cases}5x+6 & x<0\\ 2x^2+3x+1 & x=0\\ \sqrt{x^2+7} & x>0\end{cases}$$

(3) 网络上经常有产品/人物的图片展示，点击不同的按钮会展示不同的图形。现在请你设计一个明星的个人图片展，图片可以从网上下载，放到 ImageList 控件中，运行时点击下一张按钮，图形往前展示，点击上一张按钮，图形往回展示。运行效果如图 14.2.11 所示：

图 14.2.11 图片切换图

实验 5 复选框、组合框、switch 语句等使用

[实验目的]

熟练掌握 if 语句应用，掌握 switch 语句使用，掌握单选框，复选框，组合框等常用控件的使用。

[实验内容]

(1) 在互联网上，一些网站经常发展会员，为此希望用户注册，本实验要求模拟用户注册程序，建立一个 Windows 应用程序，然后编写一个注册信息程序，输入如姓名，专业，性别，爱好等信息，按确定按钮后，出现注册后的信息，实验报告中要求写出按确定按钮的代码，并写出运行结果。运行结果如图 14.2.12 所示：

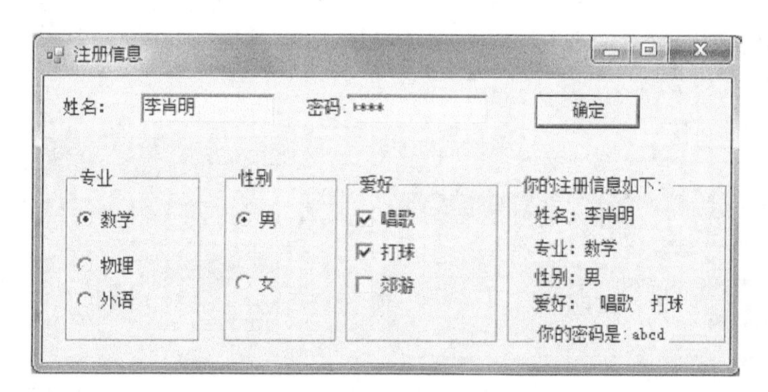

图 14.2.12 注册信息界面图

(2) 建立一个 Windows 应用程序,然后编写四则运算计算器。要求输入两个数,再输入一个运算符号,点击"="按钮进行计算,运行结果如图 14.2.13 所示。

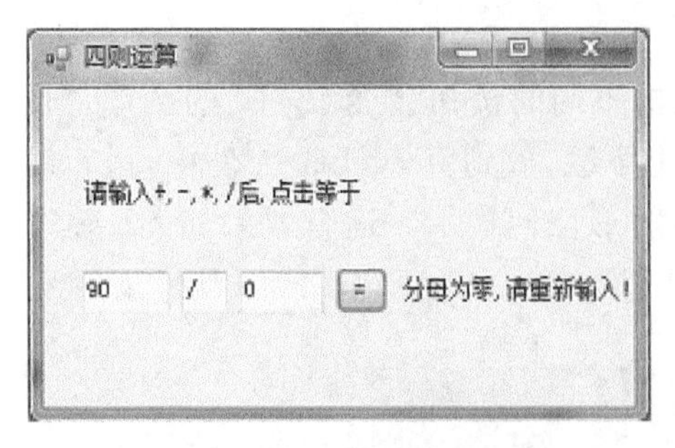

图 14.2.13 四则运算界面图

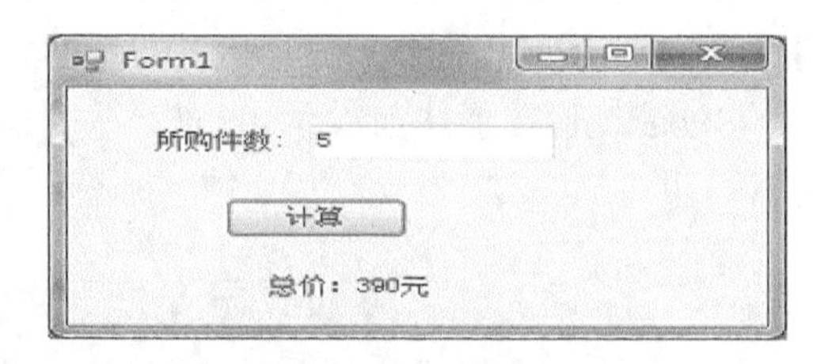

图 14.2.14 商品打折界面图

(3) 某商场为了促销其产品,特别在"五一"节这天进行商品促销打折活动。商品每件原价 130 元,现推出如下:总价超过 250 元打 8 折,总价超过 500 元打 7 折,总价超过 630 元打 6 折。现要求输入所购商品件数,输出需要交付的总价。运行结果如图 14.2.14 所示。

实验 6 循环结构应用

[实验目的]

掌握字符串属性及字符串函数,掌握窗体控件的使用,掌握循环结构 for 等语句的应用,掌握不同数据类型的转换运用。

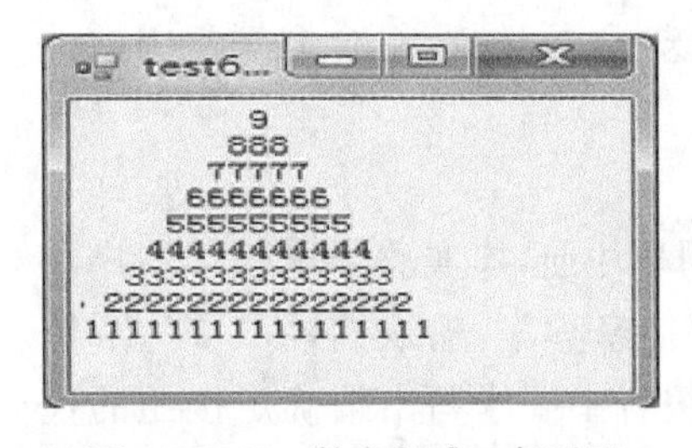

图 14.2.15 数字组成三角形图

[实验内容]

(1) 创建一个 Windows 应用程序,要求在运行时出现数字从 9 开始到 1 组成的三角形,运行结果如图 14.2.15所示。

(2) 要求计算 s=1+1/3+1/7+1/15+1/31+…+1/(2^n-1),要求最后一项的值小于 0.001 为止,运行结果如图 14.2.16 所示。

(3) 要求进行简单的字符串加密运算,每个字母变成其后面的第三位字母,如 a->d,b->e,c->f…,->b,z->c…,大写字母依此类推,运行结果如图 14.2.17 所示。

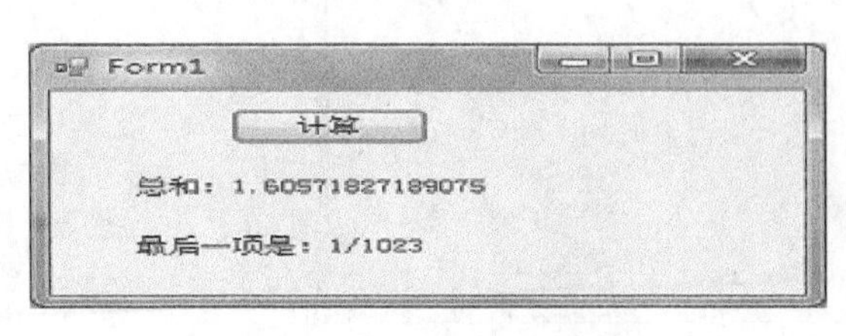

图 14.2.16 运算结果图

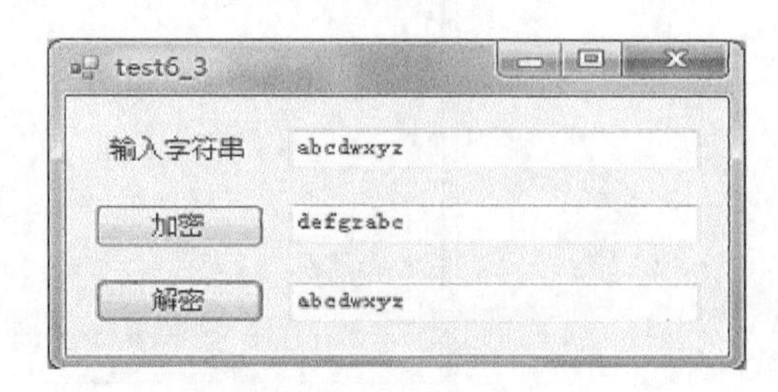

图 14.2.17 字符加密结果图

实验7 餐厅点菜系统

[**实验目的**]

熟练掌握列表框的应用，掌握组合框的应用，掌握字符串及相应函数的应用，掌握循环结构的使用。

[**实验内容**]

(1) 目前上档次的酒店、宾馆的餐饮都实现了电子结算系统，现要求编程实现餐厅点菜的仿真系统：顾客就座后，从菜单中选择自己喜爱的菜，不喜欢的可以退掉，用餐后结算账单。

(提示：在结算总价时，可以用循环结构，顾客所点的菜总数为：listBox2. Items. Count，依次从顾客挑选的菜可以用下列语句：

int j = listBox2. Items[i]. ToString(). LastIndexOf('-')找到符号"-"所在的位置，然后用 listBox2. Items[i]. ToString(). Substring(j+1)求出每一项菜后面的价格，再把这些价格加起来，就是总价)，运行结果如图 14. 2. 18 所示。

图 14.2.18 餐厅点菜系统

(2) 设计一个程序，求出 Sum=A! +B! +C!，其中 A,B,C 从文本框中输入，结果从标签输出。

实验8 面向对象程序设计

[**实验目的**]

掌握二维数组的应用，掌握面向对象设计的方法，掌握类的设计，字段及方法，掌握对象的定义使用。

[**实验内容**]

(1) 要求随机产生一个三行三列矩阵，并求主对角线(含)以上的所有元素之和。

提示：先定义一个随机变量，然后由这个随机变量产生值，用循环嵌套分别赋值给二维数组各元素，然后再求和。运行结果如图 14. 2. 19 所示：

图 14.2.19 矩阵对角线上元素之和

(2) 用人单位对每个员工都建立档案卡,现要求用面向对象方法编写个人档案信息。要求写一个工人类Worker,类中私有字段为:工号Id,姓名Name,性别Sex,年龄Age,再定义一个方法setfo(),用于设置工人的工号,姓名,性别,然后再定义一个方法OutPut,用于显示工人的工号,姓名,性别。最后通过系统类Program中的主函数Main()中定义一个工人对象,通过相应的方法设置该工人的信息并显示出来,运行结果示例如图14.2.20所示:

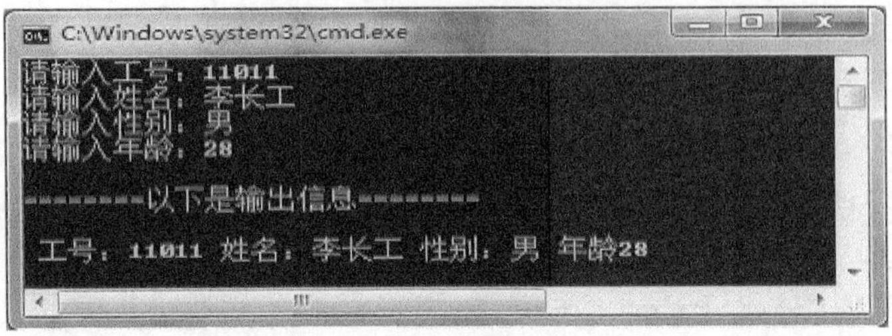

```
C:\Windows\system32\cmd.exe
请输入工号: 11011
请输入姓名: 李长工
请输入性别: 男
请输入年龄: 28

--------以下是输出信息--------

 工号: 11011 姓名: 李长工 性别: 男 年龄28
```

图14.2.20 面向对象设计实例

实验9 Windows应用程序设计

[**实验目的**]

进一步掌握数组的定义及应用,掌握单选按钮、复选框、下拉列表框、组合框的应用,掌握标签的使用,掌握输出格式的应用。

[**实验内容**]

(1) 建工学院的小明同学到电脑城去买电脑,请你根据电脑配置单帮他配置一部电脑,运行结果如图14.2.21所示:

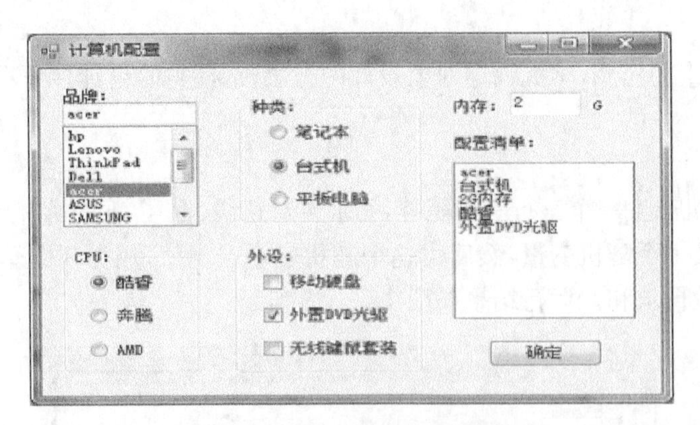

图14.2.21 电脑配置图

(2) 考试结束后,经常要计算学生的分数情况,现一共有10个学生的语文成绩(可在定义数组时给出),要求用标签输出每个同学的成绩及平均成绩,再用另一个标签输出分数高于平均分同学的成绩,运行结果如图14.2.22所示:

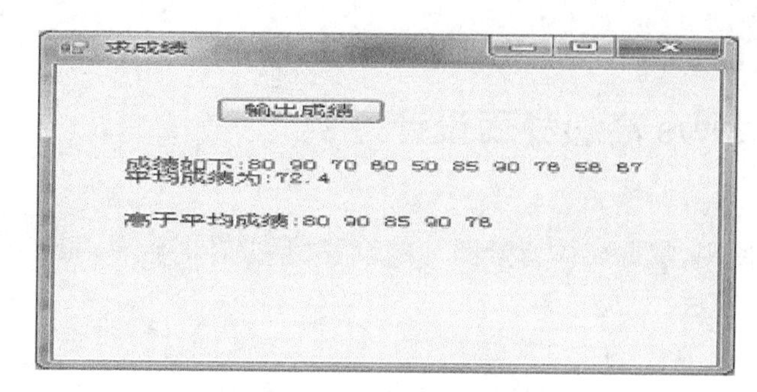

图 14.2.22 成绩计算图

实验 10 Windows 应用程序设计 2

[**实验目的**]

掌握菜单的建立与使用,掌握文本框中文字的复制、剪切与粘贴,掌握计时控件 Timer 的使用,掌握图片框的使用。

[**实验内容**]

(1) 模拟记事本进行建立菜单,进行文件的打开、关闭、新建,文本的复制、剪切、粘贴等工作,运行结果如图 14.2.23 所示。

(2) 模拟道路十字路口的红黄绿灯指挥交通,每种颜色的灯亮时间可以由文本框输入给定,运行结果如图 14.2.24 所示。

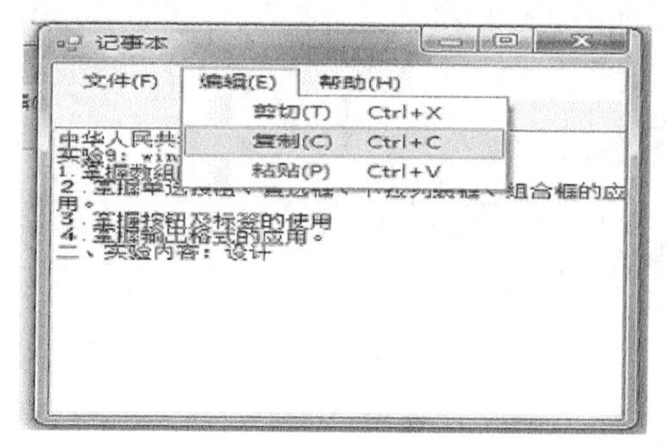

图 14.2.23 记事本

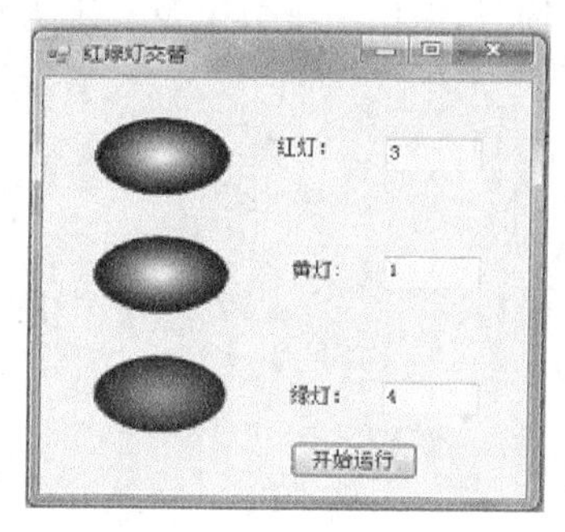

图 14.2.24 交通信号灯

(3) 有小兔一对,若第二个月它们成年,第三个月生下小兔一对,以后每月生产一对小兔,而所生小兔亦在第二个月成年,第三个月生产另一对小兔,以后亦每月生产小兔一对。假定每产一对小兔必为一雌一雄,且均无死亡。试问 n 个月后共有小兔几对。这个问题就是著名 Fibonacci 数列问题,数列为 1、1、2、3、5、8、13、21、34、55、89、144、233、377、610、987、1597……。编程要求从文本框输入月数,点击按钮后,从列表框产生每个月的兔子数,运行示列如图 14.2.25 所示。

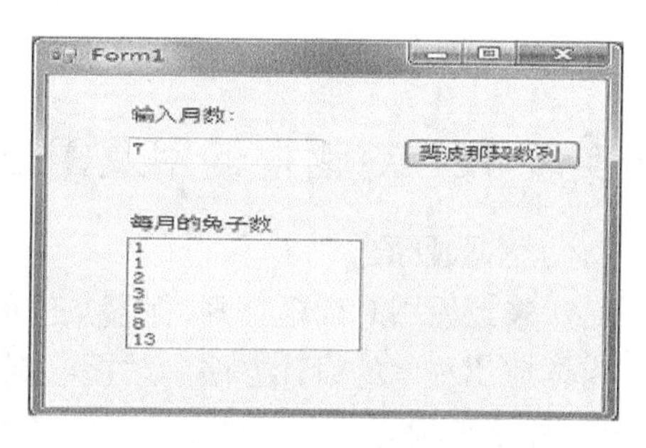

图 14.2.25 Fibonacci 数列计算

实验 11　Windows 高级界面设计

［实验目的］

掌握图片框的使用，掌握窗体背景图片的设置，掌握计时控件 Timer 的使用，掌握工具栏的使用，掌握基本算法。

［实验内容］

(1) 用图片框、timer 等控件设计一个蝴蝶自动飞翔的窗体，要求运行后，一只蝴蝶从左到右飞过花丛中，运行结果如图 14.2.26 所示。

图 14.2.26　蝴蝶自动飞翔

图 14.2.27　记事本工具栏

(2) 设计一个记事本，并且有工具栏与文本框结合，模拟微软公司的工具栏使用，运行结果如图 14.2.27 所示。

(3) 模拟期末考试算成绩，每个同学的信息有学号及三门课成绩，现要求计算每门课程的平均分，使用二维数组及一维数组，运行结果如图 14.2.28 所示：

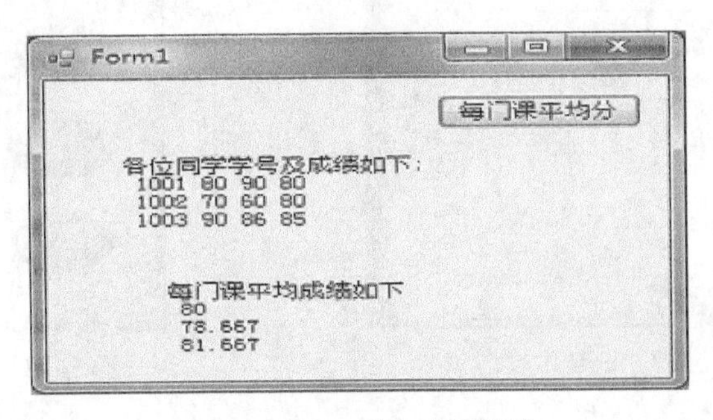

图 14.2.28　学生成绩计算

实验 12　对话框使用及图形绘制

［实验目的］

掌握使用对话框打开、保存文件的方法。掌握使用对话框进行字体、颜色设置。掌握多窗体应用程序的设计方法。掌握绘制计算机图形的基本方法。

［实验内容］

(1) 要求设计含两个窗体的 Windows 应用程序，主窗体用于文字编辑，工具栏中有打开、保存，有字体、颜色，新窗体等按钮，点击新窗体选项会弹出一个对话框。运行结果部分如图 14.2.29 所示：

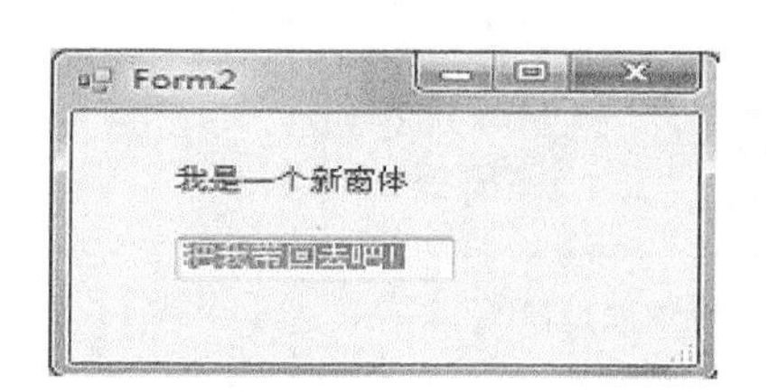

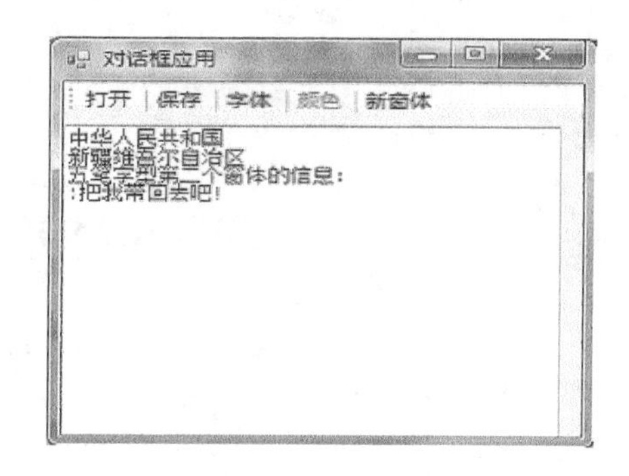

图 14.2.29 多窗体操作

(2) 图形绘制：要求利用画布，坐标旋转、画笔、画椭圆等工具画一个艺术环形图案，图案如图 14.2.30 所示。

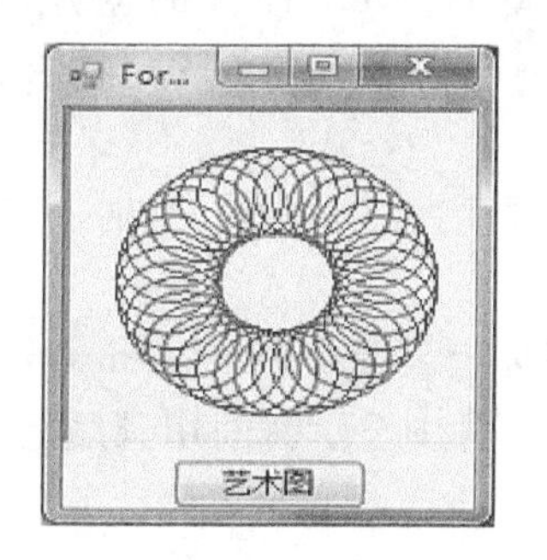

图 14.2.30 立体环形图案

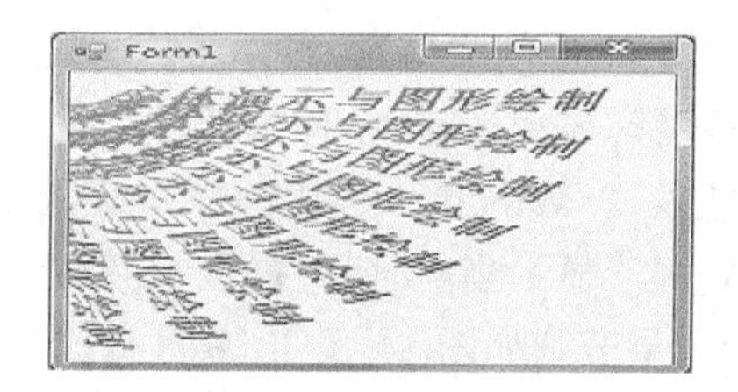

图 14.2.31 艺术字

(3) 利用绘制文字方法 DrawString()绘制一个黄色到蓝色变化的艺术字图案，运行结果如图 14.2.31 所示。

实验 13 数据库操作

[**实验目的**]

掌握数据库基本概念、字段、记录、关键字等含义；掌握用 Access 软件建立数据库，建立表的相关操作；掌握 Access 软件对图形的存取；掌握 C#.NET 语言对 Access 数据库操作的基本方法。

[**实验内容**]

(1) 用 Access 软件建立一个数据库，名为企业信息，然后在该库下建立两个表，经理表，企业信息表。

(2) 编写一个数据库管理程序。在指定文件夹下建立一个 Windows 应用程序项目，然后通过调用企业信息数据库对数据进行查询工作，运行结果如图 14.2.32 所示：

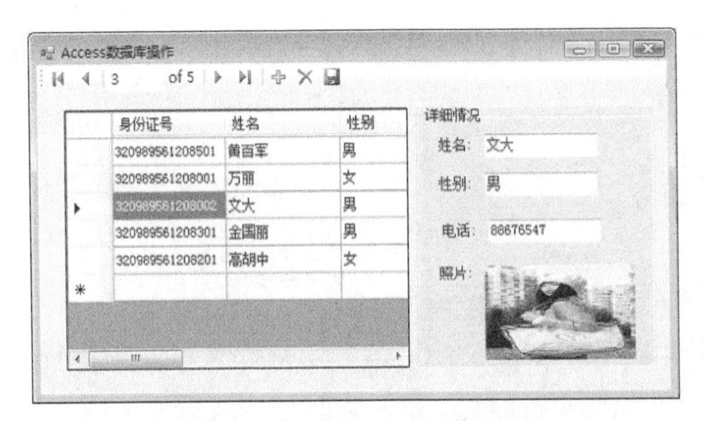

图 14.2.32　Access 数据库应用

实验 14　多媒体应用程序设计

［**实验目的**］

掌握多媒体应用程序的基本概念与方法；掌握 ActiveX 控件的创建、使用；掌握 axWindowsMediaPlayer 控件的设计方法；掌握 Web 浏览器设计；掌握多选项卡的使用。

［**实验内容**］

(1) 建立一个控件库项目：文件新建→项目→控件库，在里面拖一个时间控件、标签控件，通过标签动态显示当前时间，做好后生成. dll 文件。

(2) 建立一个 Windows 应用程序项目，要求在窗体上放置一个 tabControl1 控件，设三个选项，分别用于显示当前时间、播放视频、上网浏览。其中显示时间用调用上一题的用户控件。运行效果分别如图 14.2.33，图 14.2.34 所示：

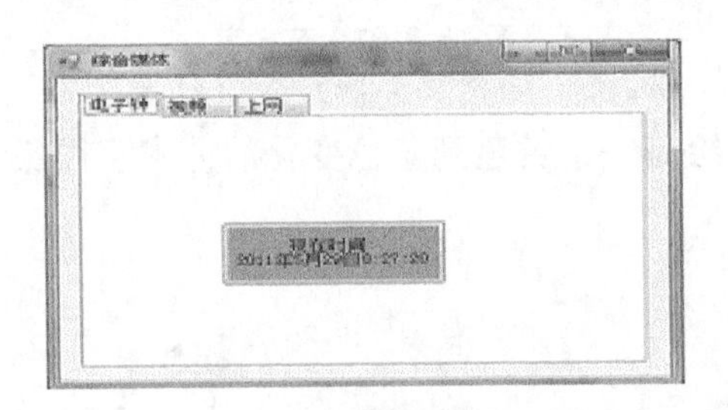

图 14.2.33　ActiveX 控件、多媒体控件应用设计

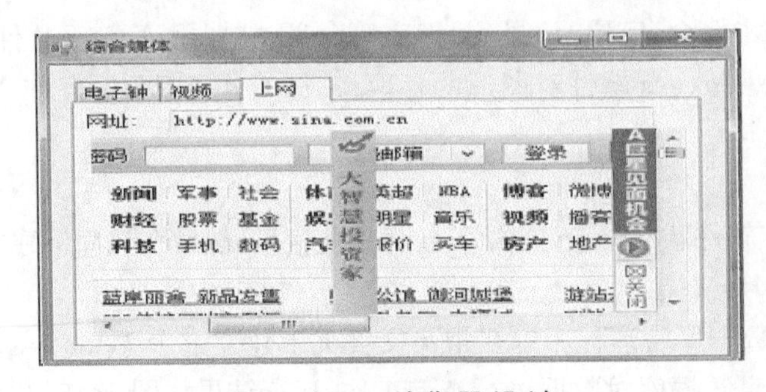

图 14.2.34　浏览器设计

实验15 Web应用程序设计

[实验目的]

掌握用简单的Web应用程序设计;掌握Web页面的使用;掌握Web页面中常用控件的使用方法。

[实验内容]

建立一个Web页网站,用于用户注册登录,注册提交成功后,显示该用户注册的相关信息,运行结果如图14.2.35所示:

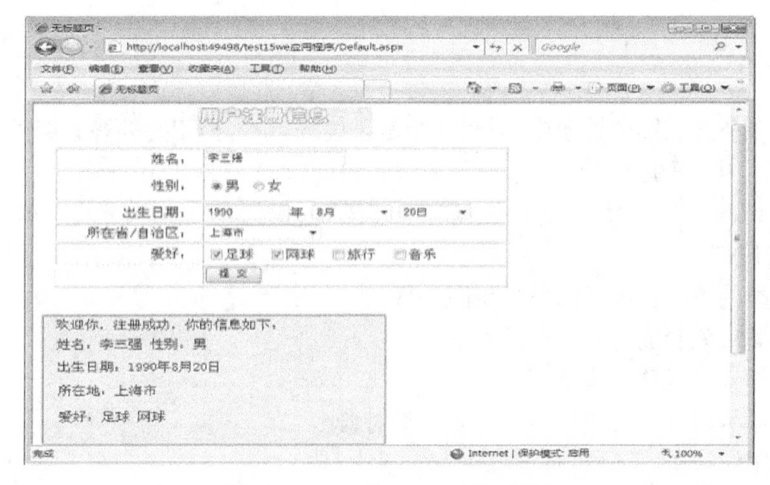

图14.2.35 所示Web页面设计

附录 1

综合练习题

F1 选择题(在备选的四个答案中,只有一个是正确的,请选择正确的答案编号)

1. 以下标识符中,正确的是(　　)

A. _nName4　　B. typeof()　　C. 8tip　　D. pri5#

2. 多态性可以使(　　)

A. 同基类的不同类的对象看成相同类型

B. 使基类对象看成是派生类的类型

C. 相同类型的对象看成是不同类型

D. 一种派生类对象看成是另一种派生类对象

3. 结构化程序设计的 3 种基本结构是(　　)

A. 顺序结构、分支结构、循环结构

B. if 结构、if—else 结构、switch 结构

C. while 结构、do-while 结构及 for 结构

D. 顺序结构、if 结构、for 结构

4. 在语法要求上,以下可用于作为类继承的关键字是(　　)

A. type　　B. protected　　C. internal　　D. typepublic

5. 一个类中的实例方法的调用可以(　　)

A. 通过类名调用　　B. 通过实例化的对象调用

C. 在主方法中直接调用　　D. 在同一个类中的某一方法中直接调用

6. 抽象类(　　)

A. 的类中必须有抽象方法

B. 要求不仅是用关键字 abstract 修饰一个类

C. 的对象不能被实例化

D. 的对象可以被实例化

7. 下面关于方法的说法正确的是(　　)

A. 方法用 public 修饰表示该方法是公有的

B. 方法可以有返回类型也可以设有,没有返回类型时不需再做说明

C. 当方法无参数时,定义方法时小括号也可以不写

D．方法的参数表中如果多个参数类型相同，则多个参数可以一次定义

8. while 语句和 do-while 语句的区别（　　）

A．while 语句的执行效率高

B．do-while 语句编写的程序较复杂

C．do-while 语句循环体至少执行一次，表达式为假，while 语句一次都不执行

D．while 语句循环体至少执行一次，表达式为假，do-while 语句一次都不执行

9. C＃中，新建一字符串变量 str，并将字符串“Tom's Living Room”保存到串中，则应该使用下列哪条语句（　　）

A．string str = "Tom\'s Living Room"；

B．string str = "Tom's Living Room"；

C．string str("Tom's Living Room")；

D．string str("Tom"s Living Room")；

10. 变量 openFileDialog1 引用一个 OpenFileDialog 对象。为检查用户在退出对话框时是否单击了“打开”按钮，应检查 openFileDialog1. ShowDialog()的返回值是否等于（　　）；

A．DialogResult. Yes

B．DialogResult. OK

C．DialogResult. No

D．DialogResult. Cancel

11. 为了将字符串 str="123456"转换成整数 123456，应该使用以下哪条语句（　　）

A．int Num = (int)str；

B．int Num = str. Parse(int)；

C．int Num = int. Parse(str)；

D．int Num = int. Parse(str,Globalization. NumberStyles. AllowThousands)；

12. 以下程序的功能为（　　）

```
using System;
public class TestSix
{   public static void Main()
    {   for(int i=1;i<100;i++)
        {   if(i%3! =0)
                continue;
            Console.Write("{0} ",i);
        }
        Console.WriteLine();
    }
}
```

A．将能被 3 整除的数输出　　B．将 100 以内不能被 3 整除的正整数输出

C．将 100 以内能被 3 整除的正整数输出　　D．程序的 continue 使用错误

13. 在设计菜单时,若希望某个菜单前面有一个"√",应该把该菜单项的(　　)属性设置为true。

A. RaidioCheck　　B. Check　　C. ShowShortcut　　D. Enabled

14. 根据程序,有关程序的功能,下面(　　)是正确的。

```
using System;
public class ArrayDisplay
{   public static void Main()
    {   int[] array = new int[]{1,2,3,4,5};
        foreach(int i in array)
        {   Console.Write(" {0}",i); }
    }
}
```

A. 程序只输出数组的一个元素　　B. 程序输出数组的全部元素

C. 程序将数组元素的值累加并输出　　D. 程序编译出错

15. 以下数据类型中,属于值类型的是:

A. string 类型　　B. double 类型　　C. 类类型　　D. 数组类型

16. 根据程序功能,若要检测程序是否设计成功,选择(　　)输入数据,才使程序分别执行不同的执行路径。

```
using System;
public class TestFour
{   public static void Main()
    {   double p = double.Parse(Console.ReadLine());
        double a = double.Parse(Console.ReadLine());
        if(p>a)
        {   double temp=p;p=a;a=temp;   }
        if(p<a/2)
        {   p=a/2; }
        Console.WriteLine("p={0}   a={1}",p,a);
    }
}
```

A.		B.		C.		D.	
1000	600	600	1000	1000	600	1000	400
1000	400	400	1000	1000	400	1000	600
400	1000	600	400	600	400	400	1000
600	1000	400	600	400	1000	600	400

17. 对静态方法下面说法正确的是(　　)

A. 类的静态方法定义时必须用 static 关键字

B．类的静态方法可以用类调用，也可以用类的对象调用
C．类的静态方法必须有方法参数
D．类的静态方法只能访问类的数据成员

18. 下面有关数据类型转换的说法正确的是（ ）
A．结构类型和类类型主要的区别在于结构是值类型，类是引用类型
B．字符类型和数值类型是不能进行相互转换的
C．整数类型至双精度类型必须显示转换
D．浮点数类型到整数类型的显示转换不可以进行

19. 下列关于解决方案的叙述中，不正确的是（ ）
A．一个解决方案可以包含多个项目
B．一个解决方案只能包含一个项目
C．新建项目时，会默认生成一个解决方案
D．解决方案文件的扩展名为".sln"

20. 以下说法中，正确的是（ ）
A．Main 函数是由 C#语言提供的标准函数，不需要用户编写它的内容
B．在 C#程序中，要调用的函数必须在 Main 函数中定义
C．在 C#程序中，必须显式调用 Main 函数，它才起作用
D．一个 C#程序无论包含多少个函数，C#程序总是从 Main 函数开始执行

21. C#程序中，为使变量 myForm 引用的窗体对象显示为对话框，必须（ ）
A．使用 myForm. ShowDailog 方法显示对话框
B．将 myForm 对象的 isDialog 属性设为 true
C．将 myForm 对象的 FormBorderStyle 枚举属性设置为 FixedDialog
D．将变量 myForm 改为引用 System. Windows. Dialog 类的对象

22. 已知：int a=100; void Func(ref int b) { } 则以下函数调用正确的是（ ）。
A．Func(ref (10 * a)); B．Func(ref 10);
C．Func(a); D．Func(ref a);

23. C#源程序文件的扩展名为（ ）
A．.vb B．.c C．.cpp D．.cs

24. 下面关于 C#的逻辑运算符||、&&、! 的运算优先级正确的是（ ）
A．||的优先级最高，然后是!，优先级最低的是 &&
B．&& 的优先级最高，然后是!，优先级最低的是||
C．! 的优先级最高，然后是 &&，优先级最低的是||
D．! 的优先级最高，然后是||，优先级最低的是 &&

25. 用在方法的定义处，以指明该方法不返回任何值的关键字是（ ）
A．static B．string C．void D．public

26. 在 ADO. NET 中，用来与数据源建立连接的对象是（ ）
A．Connection 对象 B．Command 对象
C．DataAdapter 对象 D．DataSet 对象

27. 若要改变文本框中所显示文本的颜色，应设置文本框的（ ）属性

A. ForeColor　　B. BackColor　　C. BackgroundImage　D. FillColor

28. 下面是几条定义类的语句,不能被继承的类是(　　)

A. abstract class Figure　　B. class Figure

C. public class Figure　　D. sealed class Figure

29. 在GDI+的所有类中,(　　)是核心类,在绘制任何图形之前,一定要先用它创建一个对象

A. Graphics　　B. Pen　　C. Brush　　D. Font

30. 使用Directory类的(　　)方法可以判断磁盘上是否存在指定目录

A. GetCurrentDirectory　　B. GetDirectory

C. Exists　　D. GetFiles

F2 填空题

1. 要退出应用程序的执行,应执行________语句。

2. 要正确表示逻辑关系“a>=10 或 a<=0”的C#语言表达式是________。

3. 以下程序的输出结果是________。

```
using system;
class Example1
{
    public Static void main()
    {
    int a=5,b=4,c=6,d;
    Console.Writeline("{0}",d=a>b? (a>c? a:c):b);
    }
}
```

4. 要设置Pen对象绘制线条的宽度,应使用它的________属性。

5. 多媒体技术的最重要的特点是________。

6. 结构化的程序设计的3种基本结构是________、________、________。

7. 想让文本框只显示信息,不接收输入,应该设置文本框的________属性。

8. 使用列表框的________方法,可以清除列表框的所有列表项。

9. 通过把列表框的“SelectionMode”属性设为________,就可以用“Ctrl”和“Shift”键选择列表框中多个列表项。

10. 可以在________中设置窗体及窗体上各控件的属性。

11. 通过________可以从窗体设计器窗口切换到代码编辑器窗口。

12. 在C#中,进行注释有两种方法:使用“//”和使用“/*　*/”符号对,其中________只能进行单行注释。

13. 要在控制台程序运行时输入信息,可使用Console类的________方法。

14. 在switch语句中,在分支的最后应有一条________语句。

15. 要使 pictureBox 中显示的图片刚好填满整个图片框，应把它的________属性值设置为 pictureBoxSizeMode. StretchImage。

16. Timer 控件的________属性用来设置定时器 Tick 事件发生的时间间隔。

17. 创建一个画线颜色为蓝色，像素宽度为 100 的画笔，画笔名为 MyPen，使用的语句是________；

18. 画多边形时应使用 Graphics 对象的________方法。

19. 要定义一个 3 行 4 列的单精度型二维数组 f，使用的定义语句为________。

20. 定义方法时使用的参数是________，调用方法时使用的参数是________。

21. 如果 TextBox 控件中显示的文本发生了变化将会发生________事件。

22. 表示是否显示控件的属性是________。

23. 如果想在文本框中输入密码，常指定________属性。

24. 表示复选框是否处于选中状态的属性是________。

25. MainMenu 控件中作为菜单项分隔符的符号是________。

26. 要给属性对应的数据成员赋值，通常要使用 set 访问器，set 访问器始终使用________来设置属性的值。

27. 按钮控件的常用事件是________。

28. 要实现文本文件的读写，一般用 StreamReader 类和________，要实现二进制文件的读写，一般用________和 BinaryWriter 类。

29. 要读取 Access 数据库，一般应采用 ADO. NET 中的________数据对象进行连接。

30. 在 Web 设计中，使用 Response 的________方法可以从一个页面跳转到另一个页面。

F3 **完善题**（根据各题的要求，把下列各题中的程序（片断）完善，在需要处补充程序）

1. 下列程序的作用是求出所有的水仙花数。（所谓水仙花数是指这样的数：该数是三位数，其各位数字的立方和等于该数）

```
using system;
classExample1
{
public static void Main()
{
 int a,i,b,c,t;
    for(i=100;i<=________;i++)
    {
          t =i;
        a =t%10;t=t/10;b=t%10;c=t/10;
        if( ________)
       Console.WriteLine("i={0}",i);
    }
}
}
```

2. 下列方法的作用是求两个数的较大数，并把较大的数作为返回值，请填空

```
float   max_v(________)
{
float max;
max=a;
if(max<b)   max=b;
________;
}
```

3. 下列程序是求一维数组中偶数元素之和

```
using System;
using System.Collections.Generic;
using System.Linq;
using System.Text;
namespace myproc
{
    class Program
    {
      static void Main(string[] args)
      {
        ________________;
        int[] arr = new int[] { 1, 2, 3, 4, 5, 6, 23, 24, 56 };
                                    //静态初始化一维数组
            foreach(int x in arr)//从数组 arr 中提取整数
            {
              if (________________)
                total += x;
            }
        Console.WriteLine("数组中偶数之和为:{0}",total);
        {
    }
}
```

4. 下面程序功能是：定义一个抽象类 Vehicle，然后再定义它的一个派生类 Truck，Truck 类实现 Vehicle 类抽象方法和虚拟方法。

```
public ________ class Vehicle
    {
```

```
        private float speed;
        public float Speed
        {
            get { return speed; }
            set {________}
        }
        public Vehicle(float speed)
        {
            this.speed = speed;
        }
        public virtual float Run(float distance)
        {
            return distance / speed;
        }
        public abstract void Speak();
    }
public class Truck : Vehicle
{
    private float weight;
    public float Weight
    {
        get { return weight; }
    }
    private float load;
    public float Load
    {
        get { return load; }
    }
    public Truck(int weight, int load) : base(50)
    {
        this.weight = weight;
        this.load = load;
    }
    public ________ float Run(float distance)
    {
        return (1 + load / Weight / 2) * base.Run(distance);
    }
    public ________ void Speak()
```

```
    {
        Console.WriteLine("叭…叭…");
    }
}
```

F4 **改错题**(每小题中,在//＊＊＊＊　＊＊＊＊//下面一行的代码有错,请修改)

1. 下列程序是求1—100中偶数的和,点击button1代码如下:

```
private void button1_Click(object sender, EventArgs e)
  {
    //＊＊＊＊＊＊＊＊＊＊＊＊＊＊＊1＊＊＊＊＊＊＊＊＊＊＊＊＊＊＊//
    sum = 0;
    int k = 1;
    do
      {
        //＊＊＊＊＊＊＊＊＊＊＊＊＊＊＊2＊＊＊＊＊＊＊＊＊＊＊＊＊＊＊//
        if(k%2=0)
          sum = sum + k;
       k = k + 1;
      } while (k <= 100);
      label1.Text = "值为:" + sum.ToString();
  }
```

2. 下面程序功能是:输入若干个字符的字符串,将字符串中所有小写字母改为相应的大写字母后,输出该字符串。

```
class Program
{
    static void Main(string[] args)
    {
    int i;
      /＊＊＊＊＊ 1 ＊＊＊＊＊/
      char str;
      str= Console.ReadLine( );
      /＊＊＊＊＊ 2 ＊＊＊＊＊/
      for(i=1;i<str.Length;i++)
        if(str[i]>='a' && str[i]<='z') str[i]=str[i]-('a'-'A');
     Console.WriteLine("{0}",str);
    }
  }
```

3. 下列程序的方法 sub(x,y)是返回 x^2+y^2 的值,主方法 Main 调用。

```
using System;
class Example1
{ /* * * * * 1 * * * * */
static long sub(x, y)
{
        int z;
        z = x * x + y * y;
        return z;
}
public static void Main()
{
/* * * * * 2 * * * * */
a = 30;
a=sub(5, 2);
Console. WriteLine("{0}", a);
}
}
```

4. 该程序功能:将两个字符串连接起来

```
using System;
class Example1
{
public static void Main()
{
      char s1[80],s2[40];
      int i=0,j=0;
      Console. WriteLine ("\nInput the first string:");
    s1= Console. ReadLine();
    Console. WriteLine ("\nInput the second string:");
      s2= Console. ReadLine();
      while (s1[i] ! ='\0')
      /* * * * * * 1 * * * * * */
          i+1;
      while (s2[j] ! ='\0')
      /* * * * * * 2 * * * * * */
          s1[++i]=s2[++j];
```

```
    s1[i] ='\0';
   Console.WriteLine "\nNew string: %s",s1);
}
}
```

F5 写出程序运行结果

1. 在下面代码中，运行时在窗体上点击 button1 按钮后，写出 label1. Text 输出的值。

```
private void button1_Click(object sender, System.EventArgs e)
        {
            int sum;
            sum=0;
            int k=1;
            do
            {
                sum=sum+k;
                k=k+1;
            }while(k<=100);
            label1.Text="值为:"+sum.ToString();
        }
```

2. 在下面代码中，运行时在窗体上点击 button1 按钮后，写出 label1. Text 输出的值。

```
private void button1_Click(object sender, System.EventArgs e)
        {
            int sum,sum1,i,j;
            sum1=0;
            i=1;
            for(;i<=4;i++)
            {
                sum=1;
                j=1;
                while(j<=i)
                {
                    sum=sum*j;
                    j++;
                }
                sum1=sum1+sum;
```

```
        }
          Label1. Text="值为:"+sum1. ToString();
      }
```

3.
```
using System;
class Example1
{
    public static void Main()
    {
        int x = 1, a = 0, b = 0;
        switch(x)
        {
            case 0:
              b++;
              break;
            case 1:
              a++;
              break;
            case 2:
              a++;
              b++;
              break;
        }
        Console. WriteLine("a = {0}, b = {1}", a, b);
    }
}
```

4.
```
using System;
class Example1
{
    static long sub(int x, int y)
    {
        int a;
        a= x * x + y * y;
        Console. WriteLine("{0}", a);
         return a+5;
    }
public static void Main()
```

```
    {
        int a = 10;
        sub(6,3);
       Console.WriteLine("{0}", a);
       Console.WriteLine("{0}", sub(4,3));
    }
}
```

F6 程序设计题

1. 用控制台编写一段程序，运行时向用户提问“你考了多少分？(0～100)”，接受输入后判断其等级并显示出来，全部代码放在Main()方法中。判断依据如下：
   等级={优(90～100分)；良(80～89分)；中(60～79分)；差(0～59分)}
2. 运行后点击button1，在label1中输出下列九九乘法表：

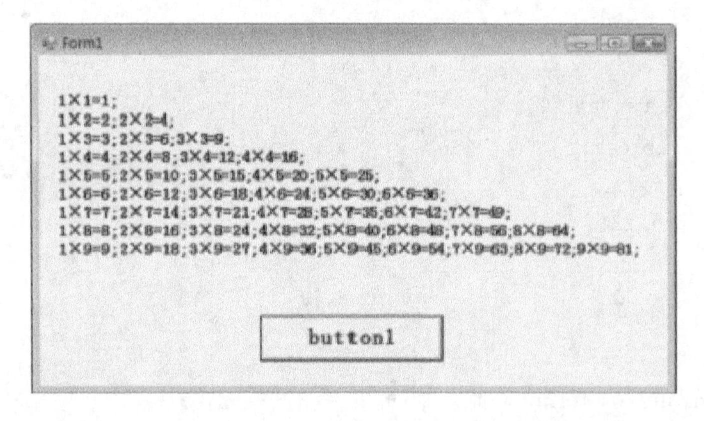

   点击button1代码如下：

```
private void button1_Click(object sender, System.EventArgs e)
{
}
```

3. Windows应用程序编写一段程序，输入一个整数，写一个方法rollback将各位数字反转输出，从文本框TextBox1输入一个数，调用该方法后，点击按钮Button1，把结果从标签Label1中输出。
   如输入：12345
   则输出：54321
4. 编写程序，求出10个数中奇数的个数和偶数的个数。
5. 求出m到n之间的所有素数，其中m，n从键盘输入。
6. 用数组求一批数中的最大值，最小值，平均值。
7. 任给10个数，要求从小到大排序。

8. 求一个 3 * 3 矩阵每行的平均值，每列的平均值，上三角矩阵元素之和，四条边元素之和。

9. 输出斐波纳切数列(1,1,2,3,5,8,……)前 n 项之和。

10. 求下列分段函数的值，其中 x 从键盘输入：

$$y=\begin{cases}2x^2+5x+6 & x>0\\3x^3+4x^2-2 & x<0\\20 & x=0\end{cases}$$

11. 要求用循环语句编程输出下列由数字组成的三角形图案：

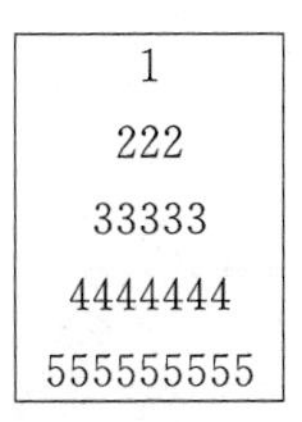

12. 输入半径，要求输出圆的周长，面积，球的体积。

13. 求 $s=x-x^3/3!+x^5/5!-x^7/7!+\cdots+(-1)^{n-1}x^{2n-1}/(2n-1)!+\cdots$，直到最后一项小于 10^{-5} 为止。

14. 在列表框控件 List1 中有若干个数，要求单击 Command1 按钮后开始判断，若其中一个数为其他两个数之和，则把该数添加到右边列表框控件 List2 中，如下图所示：

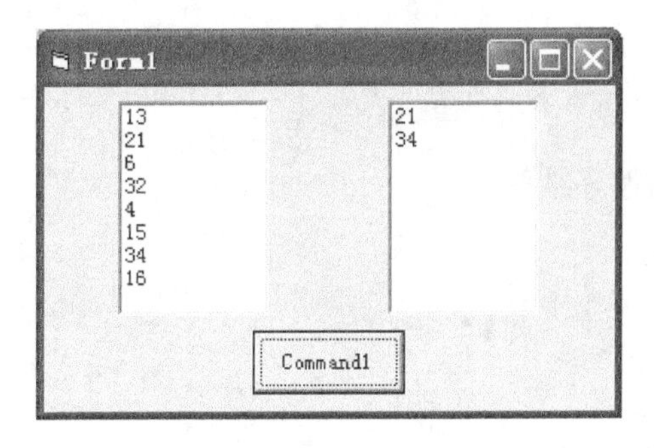

15. 输入一个字符串，统计该字符串中数字的个数，字母的个数，其他字符的个数。

16. 设函数 z=f(x,y)=10 * cos(x-4)+5 * sin(y-2)，若 x,y 取值为区间[0,10]的整数，找出使 z 取最小值的 x1,y1，并将 x1、y1 写入到 D 盘目录 Paper 下的新建文本文件 design.dat 中。

17. 编写出一个通用的人员类(Person)，该类具有姓名(Name)、性别(Sex)、年龄(Age)等域。然后对 Person 类的继承得到一个学生类(Student)，该类能够存放学生的 5 门课的成绩，并能求出平均成绩，要求对该类的构造函数进行重载，至少给出三个形式。最后编程设计 Student 类的对象进行功能验证。

18. 编程设计一个高级计算器。

19. 根据酒店需要，编程设计一个客户订房系统。

20. 编程设计一个学生成绩管理系统。

练习题部分参考答案

F1 选择题答案：

编号	1	2	3	4	5	6	7	8	9	10
答案	A	B	A	B	B	C	A	C	A	B
编号	11	12	13	14	15	16	17	18	19	20
答案	C	C	B	B	B	A	A	A	B	D
编号	21	22	23	24	25	26	27	28	29	30
答案	C	D	D	C	C	A	A	D	A	C

F2 填空题答案：

1. Aapplication. Exit()；
2. a>=10||a<=0
3. 6
4. Width
5. 交互性
6. 顺序结构，分支结构，循环结构。
7. ReadOnly
8. Clear
9. MultiExtended
10. 属性窗口
11. 双击窗体
12. //
13. Read 或 ReadLine
14. Default
15. SizeMode
16. Interval
17. Pen p=new (Color. Blue，100)
18. DrawPolygon
19. float[，]a=new int[3，4]；
20. 形参，实参
21. TextChanged
22. Visible

23. PasswordChar
24. Checked
25. —
26. 字段名=value
27. Click
28. StreamWriter，BinaryReader
29. OleDbConnect
30. Redirect

F3 完善题

1. 999
   a * a * a+b * b * b+c * c * c==i
2. float a,float b
   return max
3. int total=0;
   x % 2 == 0
4. abstract
   speed = value;
   override
   override

F4 改错题

1. 改为 int sum = 0;
   改为 if(k%2==0)
2. string str;
   for(i=0;i< str. Length;i++)
3. static long sub(int x, int y)
   int a = 30;
4. i= i+1;
   s1[i++]=s2[j++];

附录2

C# 关键字

abstract:使用abstract修饰的类不能生成对象,只能用于被继承;

as:一个转换操作符,如果转化失败,就返回null;

base:用于访问被派生类或构造中的同名成员隐藏的基类成员;

bool:表示布尔值的简单类型;

break:用于从循环结构或switch语句中转出的跳转语句;

byte:表示8位长度无符号整数的简单类型;

case:指定在switch语句中的一个标签。如果标签中指定的常量与switch表达式的值匹配,与标签关联的语句就被执行;

catch:定义一个代码块,在特定类型异常抛出时,执行块内代码。参加try和finally;

checked:既是操作符又是语句。确保编译器和运行时检查整数类型操作或转换时出现的溢出;

class:类类型声明;

const:标识一个可在编译时计算出来的变量值,即一经指派不可修改的值;

continue:用于返回循环顶部的跳转语句;

decimal:表示128位高精度十进制数的简单类型;

default:在switch语句中,指定一组语句,如果前面没有匹配的case子句,就执行这些语句;

delegate:指定一个声明为一种委托类型。委托把方法封装为可调用实体,能在委托实体中调用;

do:一个循环语句,无论条件是否满足,都执行至少一次;

double:表示64位双精度浮点值的简单类型;

else:if条件语句的一部分,如果条件不为真则执行else后面的语句。

enum:枚举类型声明,表示一个已命名常量群集的值类型;

event:允许一个类或对象提供通知的成员,它必须是委托类型;

explicit:一个定义用户自定义转换操作符的操作符,通常用来将内建类型转换为用户定义类型或反向操作。必须在转换时调用显式转换操作符;

extern:标识一个将在外部(通常不是C#语言)实现的方法;

false：一个布尔字面值；

finally：定义一个代码块，在程序控制离开 try 代码块后执行。参见 try 和 catch 关键字；

fixed：在一个代码块执行时，在固定内存位置为一个变量指派一个指针；

float：表示 32 位单精度浮点值，是简单类型；

for：定义一个循环语句，只要指定条件满足就继续执行；

foreach：用于遍历一个群集的元素；

goto：一个跳转语句，将程序执行重定向到一个标签语句；

if：一个条件语句，根据一个布尔表达式的值选择一个语句执行；

implicit：一个操作符，定义一个用户定义的转换操作符。通常用来将预定义类型转换为用户定义类型或反向操作。隐式转换操作符必须在转换时使用；

in：foreach 语句遍历语法的一部分，被放在变量名与要遍历的群集之间；

int：表示 32 位带符号整数值的简单类型；

interface：将一个声明指定为接口类型，即实现类或构造必须遵循的合同；

internal：一个访问修饰符。内部代码元素只可由同一装配件内的其他类型访问。装配件可以是 DDL 或 EXE 文件；

is：比较两个对象类型的比较操作符；

lock：用在多线程程序中，为变量设置一个互斥锁(mutex)；

long：表示 64 位带符号整数值的简单类型；

namespace：定义一个逻辑组的类型和命名空间；

new：用于调用构造器的操作符。同时，也是一个修饰符，用来隐藏而非重载拥有同样签名的一个继承方法；

null：表示引用类型中等同于 0 的字面值；

object：一个预定义引用类型，表示所有引用类型的终极基类。也是预定义类型 System.Object 的别名；

operator：用来声明或多载一个操作符；

out：标识一个参数值会受影响的参数，但在传入方法时，该参数无需先初始化；

override：一个修饰符，表明一个方法将覆载一个虚方法或抽象方法，或一个操作符将覆载基类中定义的同名操作符；

params：声明一个参数数组。如果使用，必须修改指定的最后一个参数。允许可选参数；

private：一个访问修饰符。私有成员只能在定义该成员的类型内部访问；

protected：一个访问修饰符。保护成员只能在定义该成员的类型或派生类型中的访问；

public：一个访问修饰符。公有成员可以在定义该成员的类或命名空间内外自由访问；

readonly：标识一个变量的值在初始化后不可修改；

ref：标识一个参数值可能会受影响的参数；

return：一个用于跳出方法的跳转语句。执行返回到方法调用者；

sbyte：表示 8 位带符号整数的简单类型；

sealed：类使用 sealed 可以防止其他类继承此类；声明方法使用 sealed 可以防止扩充类

重写该方法；

short:表示16位带符号整数值的简单类型；

sizeof:一个操作符，以byte为单位返回一个值类型的长度；

stackalloc:返回在堆上分配的一个内存块的指针；

static:静态成员与它在其中被声明的类型相关联，而不是与类型的实体相关联；

string:一个表示Unicode字符串的预定义引用类型。是System.String预定义类型的别名；

struct:是一种值类型，可以声明常量、字段、方法、property、索引器、操作符、构造器和内嵌类型；

switch:一个选择语句，它执行与表达式匹配标签相关联的语句列表；

this:引用一个类型的当前实体；

throw:导致抛出一个异常；

true:一个布尔字面值；

try:异常处理代码块的组成部分之一。try代码块包括可能会抛出异常的代码。参阅catch和finally关键字；

typeof:一个操作符，返回传入参数的类型；

uint:表示32位无符号整数值的简单类型；

ulong:表示64位无符号整数值的简单类型；

unchecked:禁止溢出检查；

unsafe:标注包含指针操作的代码块、方法或类；

ushort:表示16位无符号整数值的简单类型；

using:当用于命名空间时，using关键字允许访问该命名空间中的类型，而无需指定其全名。也用于定义finalization操作的范围；

virtual:一个方法修饰符，标识可被覆载的方法；

void:无返回值方法的返回类型；

volatile:标识一个可被操作系统、某些硬件设备或并发线程修饰的attribute；

while:while循环语句根据条件执行一个语句零次或多次。do语句中的while部分指定循环中止条件。

References

参 考 文 献

[1] 陈佳雯,胡声丹. C♯程序设计简明教程[M]. 北京:电子工业出版社,2011.
[2] 李兰友,杨晓光. Visual C♯. NET 程序设计[M]. 北京:清华大学出版社,2006.
[3] 童爱红. Visual C♯. NET 应用教程[M]. 北京:清华大学出版社,2004.
[4] 仇谷烽,澎洪洪. Visual C♯. NET 网络编程[M]. 北京:清华大学出版社,2004.
[5] 崔良海,沙俐敏,应夏明. Web 编程技术[M]. 北京:人民邮电出版社,2005.
[6] 耿肇英,耿燚. C♯应用程序设计教程[M]. 北京:人民邮电出版社,2007.
[7] 刘瑞新. C♯网络编程及其应用[M]. 北京:机械工业出版社,2005.
[8] 马骏,郑逢斌,沈夏炯. C♯网络应用高级编程[M]. 北京:人民邮电出版社,2006.
[9] 马骏. C♯网络应用编程基础[M]. 北京:人民邮电出版社,2006.
[10] 东方人华. ASP. NET 数据库开发入门与提高[M]. 北京:清华大学出版社,2004.
[11] 陈志泊. ASP. NET 数据库应用程序开发[M]. 北京:人民邮电出版社,2005.
[12] 郭洪涛,刘丹妮,陈明华. ASP. NET(C♯)大学实用教程[M]. 北京:电子工业出版社,2007.
[13] [美]Mahesh Chand. GDI+图形程序设计[M]. 北京:电子工业出版社 2005.
[14] 季久峰. 专家门诊- ASP. NET 开发答疑[M]. 北京:人民邮电出版社,2004.
[15] 刘杨. 突破 C♯编程实例五十讲[M]. 北京:中国水利出版社 2002.
[16] 肖建. ASP. NET 编程基础[M]. 北京:清华大学出版社,2002.
[17] 余安萍,俞俊平,孙志华. C♯程序设计教程[M]. 北京:电子工业出版社,2002.
[18] [美]Eric Bell. 用.NET和 XML 构建 Web 应用程序[M]. 北京:清华大学出版社,2003.
[19] [美]Dino Esposito. 构建 Web 解决方案-应用 ASP. NET 和 ADO. NET[M]. 北京:清华大学出版社,2002.
[20] 刘先省,陈克坚,董淑娟. Visual C♯程序设计教程[M]. 北京:机械工业出版社,2010.